空间解析几何理论应用与计算机实现研究

杜　娟◎著

吉林出版集团股份有限公司
全国百佳图书出版单位

图书在版编目(CIP)数据

空间解析几何理论应用与计算机实现研究/杜娟著
.--长春:吉林出版集团股份有限公司,2019.5

ISBN 978-7-5581-6799-7

Ⅰ.①空… Ⅱ.①杜… Ⅲ.①计算机应用－立体几何－解析几何－研究 Ⅳ.①O182.2－39

中国版本图书馆CIP数据核字(2019)第160333号

空间解析几何理论应用与计算机实现研究

KONGJIAN JIEXI JIHE LILUN YINGYONG YU JISUANJI SHIXIAN YANJIU

著　　者　杜　娟
责任编辑　冯　雪
封面设计　马静静
出　　版　吉林出版集团股份有限公司
发　　行　吉林出版集团社科图书有限公司
电　　话　0431－81629712
印　　刷　三河市铭浩彩色印装有限公司
开　　本　710mm×1000mm　1/16
字　　数　224千
印　　张　12.5
版　　次　2020年3月第1版
印　　次　2020年3月第1次印刷
书　　号　ISBN 978-7-5581-6799-7
定　　价　65.00元

前 言

解析几何不仅是数学专业三门基础课程之一，也是物理、计算机、信息工程、教育科学等专业的基础。在解析几何创立以前，几何与代数是彼此独立的两个分支。解析几何的建立第一次真正实现了几何方法与代数方法的结合，使形与数统一起来，这是数学发展史上的一次重大突破。作为变量数学发展的第一个决定性步骤，解析几何的建立对于微积分的诞生有着不可估量的作用。

解析几何以坐标和向量为主要工具，使用代数方法来研究几何图形，它开创了数形结合的研究方法。数形结合法是解决解析几何问题的一种重要的数学思想方法，其实质是将抽象的数学语言与直观的图形结合起来，即将代数问题几何化，运用图形的几何性质来解决；或将几何问题代数化，运用代数特征进行运算解决，其方法是以形助数，以数助形，数形渗透，相互作用。其目的是将复杂的问题简单化，隐蔽的问题明朗化，抽象的问题直观化，以便迅速、简捷、合理地解决问题。

随着计算机技术的高速发展，各种数学软件被开发出来，并且得到了广泛的应用。利用这些数学软件进行数学实验，可以使人们深入理解数学的基本概念、基本理论和基本方法，进行通常情况下人类难以完成或是不可能完成的数学运算，对于人们研究与应用数学理论具有十分重要的意义。为此，本书第 5 章简要讨论了数学常用软件 Mathematica 的基本常识，并以其为基础，引入了相关应用。不仅可以使读者借助数学实验深刻认识高等数学的基本理论，还可以帮助读者提高应用数学软件解决问题的能力。当今世界，科学与技术成为提高综合国力的关键支撑，机构学与机器人成为装备制造、能源开发、航空航天等领域不可或缺的重要组成部分，在机构与机器人的研究中，几何分析成为重要手段，为结构与机器人设计、开发与应用做出了重要贡献。因此在本书第 5 章除了对 MATLAB 在空间解析几何中的应用进行概述外，还对机器人与几何学的相关问题展开了讨论。

本书具有以下特点：

1. 具备积累、传承、引领空间解析几何常用知识面的功能。

2. 便于使用者掌握空间解析几何的解题方法。

3.便于参考者提升化实际问题为空间解析几何问题的能力。

本书是以作者近几年在大学数学系讲授解析几何课程的讲稿为基础写作成的。写作中主要考虑了以下几点：

1.贯穿全书的主线是阐述解析几何的几种基本方法：坐标法、向量法、坐标变换法、点变换法。并且用这些方法讨论了空间中的平面和直线，常见曲面，以及二次曲线方程的化简。

2.本书注意培养读者对空间图形的直观想象能力，这尤其体现在第4章旋转面、柱面和锥面方程的建立，以及专门用一节介绍了画空间图形常用的3种方法，画曲面的交线和画曲面围成的区域的方法。

3.本书论证严谨，同时又力求简明。叙述上深入浅出，条理清楚，注意讲清所讨论问题的来龙去脉。

由于作者水平的限制，书中缺点错误在所难免，诚恳地希望大家批评指正。

作　者

2019年3月

目　录

第1章　解析几何的起源与发展

360年前即1637年，笛卡尔(Descartes,1596—1650)的名著《更好地指导推理和寻求科学真理的方法论》问世，其中三个附录之一的《几何学》占106页，将思维“机械化”的符号代数与古典几何有机地结合了起来，开辟了解析几何这一新的教学领域．笛卡尔的解析几何是以如下两个观点为基础的：一是坐标观点，他不仅用坐标表示点的位置，而且把坐标通过点动成线的观点具体地用到了建立曲线的方程上；二是对于方程，笛卡尔不仅把它看成是未知数与已知数的关系式，而且更多地把它看作两个变量之间的关系式，把具有互相联系的未知数的代数方程看成平面上的一条曲线．笛卡尔的变量成为数学的转折点，从此常量数学扩大到了变量数学．

1.1　解析几何创立的起源

费马(Fermat,1601—1665)和笛卡尔是17世纪伟大的法国数学家，他们关心曲线研究中的一般方法，并由于他们直接从事科学研究工作，敏锐地看到了数量方法的必要性，注意到了代数具有提供这种方法的力量，因此他们就用代数来研究几何．他们所创立的学科叫作坐标几何或解析几何，其中心思想是把代数方程和曲线曲面联系起来，这个创造是数学中最丰富最有效的设想之一．

1.1.1　费马关于曲线的工作

费马关于曲线的工作，是从研究古希腊几何学家特别是阿波罗尼奥斯(Apollonius)开始的．1629年，他写了一本《平面与立体轨迹引论》(1679年发表)，书中说，他找到了一个研究有关曲线问题的普遍方法．

费马的坐标几何考虑任意曲线和它上面的一般点J(图1.1)，J的位置用A,E两个字母定出：A是从点O沿底线到点Z的距离，E是从Z到J的距离，他所用的坐标，就是现在的斜角坐标，但是y轴没有明确出现，而且不用负数，他的 A,E 就是现在的 x,y.

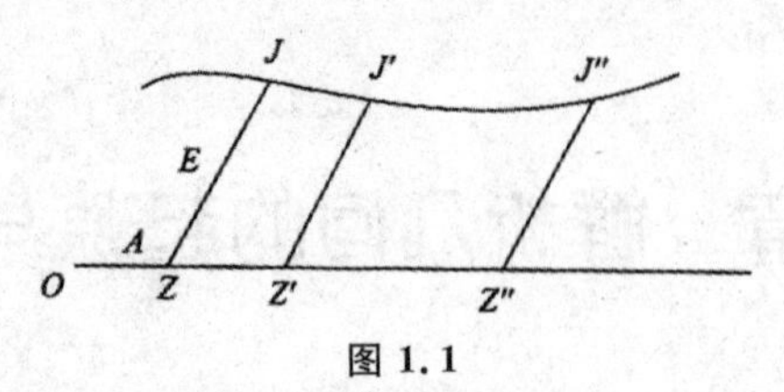

图 1.1

费马的一般原理为：只要在最后的方程里出现两个未知量，我们就得到一个轨迹，这两个量之一，其末端就描绘出一条直线或曲线. 图 1.1 中对不同位置的 E，其末端 J,J',J''，就描出了一条"线"，未知量 A 和 E，实际是变数，或者可以说，联系 A 和 E 的方程是不定的. 他写出联系 A,E 的各种方程，并指明它们所描绘的曲线. 例如，他给出方程（用现在的写法）$dx=by$，并指出这代表一条直线；他又给出 $d(a-x)=by$，并指出它也表示一条直线；方程 $p^2-x^2=y^2$ 代表一个圆；$a^2-x^2=ky^2$ 代表一个椭圆：$a^2+x^2=ky^2$ 和 $xy=a$ 各代表一条双曲线；$x^2=ay$ 代表一条抛物线. 而且费马确实领悟到坐标轴可以平移和旋转，因为他给出了一些较复杂的二次方程，并给出了它们可以简化的简单形式. 他肯定地得出如下结论：一个联系着 A,E 的方程，如果是一次的就代表直线，如果是二次的就代表圆锥曲线.

1.1.2 笛卡尔的研究成果

笛卡尔是一位杰出的近代哲学家、近代生物学的奠基人、物理学家、数学家. 1637 年，笛卡尔的一本文学和哲学的经典著作《更好地指导推理和寻求科学真理的方法论》一书出版。该书包括三个著名的附录：《几何》《折光》《陨星》.《几何》是他所写的唯一的一本数学书，他关于坐标几何的思想就包括在他的这本《几何》中. 笛卡尔的其他著作有《思想的指导法则》《世界体系》《哲学原理》《音乐概要》。

笛卡尔对当时几何和代数的研究方法进行了分析和比较. 他完全看到了代数的力量，看到它在提供广泛的方法论方面的作用. 他同时强调代数的一般性，以及它把推理程序机械化和把解题工作量减小的价值. 他看到代数具有作为一门普遍的科学方法的潜力. 他主张采取代数和几何中一切最好的东西，互相取长补短. 他所做的工作，就是把代数用到几何上去. 在这里，他对方法的普遍兴趣和他对代数的专门知识组成联合力量，于是就有了《几何》一书. 在《几何》一书中，笛卡尔开始仿照韦达(Vieta)的方法，用代数解决几何作图题，后来才逐渐出现了用方程表示曲线的思想.

举两个例子：

假定某个几何问题，归结到寻求一个未知长度 x，经过代数运算，知道 x 满足方程 $x^2=ax+b^2$，其中 a，b 是已知长度，于是由代数学得到

$$x=\frac{a}{2}+\sqrt{\frac{a^4}{4}+b^2}$$

笛卡尔不考虑负根，他画出 x 如下(图 1.2)：作直角三角形 NLM，其中 $LM=b$，$NL=\frac{a}{2}$，延长 MN 到 D，使 $NO=NL=\frac{a}{2}$，于是 DM 的长度就是 x.

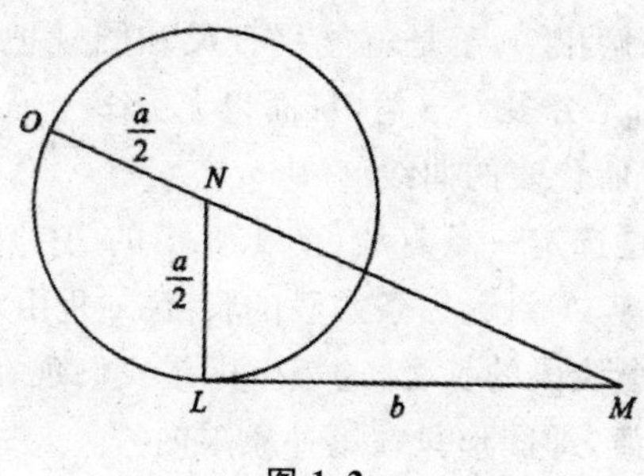

图 1.2

这就是说，由解一个代数方程而得到的式子指明了 x 的画法.

在《几何》第一卷的前半部分，笛卡尔用代数解决的只是古典的几何作图题，这只不过是代数在几何上的一个应用，并不是现代意义下的解析几何.

下一步，笛卡尔考虑了不确定的问题，其结果有很多长度可以作为答案，这些长度的端点充满一条曲线. 他“也要求发现并描出这条包括所有端点的曲线”. 曲线的描出，根据最后得到的不定方程，笛卡尔指出，对于每个 x，长度 y 满足一个确定的方程，因而可以画出.

笛卡尔以帕普斯(Pappus)问题为例.

帕普斯问题：在平面上给定 3 条直线，求所有这样的点的位置(即轨迹)，从这点作 3 条直线各与一条已知线交成一个已知角(3 个角不一定相同)，使在所得的 3 条线段中，某两条的乘积(指长度的乘积)与第 3 条的平方成正比.

如果给定 4 条直线，画法同上，但要求所得的 4 条线段中，某两条的乘积与其余两条的乘积成正比.

如果给定 5 条直线，画法仍同上，但要求在所得的 5 条线段中，某 3 条的乘积与其余两条的乘积成正比.

如果给定的直线多于 5 条，以此类推，帕普斯曾经断言，当给定的直线是三条或四条时，所得的轨迹是一条圆锥曲线.

在《几何》第二卷中，笛卡尔处理了给定 4 条直线时的帕普斯问题.

设给定的直线是 AG，GH，EF 和 AD，考虑一点 C，从 C 引 4 条直线各与一条已知直线交成已知角(4 个角不一定相同)，把所得的四条线段记为 CP，CP，CR，CS，要求找出满足条件 $CP-GR=CQ\cdot CS$ 的点 C 的轨迹.

笛卡尔记 AP 为 x，记 PC 为 y，经过简单的几何考虑，他从已知量得出 CR，CP，CS 的值，把这 3 个值代入 $CP\cdot CR=CQ\cdot CS$ 就得到一个 x 和 y 的二次方程 $y^2=ay+bxy+cx+dx^2$，其中 a，b，c，d 是由已知量组成的简单的代数式. 于是他指出，如果任意给 x 一个值，就能得到 y 的一个二次方程，从这个方程可以解出 y，于是就能用直尺和圆规把 y 画出来. 如果取无穷多个 x 值，就得到无穷多个 y 值，从而得无穷多个 C 点，所有这些 C 点组成的轨迹，就是方程所代表的曲线.

笛卡尔的做法是选定一条直线(图 1.3 中的 AG)作为基线，以点 A 为原点，x 值是基线上从 A 量起一条线段的长度，y 是由基线出发与基线作成一个固定角度的一个线段的长度，这个坐标系我们现在叫作斜角坐标系. 笛卡尔的 x，y 只取正值，即图形只在第一象限内.

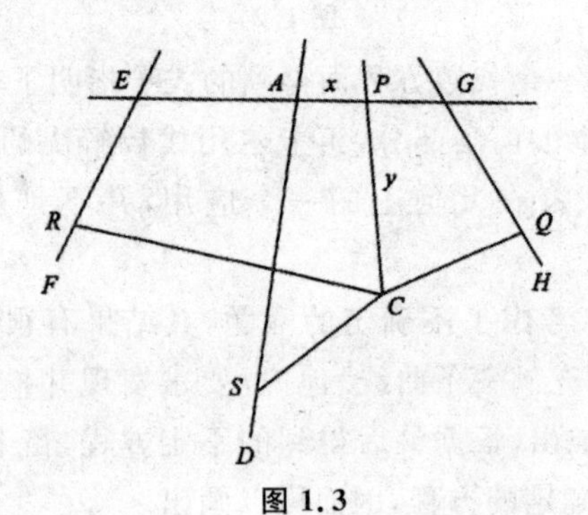

图 1.3

有了曲线方程的思想之后，笛卡尔进一步发展了他的思想.

(1)曲线的次数与坐标轴的选择无关.

(2)同一坐标系中两个曲线的方程联立，可解出交点.

(3)曲线概念的推广. 笛卡尔排斥了认为只有能用直尺和圆规画出的曲线才是合法的思想. 他提出，那些可用一个唯一的含 x 和 y 的有限次代数方程表示出的曲线，都是几何曲线. 例如，蔓叶线 $x^3+y^3-3axy=0$ 和蚌线都被承认是几何曲线；其他如螺线等，笛卡尔称为机械曲线——莱布尼茨(Leibniz)后来把它们分别称为代数曲线和超越曲线. 笛卡尔对曲线概念的这一推广，取消了曲线是否存在要看它是否可以用圆规和直尺画出这一判断标准，不但接纳了以前被排斥的曲线，而且开辟了整个曲线领域.

1.1.3　影响坐标几何传播的原因

从上面的叙述中可以看出,费马和笛卡尔各自都研究了坐标几何,但他们研究的目的和方法却有明显的不同.费马着眼于继承古希腊的思想,认为自己的工作是重新表述了阿波罗尼奥斯的工作;而笛卡尔批评了希腊人的传统,主张与这个传统决裂.虽然用方程表示曲线,在费马的工作中比在笛卡尔的工作中更为明显,但应该说真正发现代数方法威力的人是笛卡尔.

由于种种原因,使坐标几何的思想——代数方程表示并研究曲线,在当时没有很快被数学家们积极接受并利用.笛卡尔在《几何》一书中对几何作图题的强调,遮蔽了方程和曲线的主要思想.

坐标几何传播速度缓慢的另一个原因是笛卡尔的《几何》一书写得使人难懂.他说欧洲几乎没有一个数学家能读懂他的著作,书中许多模糊不清之处,是他故意搞的,他只约略指出作图法和证法,而留给别人去填入细节。另一方面,笛卡尔在《几何》一书中曾说,他不愿意夺去读者们自己进行加工的乐趣.的确,他的思想必须从他的书中许多解出的例题里去推测.他说,他之所以删去绝大多数定理的证明,是因为如果有人不嫌麻烦而去系统地考查这些例题,一般定理的证明就显而易见了,而且照这样去学习是更为有益的。

影响坐标几何被迅速接受的原因,还有一个是许多数学家反对把代数和几何结合起来,认为数量运算和几何量的运算要加以区别而不能混淆.

另一个原因是当时代数被认为是缺乏严密性的.

上述种种原因,虽然阻碍了人们对笛卡尔和费马对几何贡献的了解,但也有很多人逐渐采用并扩展了坐标几何.

1.2　空间解析几何的发展阶段

几何学是研究形的科学,以视觉思维为主导,培养人的观察能力、空间想象能力与空间洞察力.几何学最先发展起来的是欧几里得几何.到 17 世纪的文艺复兴时期,几何学上第一个重要成果是法国数学家笛卡尔和费马的解析几何.他们把代数方法应用于几何学,实现了数与形的相互结合与沟通.随着透视画的出现,又诞生了一门全新的几何学——射影几何学.到 19 世纪上半叶,非欧几何诞生了.人们的思想得到很大的解放,各种非欧几何、微分几何、拓扑学都相继诞生,几何学进入一个空前繁荣的时期.

1.2.1 从欧几里得几何到非欧几何

欧几里得(Euclid,约公元前 330～公元前 275)的《几何原本》是一部划时代的著作,其伟大的历史意义在于它是用公理方法建立起演绎体系的典范.由于几何学本来的对象是图形,研究它必然要借助于空间的直观性.但是直观性也有不可靠的时候,因而在明确地规定了定义和公理的基础上,排除直观性,建立合乎逻辑的几何学体系的思想在古希腊时代就已经开始.欧几里得就是在这种思想的基础上,编著完成了他的《几何原本》.

自《几何原本》问世以来,直到 19 世纪大半段以前,数学家一般都把欧几里得的著作看成是严格性方面的典范,但也有少数数学家看出了其中的严重缺点,并设法纠正.首先,欧几里得的定义不能成为一种数学定义,完全不是在逻辑意义下的定义,有的不过是几何对象的直观描述(比如点、线、面等),有的含混不清.这些定义在后面的论证中根本是无用的.其次,欧几里得的公设和公理是远远不够的.因而在《几何原本》中许多命题的证明不得不借助直观,或者无形中引用了欧几里得的 5 个公理之外的公设或公理的东西.

针对欧氏几何的上述缺陷,数学家们做了大量工作来弥补这些缺陷.到 19 世纪末,德国数学家希尔伯特(Hilbert,1862—1943)于 1899 年发表了《几何基础》,书中成功地建立了欧几里得几何的一套完整的公理系统.首先他提出了 8 个基本概念,其中 3 个是基本对象:点、直线、面;5 个是基本关系:点属于(或关联)直线,点属于(或关联)平面,一点在两点之间,两线段合同,两角合同.这些基本概念应服从 5 组公理:关联公理;顺序公理;合同公理;连续公理;平行公里(郑崇友等,2005;沈纯理等,2004).

另外,人们注意到欧几里得平行公理是否与其他公理独立的问题,即平行公理可否能用其他公理推导出来.虽然有很多学者(包括一些很有名的数学家)曾宣称已经证明平行公理能用其他公理推导出来,但最后发现这些论证都是不正确的.于是从意大利数学家 Saccheri(1733)开始,人们就转而猜平行公理与其他公理是独立的,即它不能从其他公理推导出来.罗巴切夫斯基(Лобачевский Н И,1792—1856)和波尔约(Bolyai,1802—1860)分别在 1829 年和 1832 年独立地用平行公理的反命题,即用“过给定直线外一点,存在着至少两条直线与给定的直线不相交”来代替欧几里得平行公理,并由这套新的体系演绎出一套与欧几里得几何迥然不同的命题,但并没有导致任何的矛盾,非欧几何就这样产生了.但是要人们真正信服这种纯理性的几何体系,还是应该将这种“虚”的几何学真正地构造出来,即提供这种“虚”几何的现实模型.19 世纪 70 年代,德国数学家克莱因(Klein,1849—1925)提出了 Klein 模型，庞加莱（Poincarfi，1854—1912）提出了上半平面 Poincaré 模型. 这些模型都能将非欧几何学在人们已经习惯的欧氏空间中实现出来. 这样的非欧几何叫作双曲几何.

另一种非欧几何的发现者是德国数学家黎曼（Riemann，1826—1866）. 那是他在 1854 年讨论无界和无限概念时得到的成果. 欧几里得的第二条公设说：直线可以无限延长. 但是，并不一定蕴涵着直线就长短而言是无限的，只不过是说它是无端的或无界的. 例如，连接球面上两点的大圆的弧可被沿着该大圆无限延长，使得延长了的弧无端，但确实就长短而言它不是无限的. 将欧几里得的公设中的内容作如下的修正：

（1）两个不同的点至少确定一条直线.

（2）直线是无界的.

（3）平面上任何两条都相交.

就可得到一种相容的几何学，称为黎曼的非欧几何（椭圆几何）. 这样的几何可以在球面上实现.

由于罗巴切夫斯基和黎曼的非欧几何的发现，几何学从传统的束缚中解放出来了，从而为大批新的、有趣的几何的发展开辟了广阔的道路，并有广泛的应用. 如在爱因斯坦发现的广义相对论中，用到黎曼几何；由 1947 年对视空间（从正常的有双目视觉的人心理上看到的空间）所做的研究得出结论，即这样的空间最好用罗巴切夫斯基的双曲几何来描述.

如果实数系是相容的，则可以证明以上几种几何的公理系统都是各自相容的、独立的，但都不是完全的. 然而奥地利数学家哥德尔（Gödel，1906—1978）证明了"对于包含自然数系的任何相容的形式体系 F，存在 F 中的不可判定命题"及"对于包含自然数系的任何相容的形式体系 F，F 的相容性不能在 F 中被证明". 因而想证明数学的内部相容性问题也就无望了.

1.2.2　解析几何的诞生

欧氏几何是一种度量几何，研究的是与长度和角度有关的量的学科. 它的方法是综合的，没有代数的介入，为解析几何的发展留下了余地.

解析几何的诞生是数学史上的一个伟大的里程碑. 它的创始人是 17 世纪的法国数学家笛卡尔和费马. 他们都对欧氏几何的局限性表示不满：古代的几何过于抽象，过多地依赖于图形. 他们对代数也提出了批评，因为代数过于受法则和公式的约束，缺乏直观，无益于发展思想的艺术. 同时，他们认识到几何学提供了有关真实世界的知识和真理，而代数学能用来对抽象的未知量进行推理，是一门潜在的方法科学. 因此，把代数学和几何学中的精华结合起来，取长补短，一门新的学科——解析几何诞生了.

解析几何的基本思想是用代数方法研究几何学，从而把空间的论证推进到可以进行计算的数量层面. 对空间的几何结构代数化，用一个基本几何量和它的运算来描述空间的结构，这个基本几何量就是向量，基本运算是指向量的加、减、数乘、内积和外积. 向量的运算就是基本几何性质的代数化.

将几何对象数量化需要一座桥，那就是“坐标”. 在平面上引进所谓“坐标”的概念，并借助这座桥，在平面上的点和有序实数对(x,y)之间建立一一对应的关系. 每一对实数(x,y)都对应于平面上的一个点；反之，每一个点都对应于它的坐标(x,y). 用这种方式可以将一个代数方程 $f(x,y)=0$ 与平面上一条曲线对应起来，于是几何问题便可归结为代数问题，并反过来通过代数问题的研究发现新的几何问题.

借助坐标来确定点的位置的思想古来有之，古希腊的阿波罗尼奥斯(Apollonlus，约公元前 262～公元前 190)关于圆锥曲线性质的推导；阿拉伯人通过圆锥曲线交点求解三次方程的研究，都蕴涵着这种思想. 解析几何最重要的前驱是法国数学家奥雷斯姆(Oreseme，1323—1382)，他在《论形态幅度》这部著作中提出的形态幅度原理(或称图线原理)，甚至接触到函数的图像表示，在此，他借用了“经度”“纬度”这两个地理学术语来描述他的图线，相当于横坐标和纵坐标.

到了 16 世纪，对运动与变化的研究已变成自然科学的中心问题. 这就迫切地需要一种新的数学工具，导致了变量数学即近代数学的诞生. 笛卡尔 1637 年发表了著名的哲学著作《更好地指导推理和寻求科学真理的方法论》，该书有 3 个附录：《几何学》《折光学》和《气象学》，解析几何的发明包含在《几何学》这篇附录中.

笛卡尔的出发点是一个著名的希腊数学问题——帕普斯问题：

设在平面上给定 3 条直线 l_1，l_2 和 l_3，过平面上的点 C 作三条直线分别与 l_1，l_2 和 l_3 交于点 P，Q，R，交角分别等于已知角 α_1，α_2 和 α_3，求使 $CP\cdot CR=kCQ^2$ 的点 C 的轨迹；如果给定 4 条直线(图 1.4)，则求使得 $CP\cdot CR=kCQ\cdot CS$(k 为常数)点 C 的轨迹.

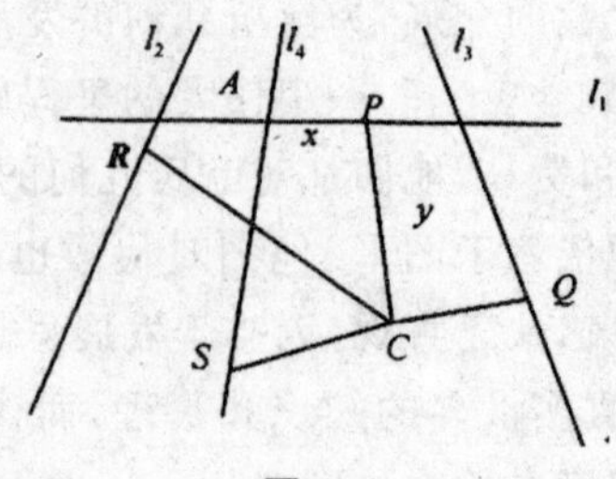

图 1.4

笛卡尔在《几何学》第二卷中，证明了帕普斯结论. 他的做法是：记 AP 为 x，PC 为 y，经简单的几何分析，他用已知量表示 CR，CQ 和 CS 的值，代入 $CP\times CR=CS\times CQ$（设 $k=1$），得到一个关于 x 和 y 的二次方程

$$y^2=Ax^2+Bxy+Cx+Dy \tag{1.1}$$

其中，A，B，C，D 是由已知量组成的简单代数式. 于是他指出，任给 x 一个值，就得到一个关于 y 的二次方程，从而可以解出 y，并根据他在《几何学》第一卷中所给的方法，用圆规直尺将 y 画出. 如果我们取无穷多个 x 值，就得到无穷多个 y 值，从而得到无穷多个点 C，所以这些点 C 的轨迹就是方程(1.1)代表的曲线.

在此，笛卡尔选定一条直线 l_1 作为基线（相当于一根坐标轴），以 A 为原点，x 值是基线的长度，从 A 点量起；y 值是另一条线段的长度，该线段从基线出发，与基线交成定角. 这样，笛卡尔建立了历史上第一个倾斜坐标系. 在《几何学》第三卷中，笛卡尔也给出了直角坐标系的例子（李文林，2002）。

费马和笛卡尔研究解析几何的方法是大相径庭的，表达形式也截然不同. 费马主要继承了希腊人的思想. 尽管他的工作比较全面系统，正确地叙述了解析几何的基本思想，但他的研究主要是完善了阿波罗尼奥斯的工作，因此古典色彩很浓，并且沿用了韦达以字母代表数类的思想，这就要求读者对韦达的代数知识了解甚多. 而笛卡尔则是从批判希腊的传统出发，决然同这种传统决裂，走的是革新古代方法的道路. 他的方法更具一般性，也适用于更广泛的超越曲线. 费马从方程出发来研究它的轨迹；而笛卡尔则从轨迹出发建立它的方程. 这正是解析几何中一个问题的正反两个方面的提法. 但各有侧重，前者是从代数到几何，而后者是从几何到代数. 从历史的发展来看，后者更具有突破性（吴文俊，2003）.

解析几何解决的主要问题是（张顺燕，2004）：

(1)通过计算解决作图问题. 例如，分线段成已知比例.

(2)求具有某种几何性质的曲线或曲面的方程.

(3)用代数方法证明新的几何定理.

(4)用几何方法解代数方程. 例如，用抛物线与圆的交点解三次和四次代数方程.

解析几何的诞生具有以下的伟大意义（张顺燕，2004）：

(1)数学的研究方向发生了一次重大转折，古代以几何为主导的数学转为以代数和分析为主导的数学.

(2)以常量为主导的数学转变为以变量为主导的数学，为微积分的诞生奠定了基础.

(3)使代数和几何融合为一体，实现了几何图形的数量化.

(4)代数的几何化和几何的代数化,使人类摆脱了现实的束缚,带来了认识新空间的需要,帮助人类从现实世界进入虚拟世界,从三维空间进入到更高维的空间.

1.2.3 18~19 世纪的几何

对于几何学,微分几何成为独立的学科主要是在 18 世纪.

伯努利兄弟以及欧拉、拉格朗日等在确定平面曲线曲率、拐点、渐伸线、渐屈线、测地线及曲线簇包络等方面做出许多贡献;蒙日自 1771 年起发表的一系列文章,则使微分几何在 18 世纪的发展臻于高峰.

解析几何的基本课题是对称的坐标轴概念、平面曲线的系统研究等.帕伦于 1705 年、1713 年将解析几何推广至三维情形,该项工作被克莱因所继续.解析几何突破了笛卡尔以来作为求解几何难题的代数技巧的界限.

对综合几何的兴趣直到 18 世纪末才被重新唤起,这主要归功于蒙日的《画法几何学》.蒙日指出画法几何只是投影几何的一个方面,这促进了更一般的投影几何学与几何变换理论的发展.投影几何在 19 世纪整整活跃了一个世纪,而几何变换则已成为现代几何学的基本概念.

19 世纪是数学史上创造精神和严格精神高度发扬的时代.复变函数论的创立和数学分析的严格化,非欧几何的问世和射影几何的完善,群论和非交换代数的诞生,是这一世纪典型的数学成就.它们所蕴含的新思想,深刻地影响着 20 世纪的数学.

19 世纪最富革命性的创造当属非欧几何.自古希腊时代起,欧氏几何一直被认为是客观物质空间唯一正确的理想模型,是严格推理的典范.16 世纪后的数学家在论证代数或分析结果的合理性时,都试图归之为欧氏几何问题.

但欧氏几何的平行公设曾引起数学家的持久关注,以弄清它和其他公理、公设的关系.这个烦扰了数学家千百年的问题,终于被高斯、罗巴切夫斯基和波尔约各自独立解决.高斯在 1816 年已认识到平行公设不可能在欧氏几何其他公理、公设的基础上证明,得到在逻辑上相容的非欧几何,其中平行公设不成立,但由于担心受人指责而未发表.

1825 年左右,波尔约和罗巴切夫斯基分别得到同样的结果,并推演了这种新几何中的一些定理.罗巴切夫斯基 1829 年的文章《论几何基础》是最早发表的非欧几何著作,因此这种几何也称为罗巴切夫斯基几何.这项发现的技术细节是简单的,但观念的变革是深刻的,欧氏几何不再是神圣的,数学家步入了创造新几何的时代.

非欧几何对人们认识物质世界的空间形式提供了有力武器,但由于它背叛传统,创立之初未受到数学界的重视.只是当高斯有关非欧几何的通信和笔记在他 1855 年去世后出版时,才因高斯的名望而引起数学家们的关注.

19 世纪前半叶最热门的几何课题是射影几何.1822 年,彭赛列发表《论图形的射影性质》,这是他 1813—1814 年被俘关在俄国时开始研究的总结.他探讨几何图形在任一投影下所有截影共有的性质,他的方法具有像解析几何那样的普遍性.1827 年左右,普吕克等人引进齐次坐标,用代数方法研究射影性质,丰富了射影几何的内容.

对纯几何问题兴趣的增长,并未减弱分析在几何中的应用.高斯从 1816 年起参与大地测量和地图绘制工作,引起他对微分几何的兴趣.1827 年他发表的《关于曲面的一般研究》,为这一数学分支注入了全新的思想,开创了微分几何的现代研究.

第2章　向量代数

在力学中,力、速度这些量既有大小,又有方向,它们可以用有向线段来表示,这类既有大小,又有方向的量称为向量(或矢量).本章要研究向量的代数运算.利用向量的运算来研究图形性质的方法称为向量法.它的优点是比较直观,并且对向量也引进坐标,这样又可以利用数的运算,使向量具有双重优点.

2.1　向量及其线性运算

2.1.1　向量的基本概念

定义 2.1　在客观世界中,我们遇到的量可分为两类,一类与数值有关的量称为数量,例如,重量、体积、时间、温度等;另一类既与数值有关,又与其方向有关,例如,力、速度、加速度、位移等,这些有大小又有方向的量称为向量或矢量.

在数学上,常用一条有向线段表示向量,有向线段的长度表示向量的大小,有向线段的方向表示向量的方向.以 A 为起点、B 为终点的有向线段所表示的向量,记作$\overrightarrow{AB}$.也可用黑体字母表示向量,例如 $\boldsymbol{a}$、$\boldsymbol{b}$、$\boldsymbol{c}$、$\boldsymbol{\alpha}$、$\boldsymbol{\beta}$、$\boldsymbol{\gamma}$ 等,如图 2.1 所示.

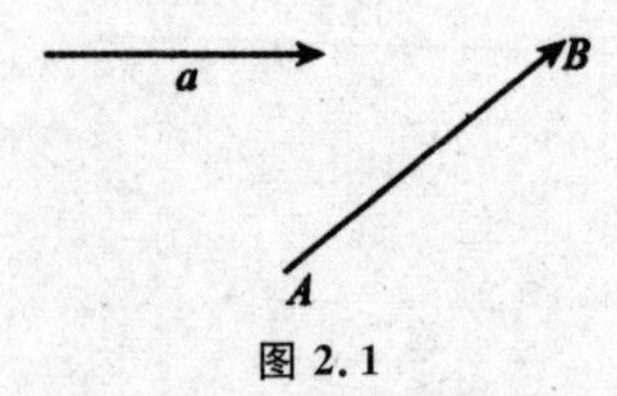

图 2.1

在研究实际问题中,我们发现有些向量与起点有关,如质点运动的速度,而有些向量与起点无关.但向量的共性是都有方向和大小.为研究的方便,只研究与起点无关的向量,这种向量称为自由向量.遇到与起点有关的向量,可作特殊处理.

定义 2.2　向量的大小(也叫长度)称作向量的模,例如,向量$\overrightarrow{AB}$、$\boldsymbol{a}$ 和$\vec{a}$的模依次记作$|\overrightarrow{AB}|$、$|\boldsymbol{a}|$和$|\vec{a}|$.

特别地,模为零的向量称为零向量,记作 $\mathbf{0}$ 或$\vec{0}$. 事实上,零向量的起点和终点重合,其方向是不确定的、任意的. 模为 1 的向量称为单位向量,每个方向都有一个单位向量. 如果空间中所有单位向量都以 O 为起点,那么这些向量的终点则构成一个以 O 为球心,半径为 1 的球面.

定义 2.3　若两个向量 $\boldsymbol{\alpha}$ 和 $\boldsymbol{\beta}$ 的模相等,并且方向相同,则称 $\boldsymbol{\alpha}$ 和 $\boldsymbol{\beta}$ 为相等向量,记作 $\boldsymbol{\alpha}=\boldsymbol{\beta}$. 也就是说,两个相等的向量即使起点不同,经过平移也可重合在一起.

定义 2.4　若向量 $\boldsymbol{\alpha}$ 和 $\boldsymbol{\beta}$ 的模相等,方向相反,则称 $\boldsymbol{\beta}$ 是 $\boldsymbol{\alpha}$ 的负向量,记作 $\boldsymbol{\beta}=-\boldsymbol{\alpha}$,显然,亦有 $\boldsymbol{\alpha}=-\boldsymbol{\beta}$.

2.1.2　向量的线性运算

2.1.2.1　向量的加法

定义 2.5　设两个向量$\overrightarrow{OA}=\boldsymbol{\alpha}$ 与$\overrightarrow{OB}=\boldsymbol{\beta}$,以$\overrightarrow{OA}$,$\overrightarrow{OB}$为边作一平行四边形 $OACB$,向量$\overrightarrow{OC}=\boldsymbol{\gamma}$ 称为向量 $\boldsymbol{\alpha}$ 与 $\boldsymbol{\beta}$ 之和,记为

$$\boldsymbol{\gamma}=\boldsymbol{\alpha}+\boldsymbol{\beta}$$

或

$$\overrightarrow{OC}=\overrightarrow{OA}+\overrightarrow{OB}$$

称为向量加法的平行四边形法则,如图 2.2 所示.

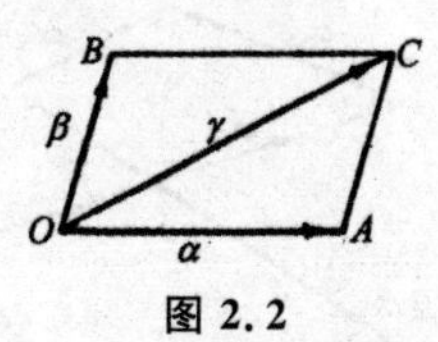

图 2.2

也可由向量加法的三角形法则作两向量的和.

作向量$\overrightarrow{OA}=\boldsymbol{\alpha}$,以$\overrightarrow{OA}$的终点 A 为起点作$\overrightarrow{AB}=\boldsymbol{\beta}$,连接 OB,如图 2.3 所示,从而有

$$\boldsymbol{\gamma}=\boldsymbol{\alpha}+\boldsymbol{\beta}.$$

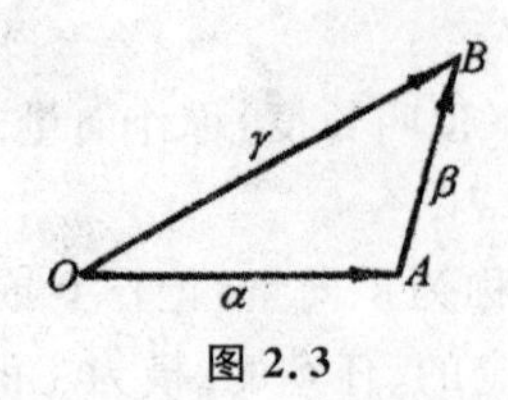

图 2.3

根据上述定义容易验证，向量加法满足如下运算律($\boldsymbol{\alpha}$、$\boldsymbol{\beta}$、$\boldsymbol{\gamma}$ 为任意向量)：

①交换律：$\boldsymbol{\alpha}+\boldsymbol{\beta}=\boldsymbol{\beta}+\boldsymbol{\alpha}$.

②结合律：$(\boldsymbol{\alpha}+\boldsymbol{\beta})+\boldsymbol{\gamma}=\boldsymbol{\alpha}+(\boldsymbol{\beta}+\boldsymbol{\gamma})$，如图 2.4 所示.

③$\boldsymbol{\alpha}+\mathbf{0}=\mathbf{0}+\boldsymbol{\alpha}=\boldsymbol{\alpha}$.

④$\boldsymbol{\alpha}+(-\boldsymbol{\alpha})=\mathbf{0}$.

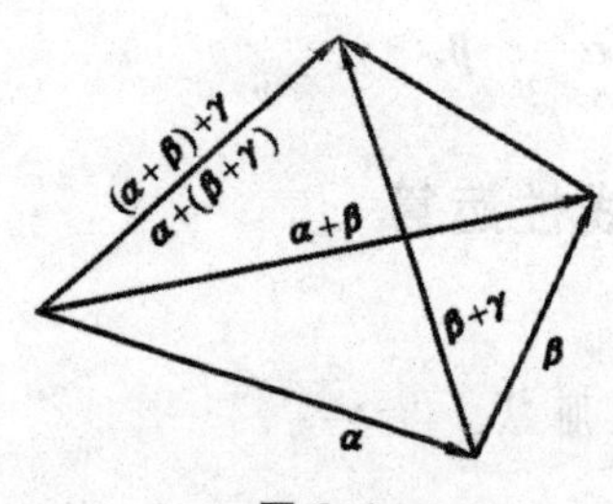

图 2.4

由于向量的加法满足交换律和结合律，故 n 个向量 $\boldsymbol{\alpha}_1,\boldsymbol{\alpha}_2,\cdots,\boldsymbol{\alpha}_n$ 相加可写成 $\boldsymbol{\alpha}_1+\boldsymbol{\alpha}_2+\cdots+\boldsymbol{\alpha}_n$，并可用三角形法则以折线依次画出：使前一向量的终点作为后一向量的起点，先后作出向量 $\boldsymbol{\alpha}_1,\boldsymbol{\alpha}_2,\cdots,\boldsymbol{\alpha}_n$，再以第一向量的起点为起点，最后一向量的终点为终点作一向量，该向量即为所求的和. 如图 2.5 所示，有 $\boldsymbol{s}=\boldsymbol{\alpha}_1+\boldsymbol{\alpha}_2+\boldsymbol{\alpha}_3+\boldsymbol{\alpha}_4+\boldsymbol{\alpha}_5$.

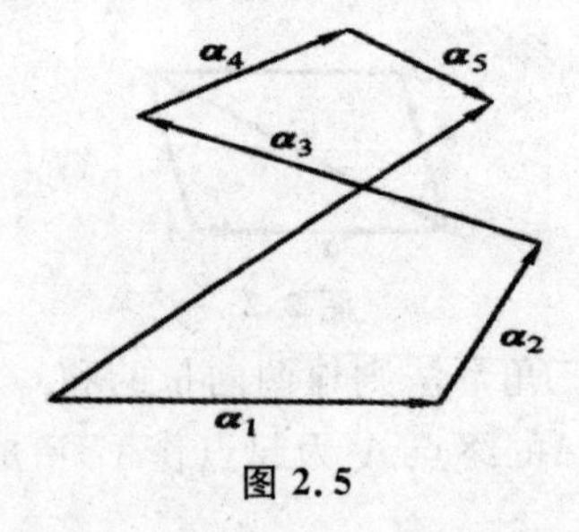

图 2.5

2.1.2.2 向量的减法

根据向量的加法和负向量的概念可定义向量的减法.

定义 2.6 规定两个向量 $\boldsymbol{\alpha}$ 与 $\boldsymbol{\beta}$ 的差为：

$$\boldsymbol{\alpha}-\boldsymbol{\beta}=\boldsymbol{\alpha}+(-\boldsymbol{\beta}).$$

根据三角形法则，$\boldsymbol{\alpha}-\boldsymbol{\beta}$ 是由 $\boldsymbol{\beta}$ 的终点到 $\boldsymbol{\alpha}$ 的终点的向量，如图 2.6 所示.

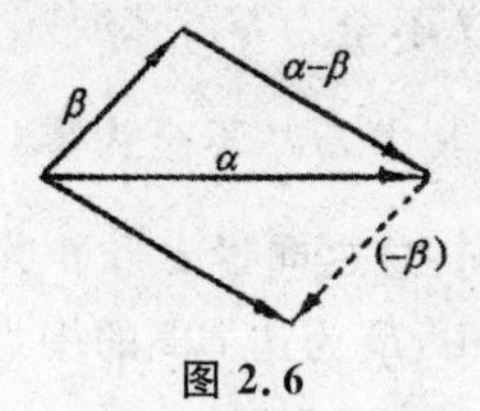

图 2.6

特别地，当 $\boldsymbol{\beta}=\boldsymbol{\alpha}$ 时，有 $\boldsymbol{\alpha}-\boldsymbol{\alpha}=\boldsymbol{\alpha}+(-\boldsymbol{\alpha})=\boldsymbol{0}$.

2.1.2.3　向量与数的乘法

定义 2.7　实数 k 和向量 $\boldsymbol{\alpha}$ 相乘为一个向量，记作 $k\boldsymbol{\alpha}$，称 $k\boldsymbol{\alpha}$ 为 k 与 $\boldsymbol{\alpha}$ 的乘积. 它的模 $|k\boldsymbol{\alpha}|$ 等于实数 k 的绝对值与向量 $\boldsymbol{\alpha}$ 的模的乘积，即 $|k\boldsymbol{\alpha}|=|k|\cdot|\boldsymbol{\alpha}|$. 它的方向规定为：当 $k>0$ 时，$k\boldsymbol{\alpha}$ 与向量 $\boldsymbol{\alpha}$ 同向；当 $k<0$ 时，$k\boldsymbol{\alpha}$ 与向量 $\boldsymbol{\alpha}$ 反向；当 $k=0$ 时，$k\boldsymbol{\alpha}$ 为零向量.

易证，向量与数的乘积（简称数乘）满足如下运算性质（$\boldsymbol{\alpha},\boldsymbol{\beta}$ 为任意向量，k,l 为任意实数）：

①$1\boldsymbol{\alpha}=\boldsymbol{\alpha}$.

②结合律：$k(l\boldsymbol{\alpha})=(kl)\boldsymbol{\alpha}$.

③分配律：$(k+l)\boldsymbol{\alpha}=k\boldsymbol{\alpha}+l\boldsymbol{\alpha}$；$k(\boldsymbol{\alpha}+\boldsymbol{\beta})=k\boldsymbol{\alpha}+k\boldsymbol{\beta}$.

根据向量乘积的定义可知，如果 $\boldsymbol{\alpha}$ 为非零向量，那么 $\frac{1}{|\boldsymbol{\alpha}|}\boldsymbol{\alpha}$ 为一个与 $\boldsymbol{\alpha}$ 同方向的单位向量，记作 $\boldsymbol{\alpha}^{\circ}$. 即

$$\boldsymbol{\alpha}^{\circ}=\frac{1}{|\boldsymbol{\alpha}|}\boldsymbol{\alpha}$$

或

$$\boldsymbol{\alpha}=|\boldsymbol{\alpha}|\boldsymbol{\alpha}^{\circ}.$$

向量的加法和数乘统称为向量的线性运算.

2.1.2.4　向量的共线与共面

定义 2.8　方向相同或相反的向量称为共线向量，记作 $\boldsymbol{\alpha}/\!/\boldsymbol{\beta}$. 平行于同一平面的向量称为共面向量.

定理 2.1　向量 $\boldsymbol{\alpha}$ 和 $\boldsymbol{\beta}$ 共线的充分必要条件为存在不全为零的数 k 和 l，使得 $k\boldsymbol{\alpha}+l\boldsymbol{\beta}=\boldsymbol{0}$.

证明：必要性：当 $\boldsymbol{\alpha}=\boldsymbol{0}$ 时，显然结论成立.

当 $\boldsymbol{\alpha}\neq\boldsymbol{0}$ 时，有 $|\boldsymbol{\alpha}|\neq 0$，并且存在 $m\geqslant 0$ 使得：

$$|\boldsymbol{\beta}|=m|\boldsymbol{\alpha}|.$$

当 $\boldsymbol{\alpha}$ 和 $\boldsymbol{\beta}$ 同向时，取 $k=m,l=-1$；当 $\boldsymbol{\alpha}$ 和 $\boldsymbol{\beta}$ 反向时，取 $k=m,l=1$ 则都满足 $k\boldsymbol{\alpha}+l\boldsymbol{\beta}=0$，这里 m,l 不全为零.

充分性：若 $k\boldsymbol{\alpha}+l\boldsymbol{\beta}=\mathbf{0}$，其中 m,l 不全为零. 假设 $k\neq0$，则 $\boldsymbol{\alpha}=-\frac{l}{k}\boldsymbol{\beta}$，从而可知 $\boldsymbol{\alpha}$ 和 $\boldsymbol{\beta}$ 或同向或反向，总之向量 $\boldsymbol{\alpha}$ 和 $\boldsymbol{\beta}$ 共线.

例 1 在三角形 ABC 中，D 为边 BC 的中点，如图 2.7 所示，证明

$$\overrightarrow{AD}=\frac{1}{2}(\overrightarrow{AB}+\overrightarrow{AC}).$$

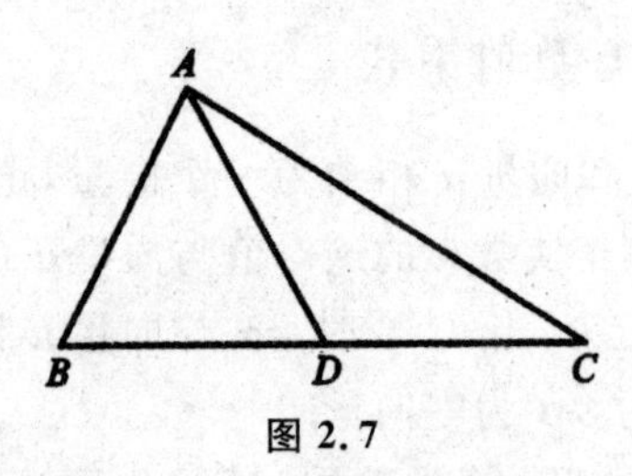

图 2.7

证明：如图 2.7 所示，有

$$\overrightarrow{AD}=\overrightarrow{AB}+\overrightarrow{BD},$$
$$\overrightarrow{AD}=\overrightarrow{AC}+\overrightarrow{CD},$$

又因为 D 为边 BC 的中点，则 $\overrightarrow{BD}=-\overrightarrow{CD}$，将上述两式相加，可得

$$2\overrightarrow{AD}=\overrightarrow{AB}+\overrightarrow{AC},$$

即

$$\overrightarrow{AD}=\frac{1}{2}(\overrightarrow{AB}+\overrightarrow{AC}).$$

例 2 证明平行四边形的对角线相互平分.

证明：设平行四边形为 $ABCD$，如图 2.8 所示，E 为 BD 中点，连接 AE，EC.

因为

$$\overrightarrow{AB}=\overrightarrow{DC},\overrightarrow{BE}=\overrightarrow{ED},$$

所以

$$\overrightarrow{AE}=\overrightarrow{AB}+\overrightarrow{BE}=\overrightarrow{ED}+\overrightarrow{DC}=\overrightarrow{EC},$$

则可知平行四边形的对角线相互平分.

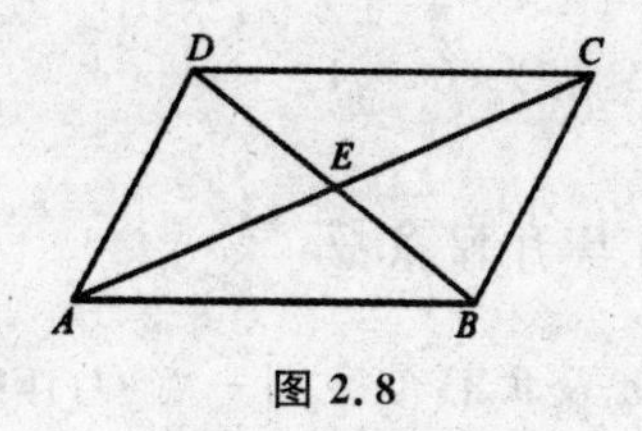

图 2.8

2.1.3 向量的模、方向角、投影

2.1.3.1 向量的模

设向量 $\boldsymbol{r}=(x,y,z)$，作 $\overrightarrow{OM}$，使得 $\overrightarrow{OM}=\boldsymbol{r}$. 如图 2.9 所示，由空间点 $M(x,y,z)$ 到坐标原点的距离可知 $\boldsymbol{r}$ 的模为：

$$|\boldsymbol{r}|=|\overrightarrow{OM}|=\sqrt{x^2+y^2+z^2}.$$

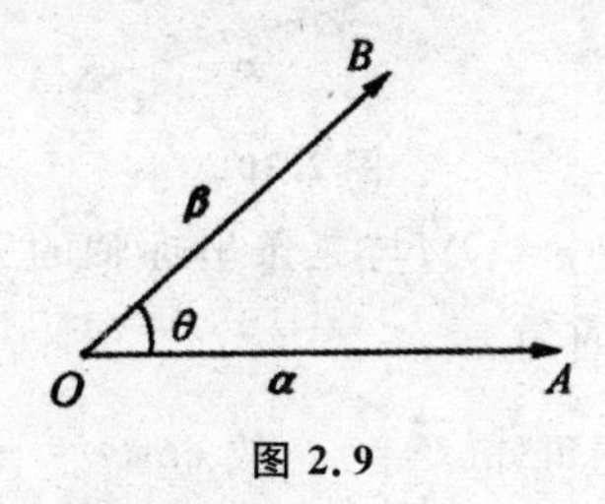

图 2.9

向量的模满足三角不等式：

$$|\boldsymbol{\alpha}+\boldsymbol{\beta}|\leqslant|\boldsymbol{\alpha}|+|\boldsymbol{\beta}|\text{（三角形两边之和大于第三边）；}$$

$$||\boldsymbol{\alpha}|-|\boldsymbol{\beta}||\leqslant|\boldsymbol{\alpha}-\boldsymbol{\beta}|\text{（三角形两边之差小于第三边）.}$$

上述两个不等式等号成立的几何意义是：两个向量 $\boldsymbol{\alpha}$ 与 $\boldsymbol{\beta}$ 同向或反向时成立. 用数学归纳法法可得推广的三角不等式：

$$|\boldsymbol{\alpha}_1+\boldsymbol{\alpha}_2+\cdots+\boldsymbol{\alpha}_n|\leqslant|\boldsymbol{\alpha}_1|+|\boldsymbol{\alpha}_2|+\cdots+|\boldsymbol{\alpha}_n|.$$

设点 $A(x_1,y_1,z_1)$，$B(x_2,y_2,z_2)$，有：

$$\overrightarrow{AB}=\overrightarrow{OB}-\overrightarrow{OA}=(x_2,y_2,z_2)-(x_1,y_1,z_1)=(x_2-x_1,y_2-y_1,z_2-z_1).$$

即得点 A 和点 B 的距离 $|AB|$ 为：

$$|AB|=|\overrightarrow{AB}|=\sqrt{(x_2-x_1)^2+(y_2-y_1)^2+(z_2-z_1)^2}.$$

例 3　坐标平面 yOz 上一点 P 满足：(1)坐标之和为 2；(2)到点 $A(3,2,5)$，$B(3,5,2)$的距离相等，求点 P 的坐标.

解：由题意设 $P(0,y,z)$，则

$$\begin{cases}y+z=2,\\(0-3)^2+(y-2)^2+(z-5)^2=(0-3)^2+(y-5)^2+(z-2)^2.\end{cases}$$

解得：$\begin{cases} y=1 \\ z=1 \end{cases}$，故点 P 的坐标为(0,1,1).

2.1.3.2 方向角与方向余弦

设有两个非零向量 $\boldsymbol{\alpha}$ 及 $\boldsymbol{\beta}$，任取空间一点 $\boldsymbol{O}$，作 $\overrightarrow{OA}=\boldsymbol{\alpha}$，$\overrightarrow{OB}=\boldsymbol{\beta}$，称不超过 π 的 $\angle AOB$（设 $\theta=\angle AOB, 0\leqslant\theta\leqslant\pi$）为向量 $\boldsymbol{\alpha},\boldsymbol{\beta}$ 的夹角，如图 2.10 所示，记作 $\langle\boldsymbol{\alpha},\boldsymbol{\beta}\rangle$，零向量与另一向量的夹角可在 0 到 π 间任意取值. 类似地定义向量与一轴的夹角和两轴的夹角.

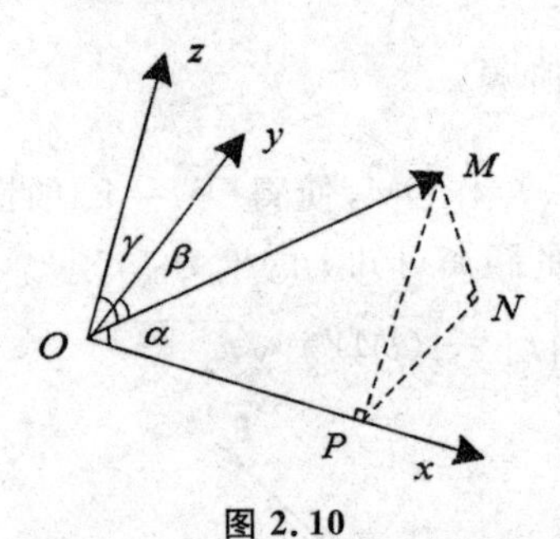

图 2.10

定义 2.9 非零向量 $\boldsymbol{r}=\overrightarrow{OM}$ 与三条坐标轴的夹角 θ_1、θ_2、θ_3（$0\leqslant\theta_1,\theta_2,\theta_3\leqslant\pi$），称为向量 $\boldsymbol{r}$ 的方向角.

设 $\boldsymbol{r}=(x,y,z)$，由图可知 $\overrightarrow{OP}=x\boldsymbol{i}$，故 $\cos\theta_1=\dfrac{x}{|\overrightarrow{OM}|}=\dfrac{x}{|\boldsymbol{r}|}$，

同理：$\cos\theta_2=\dfrac{y}{|\boldsymbol{r}|}$，$\cos\theta_3=\dfrac{z}{|\boldsymbol{r}|}$.

从而

$$(cos\theta_1, cos\theta_2, cos\theta_3)=\left(\frac{x}{|\boldsymbol{r}|},\frac{y}{|\boldsymbol{r}|},\frac{z}{|\boldsymbol{r}|}\right)=\frac{1}{|\boldsymbol{r}|}(x,y,z)=\frac{\boldsymbol{r}}{|\boldsymbol{r}|}=\boldsymbol{e}_r.$$

$\cos\theta_1$、$\cos\theta_2$、$\cos\theta_3$ 叫作向量 $\boldsymbol{r}$ 的方向余弦. 上式表明，以向量 $\boldsymbol{r}$ 的方向余弦为坐标的向量就是与 $\boldsymbol{r}$ 同方向的单位向量 $\boldsymbol{e}_r$，并由此可得

$$\cos^2\theta_1+\cos^2\theta_2+\cos^2\theta_3=1.$$

例 4 已知两点 $M_1(2,2,\sqrt{2})$ 和 $M_2(1,3,0)$，求向量 $\overrightarrow{M_1M_2}$ 的模、方向余弦和方向角.

解：

$$\overrightarrow{M_1M_2}=(-1,1,-\sqrt{2}),\ |\overrightarrow{M_1M_2}|=2.$$

$$\cos\theta_1=-\frac{1}{2}, \cos\theta_2=\frac{1}{2}, \cos\theta_3=-\frac{\sqrt{2}}{2};$$

$$\theta_1=\frac{2\pi}{3}, \theta_2=\frac{\pi}{3}, \theta_3=\frac{3\pi}{4}.$$

例 5　设点 A 位于第Ⅰ卦限，向径$\overrightarrow{OA}$与 x 轴、y 轴的夹角依次为$\frac{\pi}{3}$和$\frac{\pi}{4}$，且$|\overrightarrow{OA}|=6$，求点 A 的坐标.

解：$\theta_1=\frac{\pi}{3}$，$\theta_2=\frac{\pi}{4}$.

由 $\cos^2\theta_1+\cos^2\theta_2+\cos^2\theta_3=1$，可得 $\cos^2\theta_3=\frac{1}{4}$，又点 A 在第Ⅰ卦限，故 $\cos\theta_3=\frac{1}{2}$.

于是

$$\overrightarrow{OA}=|\overrightarrow{OA}|e_{\overrightarrow{OA}}=6\left(\frac{1}{2},\frac{\sqrt{2}}{2},\frac{1}{2}\right)=(3,3\sqrt{2},3),$$

此即为点的坐标.

2.1.3.3　向量在轴上的投影

设有空间一点 A 和一轴 u，通过点 A 作轴 u 的垂直平面 W，则称平面 W 与轴 u 的交点 A'为点 A 在 u 上的投影，如图 2.11 所示.

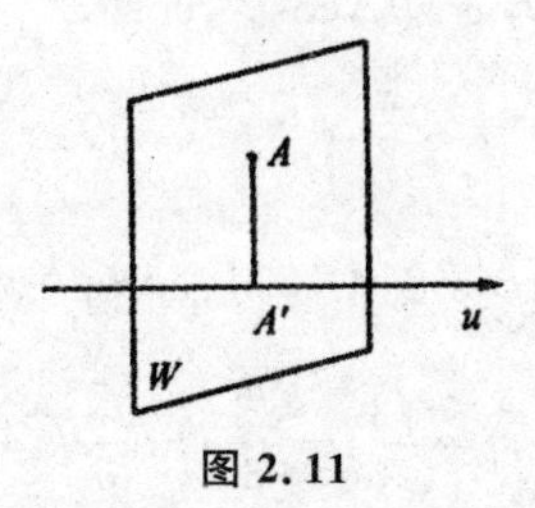

图 2.11

定义 2.10　设向量$\overrightarrow{AB}$的起点和终点在轴 u 上的投影分别为 A'和 B'，如图 2.12 所示，则轴 u 上有向线段$\overrightarrow{A'B'}$的值 $A'B'$（其绝对值等于$|\overrightarrow{A'B'}|$，其符号根据$\overrightarrow{A'B'}$的方向决定，若$\overrightarrow{A'B'}$与 u 轴同向则取正号，若$\overrightarrow{A'B'}$与 u 轴反向则取负号）叫作向量$\overrightarrow{AB}$在轴 u 上的投影，记作 $\mathrm{Pr}_u\overrightarrow{AB}$，轴 u 称为投影轴.

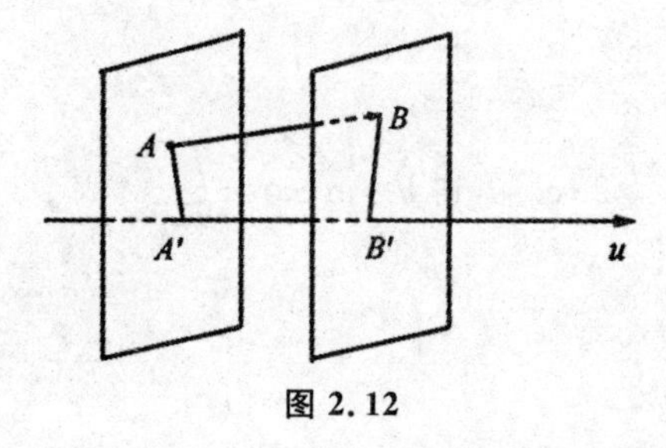

图 2.12

定理 2.2 向量$\overrightarrow{AB}$在轴 u 上的投影等于向量的长度乘以轴与向量的夹角的余弦.

$$\mathrm{Pr}_u\overrightarrow{AB}=|\overrightarrow{AB}|\cos\theta.$$

从而可知,相等向量在同一轴上的投影相等.当一非零向量与投影轴形成锐角时,其投影为正;形成钝角时,其投影为负;形成直角时投影为零.

定理 2.3 两个向量的和在某轴上的投影等于这两个向量在该轴上投影的和,即有

$$\mathrm{Pr}_u(\boldsymbol{\alpha}_1+\boldsymbol{\alpha}_2)=\mathrm{Pr}_u\boldsymbol{\alpha}_1+\mathrm{Pr}_u\boldsymbol{\alpha}_2.$$

如图 2.13 所示.

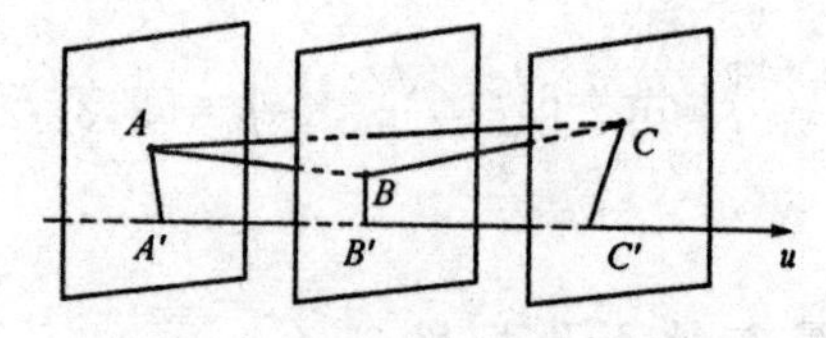

图 2.13

例 6 设向量 $\boldsymbol{a}=(4,-3,2)$,轴 u 的正向与三条坐标轴的正向构成相等锐角,试求(1)向量 $\boldsymbol{a}$ 在轴 u 上的投影;(2)向量 $\boldsymbol{a}$ 与轴 u 的夹角 θ.

解:设 $\boldsymbol{e}_u$ 的方向余弦为 $\cos\theta_1,\cos\theta_2,\cos\theta_3$.

由已知条件:$0<\alpha=\beta=\gamma<\frac{\pi}{2}$.

结合 $\cos^2\theta_1+\cos^2\theta_2+\cos^2\theta_3=1$,得:$\cos\theta_1=\cos\theta_2=\cos\theta_3=\frac{\sqrt{3}}{3}$,则

$$\boldsymbol{e}_u=\frac{\sqrt{3}}{3}\boldsymbol{i}+\frac{\sqrt{3}}{3}\boldsymbol{j}+\frac{\sqrt{3}}{3}\boldsymbol{k}.$$

又因为

$$\boldsymbol{a}=4\boldsymbol{i}-3\boldsymbol{j}+2\boldsymbol{k},$$

故

$$\begin{aligned}\mathrm{Pr}_u\boldsymbol{a}&=\mathrm{Pr}_u(4\boldsymbol{i})+\mathrm{Pr}_u(3\boldsymbol{j})+\mathrm{Pr}_u(2\boldsymbol{k})\\&=4\mathrm{Pr}_u\boldsymbol{i}-3\mathrm{Pr}_u\boldsymbol{j}+2\mathrm{Pr}_u\boldsymbol{k}=4\cdot\frac{\sqrt{3}}{3}-3\cdot\frac{\sqrt{3}}{3}+2\cdot\frac{\sqrt{3}}{3}\\&=\sqrt{3}.\end{aligned}$$

由 $\mathrm{Pr}_u\boldsymbol{a}=|\boldsymbol{a}|\cos\theta=\sqrt{29}\cos\theta$,得 $\theta=\arccos\sqrt{\frac{3}{29}}$.

2.2 标架与坐标

向量法较为直观,但是向量的运算不如数的运算简洁,为了取长补短,我们给向量引进坐标,同时也给点引进坐标,把向量法与坐标法结合起来使用.

2.2.1 标架、向量和点的坐标

2.2.1.1 标架及向量的坐标表示

空间中任意3个有次序的不共面的向量组 $\boldsymbol{e}_1,\boldsymbol{e}_2,\boldsymbol{e}_3$ 称为空间中的一个基.对于空间中任一向量 $\boldsymbol{a}$,存在唯一的数组 (x,y,z),使

$$\boldsymbol{a}=x\boldsymbol{e}_1+y\boldsymbol{e}_2+z\boldsymbol{e}_3.$$

将有序三元实数组 (x,y,z) 称为 $\boldsymbol{a}$ 在基 $\boldsymbol{e}_1,\boldsymbol{e}_2,\boldsymbol{e}_3$ 下的坐标,记为 $\boldsymbol{a}=(x,y,z)$.

在空间中任意取定一点 O,则任意一点 M 与向量 $\overrightarrow{OM}$ 一一对应,我们把向量 $\overrightarrow{OM}$ 称为点 M 的位置向量(或径矢).

定义 2.11 空间中一个点 O 和一个基 $\boldsymbol{e}_1,\boldsymbol{e}_2,\boldsymbol{e}_3$ 合在一起称为空间的一个仿射标架或仿射坐标系,简称标架,记为 $\{O;\boldsymbol{e}_1,\boldsymbol{e}_2,\boldsymbol{e}_3\}$,其中 O 称为标架的原点,$\boldsymbol{e}_1,\boldsymbol{e}_2,\boldsymbol{e}_3$ 称为标架的坐标向量.对于空间中任一点 M,把它的位置向量 $\overrightarrow{OM}$ 在基 $\boldsymbol{e}_1,\boldsymbol{e}_2,\boldsymbol{e}_3$ 下的坐标称为点 M 在仿射标架 $\{O;\boldsymbol{e}_1,\boldsymbol{e}_2,\boldsymbol{e}_3\}$ 中的坐标.若 $\overrightarrow{OM}=(x,y,z)$,则点 M 的坐标记为 $M(x,y,z)$.

点 M 在标架 $\{O;\boldsymbol{e}_1,\boldsymbol{e}_2,\boldsymbol{e}_3\}$ 中的坐标为 (x,y,z),当且仅当

$$\overrightarrow{OM}=x\boldsymbol{e}_1+y\boldsymbol{e}_2+z\boldsymbol{e}_3,$$

将向量 $\boldsymbol{a}$ 在基 $\boldsymbol{e}_1,\boldsymbol{e}_2,\boldsymbol{e}_3$ 中的坐标也称为 $\boldsymbol{a}$ 在仿射标架 $\{O;\boldsymbol{e}_1,\boldsymbol{e}_2,\boldsymbol{e}_3\}$ 中的坐标.

空间中取定一个标架后,空间中全体向量的集合与全体有序三元实数组的集合之间就建立了一一对应;通过位置向量,空间中全体点的集合与全体有序三元实数组的集合之间也建立了一一对应的关系.

设 $\{O;\boldsymbol{e}_1,\boldsymbol{e}_2,\boldsymbol{e}_3\}$ 为空间的一个标架,过原点 O,且分别以 $\boldsymbol{e}_1,\boldsymbol{e}_2,\boldsymbol{e}_3$ 为方向的有向直线分别称为 x 轴、y 轴、z 轴,统称为坐标轴.由每两条坐标轴决定的平面称为坐标平面,它们分别是 xOy, yOz, zOx 平面.坐标平面把空间分成8个部分,称为8个卦限,如图2.14所示,在每个卦限内,点的坐

标的符号不变.

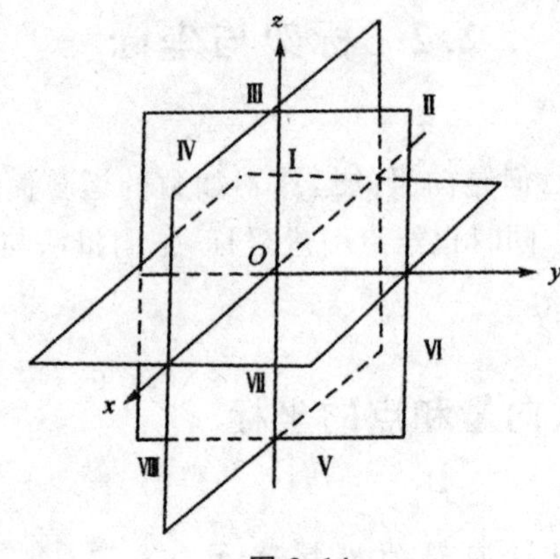

图 2.14

将右手四指(拇指除外)从 x 轴方向弯向 y 轴方向(转角小于 π),如果拇指所指的方向与 z 轴方向在 xOy 平面同侧,则称此坐标系为右手系,否则称为左手系,如图 2.15 所示.

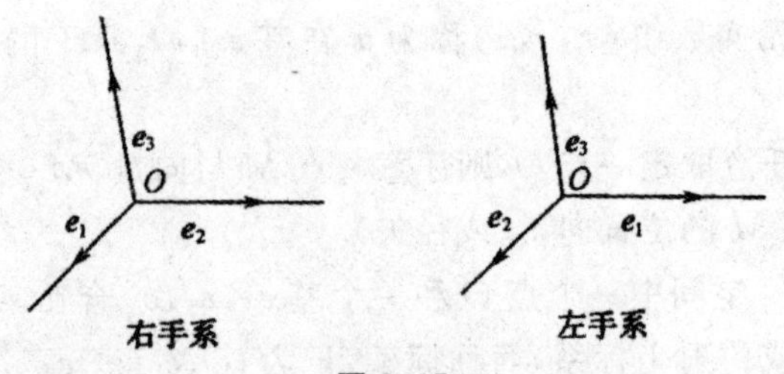

图 2.15

各卦限内点的坐标符号见表 2.1.

表 2.1

坐标＼卦限	Ⅰ	Ⅱ	Ⅲ	Ⅳ	Ⅴ	Ⅵ	Ⅶ	Ⅷ
x	+	−	−	+	+	−	−	+
y	+	+	−	−	+	+	−	−
z	+	+	+	+	−	−	−	−

如果 $\boldsymbol{e}_1, \boldsymbol{e}_2, \boldsymbol{e}_3$ 是两两垂直的单位向量,则 $\{O;\boldsymbol{e}_1,\boldsymbol{e}_2,\boldsymbol{e}_3\}$ 称为直角标架或直角坐标系. 如果 $\boldsymbol{e}_1, \boldsymbol{e}_2, \boldsymbol{e}_3$ 是两两垂直的向量,则 $\{O;\boldsymbol{e}_1,\boldsymbol{e}_2,\boldsymbol{e}_3\}$ 称为笛卡尔标架.

直角标架是特殊的仿射标架. 点(或向量)在直角标架中的坐标称为它的直角坐标,在仿射标架中的坐标称为它的仿射坐标.

2.2.1.2　向量的分解

任给向量 $\boldsymbol{r}$,有对应点 M,使$\overrightarrow{OM}=\boldsymbol{r}$. 以 OM 为对角线、3 条坐标轴为棱作长方体 $RHMK\text{-}OPNQ$,如图 2.16 所示,有

$$\boldsymbol{r}=\overrightarrow{OM}=\overrightarrow{OP}+\overrightarrow{PN}+\overrightarrow{NM}=\overrightarrow{OP}+\overrightarrow{OQ}+\overrightarrow{OR},$$

设$\overrightarrow{OP}=x\boldsymbol{i}$,$\overrightarrow{OQ}=y\boldsymbol{j}$,$\overrightarrow{OR}=z\boldsymbol{k}$,则

$$\boldsymbol{r}=\overrightarrow{OM}=x\boldsymbol{i}+y\boldsymbol{j}+z\boldsymbol{k},$$

上式称为向量 $\boldsymbol{r}$ 的坐标分解式. $x\boldsymbol{i}$、$y\boldsymbol{j}$ 、$z\boldsymbol{k}$ 称为向量 $\boldsymbol{r}$ 沿 3 个坐标轴方向的分向量.

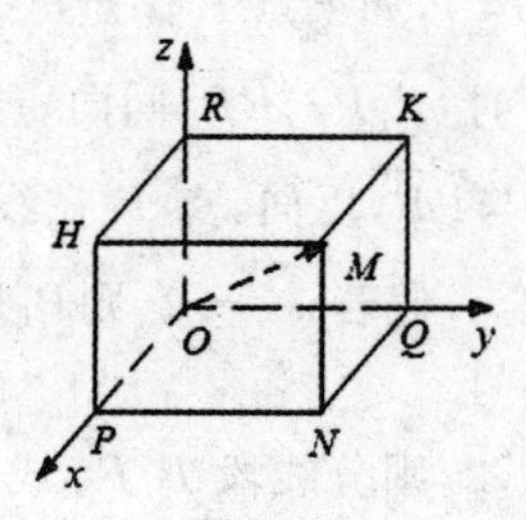

图 2.16

显然,给定向量 $\boldsymbol{r}$,就确定了点 M 即$\overrightarrow{OP}$ 、$\overrightarrow{OQ}$、$\overrightarrow{OR}$ 3 个分向量,进而确定了 x、y、z 3 个有序数;反之,给定 3 个有序数 x、y、z 后,也就确定了向量 $\boldsymbol{r}$ 与点 M,于是点 M、向量 $\boldsymbol{r}$ 与 3 个有序数 x、y、z 之间有一一对应关系:

$$M\leftrightarrow\boldsymbol{r}=\overrightarrow{OM}=x\boldsymbol{i}+y\boldsymbol{j}+z\boldsymbol{k}\leftrightarrow(x,y,z).$$

据此,定义有序数 x、y、z 称为向量(在坐标系 $O\text{-}xyz$ 中)的坐标,记作 $\boldsymbol{r}=(x,y,z)$;有序数 x、y、z 也称为点 M(在坐标系 $O\text{-}xyz$ 中)的坐标,记作 $M(x,y,z)$.

2.2.2　用坐标作向量的线性运算

取定标架$\{O;\boldsymbol{e}_1,\boldsymbol{e}_2,\boldsymbol{e}_3\}$,设向量 $\boldsymbol{a}=(a_1,a_2,a_3)$,$\boldsymbol{b}=(b_1,b_2,b_3)$,则有

①$\boldsymbol{a}+\boldsymbol{b}=(a_1+b_1,a_2+b_2,a_3+b_3)$.

②$\boldsymbol{a}-\boldsymbol{b}=(a_1-b_1,a_2-b_2,a_3-b_3)$.

③对于任意实数 λ,有 $\lambda\boldsymbol{a}=(\lambda a_1,\lambda a_2,\lambda a_3)$.

定理 2.4　向量的坐标等于其终点坐标减去其始点坐标 .

证明:对于向量$\overrightarrow{AB}$,设 $A(x_1,y_1,z_1)$,$B(x_2,y_2,z_2)$,则

$$\overrightarrow{OA}=(x_1,y_1,z_1),\overrightarrow{OB}=(x_2,y_2,z_2),$$

因为$\overrightarrow{AB}=\overrightarrow{OB}-\overrightarrow{OA}$,所以

$$\overrightarrow{AB}=(x_2-x_1,y_2-y_1,z_2-z_1).$$

在仿射坐标系$\{O;\boldsymbol{e}_1,\boldsymbol{e}_2,\boldsymbol{e}_3\}$中，非零向量$\boldsymbol{a}(a_1,a_2,a_3)$与$\boldsymbol{b}(b_1,b_2,b_3)$共线，当且仅当对应坐标成比例，即

$$\frac{a_1}{b_1}=\frac{a_2}{b_2}=\frac{a_3}{b_3}.$$

推论 1 在仿射坐标系$\{O;\boldsymbol{e}_1,\boldsymbol{e}_2,\boldsymbol{e}_3\}$中，非零向量$\boldsymbol{a}(a_1,a_2,a_3)$，$\boldsymbol{b}(b_1,b_2,b_3)$，$\boldsymbol{c}(c_1,c_2,c_3)$共线的充要条件为：

$$\frac{b_1-a_1}{c_1-a_1}=\frac{b_2-a_2}{c_2-a_2}=\frac{b_3-a_3}{c_3-a_3}.$$

设$P_i(x_i,y_i,z_i)$，$i=1,2,3$，推导三点P_i共线的充要条件.

对于线段$P_1P_2(P_1\neq P_2)$，如果点P满足$\overrightarrow{P_1P}=\lambda\overrightarrow{PP_2}$，则称点$P$分线段$P_1P_2$成定比$\lambda$，当$\lambda>0$时，$\overrightarrow{P_1P}$与$\overrightarrow{PP_2}$同向，点$P$在线段$P_1P_2$内，称$P$为内分点；当$\lambda<0$时，$\overrightarrow{P_1P}$与$\overrightarrow{PP_2}$反向，点$P$在线段$P_1P_2$外，称$P$为外分点；当$\lambda=0$时，$P$与$P_1$重合. 假若$\lambda=-1$，则$\overrightarrow{P_1P}=-\overrightarrow{PP_2}$，即$\overrightarrow{P_1P_2}=\boldsymbol{0}$，这与$P_1\neq P_2$矛盾，所以$\lambda\neq-1$.

设$P_i(x_i,y_i,z_i)$，$i=1,2$，则分线段P_1P_2成定比$\lambda(\lambda\neq-1)$的分点P的坐标为：

$$x=\frac{x_1+\lambda x_2}{1+\lambda},y=\frac{y_1+\lambda y_2}{1+\lambda},z=\frac{z_1+\lambda z_2}{1+\lambda},$$

因此，线段P_1P_2的中点坐标为：

$$x=\frac{x_1+\lambda x_2}{1+\lambda},y=\frac{y_1+\lambda y_2}{1+\lambda},z=\frac{z_1+\lambda z_2}{1+\lambda}.$$

例 7 用坐标法证明四面体对棱中点的连线交于一点.

证明：如图 2.17 所示，设四面体$ABCD$的棱AB,AC,AD,BC,CD,DB的中点分别为B',C',D',E,F,G.

取仿射标架$\{A;\overrightarrow{AB},\overrightarrow{AC},\overrightarrow{AD}\}$，则各点的坐标分别为

$$A(0,0,0),B(1,0,0),C(0,1,0),D(0,0,1),$$

$$B'(\frac{1}{2},0,0),C'(0,\frac{1}{2},0),D'(0,0,\frac{1}{2}),$$

$$E(\frac{1}{2},\frac{1}{2},0),F(0,\frac{1}{2},\frac{1}{2}),G(\frac{1}{2},0,\frac{1}{2}).$$

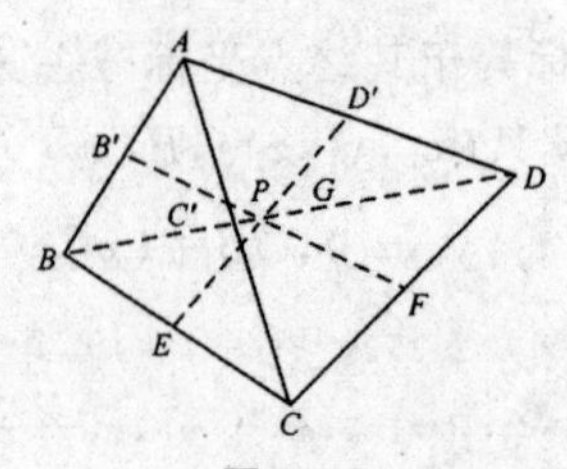

图 2.17

假设 $B'F$ 与 $D'E$ 交于点 $P(x,y,z)$，设 $\overrightarrow{B'P}=k\overrightarrow{PF}$，$\overrightarrow{D'P}=l\overrightarrow{PE}$，则 P 的坐标为：

$$\begin{cases} x=\dfrac{\frac{1}{2}+k\cdot 0}{1+k}, y=\dfrac{0+k\cdot\frac{1}{2}}{1+k}, z=\dfrac{0+k\cdot\frac{1}{2}}{1+k}, \\ x=\dfrac{0+l\cdot\frac{1}{2}}{1+l}, y=\dfrac{0+l\cdot\frac{1}{2}}{1+l}, z=\dfrac{\frac{1}{2}+l\cdot 0}{1+l}. \end{cases}$$

解得 $k=l=1$，从而交点 P 存在，且 P 的坐标为 $\left(\frac{1}{4},\frac{1}{4},\frac{1}{4}\right)$.

设 $B'F$ 与 $C'G$ 交于 P'，同理可得 $P'\left(\frac{1}{4},\frac{1}{4},\frac{1}{4}\right)$，所以 P 与 P' 重合，即 $B'F$，$D'E$，$C'G$ 交于一点．得证.

2.3　向量的内积

2.3.1　内积的定义

定义 2.12　设 $\boldsymbol{\alpha},\boldsymbol{\beta}$ 为两个向量，称 $|\boldsymbol{\alpha}|\cdot|\boldsymbol{\beta}|\cos\theta$ 为 $\boldsymbol{\alpha}$ 和 $\boldsymbol{\beta}$ 的数量积或内积，记作 $\boldsymbol{\alpha}\cdot\boldsymbol{\beta}$，即

$$\boldsymbol{\alpha}\cdot\boldsymbol{\beta}=|\boldsymbol{\alpha}|\cdot|\boldsymbol{\beta}|\cos\theta,$$

其中，$\theta=\langle\alpha,\beta\rangle$.

由数量积的定义可知：

①$\boldsymbol{\alpha}\cdot\boldsymbol{\alpha}=|\boldsymbol{\alpha}|^2$.

②对于两个非零向量 $\boldsymbol{\alpha}$ 及 $\boldsymbol{\beta}$，若 $\boldsymbol{\alpha}\cdot\boldsymbol{\beta}=0$，则 $\boldsymbol{\alpha}\perp\boldsymbol{\beta}$；反之，若 $\boldsymbol{\alpha}\perp\boldsymbol{\beta}$，则 $\boldsymbol{\alpha}\cdot\boldsymbol{\beta}=\mathbf{0}$.

规定零向量垂直于任何向量. 上述结论修改为：$\boldsymbol{\alpha}\perp\boldsymbol{\beta}$ 的充分必要条件为 $\boldsymbol{\alpha}\cdot\boldsymbol{\beta}=0$.

因为 $|\boldsymbol{\beta}|\cos\langle\boldsymbol{\alpha},\boldsymbol{\beta}\rangle$ 为向量 $\boldsymbol{\beta}$ 在向量 $\boldsymbol{\alpha}$ 方向上的投影，所以，当 $\boldsymbol{\alpha}\neq\mathbf{0}$ 时，$\boldsymbol{\alpha}\cdot\boldsymbol{\beta}$ 则为 $\boldsymbol{\alpha}$ 的长度 $|\boldsymbol{\alpha}|$ 与 $\boldsymbol{\beta}$ 在 $\boldsymbol{\alpha}$ 方向上的投影 $\mathrm{Pr}_{\boldsymbol{\alpha}}\boldsymbol{\beta}$ 之积，即

$$\boldsymbol{\alpha}\cdot\boldsymbol{\beta}=|\boldsymbol{\alpha}|\mathrm{Pr}_{\boldsymbol{\alpha}}\boldsymbol{\beta},$$

$$\boldsymbol{\alpha}\cdot\boldsymbol{\beta}=|\boldsymbol{\beta}|\mathrm{Pr}_{\boldsymbol{\beta}}\boldsymbol{\alpha}.$$

也就是说，两向量的数量积等于其中一个向量的模和另一个向量在这向量的方向上的投影的乘积.

2.3.2 内积的运算律

(1)交换律:$\boldsymbol{\alpha}\cdot\boldsymbol{\beta}=\boldsymbol{\beta}\cdot\boldsymbol{\alpha}$.

证明:由于

$$\boldsymbol{\alpha}\cdot\boldsymbol{\beta}=|\boldsymbol{\alpha}|\cdot|\boldsymbol{\beta}|\cos<\boldsymbol{\alpha},\boldsymbol{\beta}>,\boldsymbol{\beta}\cdot\boldsymbol{\alpha}=|\boldsymbol{\beta}|\cdot|\boldsymbol{\alpha}|\cos<\boldsymbol{\beta},\boldsymbol{\alpha}>,$$

而

$$|\boldsymbol{\beta}|\cdot|\boldsymbol{\alpha}|=|\boldsymbol{\alpha}||\boldsymbol{\beta}|,\cos<\boldsymbol{\alpha},\boldsymbol{\beta}>=\cos<\boldsymbol{\beta},\boldsymbol{\alpha}>.$$

所以

$$\boldsymbol{\alpha}\cdot\boldsymbol{\beta}=\boldsymbol{\beta}\cdot\boldsymbol{\alpha}.$$

(2)分配律:$(\boldsymbol{\alpha}+\boldsymbol{\beta})\cdot\boldsymbol{\gamma}=\boldsymbol{\alpha}\cdot\boldsymbol{\gamma}+\boldsymbol{\beta}\cdot\boldsymbol{\gamma}$.

证明:当 $\boldsymbol{\gamma}=\boldsymbol{0}$ 时,上式显然成立;当 $\boldsymbol{\gamma}\neq 0$ 时,有

$$\begin{aligned}(\boldsymbol{\alpha}+\boldsymbol{\beta})\cdot\boldsymbol{\gamma}&=|\boldsymbol{\gamma}|\mathrm{Prj}_{\gamma}(\boldsymbol{\alpha}+\boldsymbol{\beta})=|\boldsymbol{\gamma}|(\mathrm{Prj}_{\gamma}\boldsymbol{\alpha}+\mathrm{Prj}_{\gamma}\boldsymbol{\beta})\\&=|\boldsymbol{\gamma}|\mathrm{Prj}_{\gamma}\boldsymbol{\alpha}+|\boldsymbol{\gamma}|\mathrm{Prj}_{\gamma}\boldsymbol{\beta}=\boldsymbol{\alpha}\cdot\boldsymbol{\gamma}+\boldsymbol{\beta}\cdot\boldsymbol{\gamma}.\end{aligned}$$

(3)$(k\boldsymbol{\alpha})\cdot\boldsymbol{\beta}=\boldsymbol{\alpha}\cdot(k\boldsymbol{\beta})=k(\boldsymbol{\alpha}\cdot\boldsymbol{\beta})$,$k$ 是一个数.

证明:当 $k=0$ 时,$(k\boldsymbol{\alpha})\cdot\boldsymbol{\beta}=\boldsymbol{\alpha}\cdot(k\boldsymbol{\beta})=k(\boldsymbol{\alpha}\cdot\boldsymbol{\beta})=0$.

当 $k>0$ 时,$(k\boldsymbol{\alpha})\cdot\boldsymbol{\beta}=|k\boldsymbol{\alpha}||\boldsymbol{\beta}|\cos[k\boldsymbol{\alpha},\boldsymbol{\beta}]=k|\boldsymbol{\alpha}||\boldsymbol{\beta}|\cos[k\boldsymbol{\alpha},\boldsymbol{\beta}]$,

$$\boldsymbol{\alpha}\cdot(k\boldsymbol{\beta})=|\boldsymbol{\alpha}||k\boldsymbol{\beta}|\cos[\boldsymbol{\alpha},k\boldsymbol{\beta}]=k|\boldsymbol{\alpha}||\boldsymbol{\beta}|\cos[\boldsymbol{\alpha},k\boldsymbol{\beta}],$$

$$k(\boldsymbol{\alpha}\cdot\boldsymbol{\beta})=k|\boldsymbol{\alpha}||\boldsymbol{\beta}|\cos[\alpha,\beta].$$

由于 $k\boldsymbol{\alpha}$ 与 $\boldsymbol{\alpha}$ 同向,$k\boldsymbol{\beta}$ 与 $\boldsymbol{\beta}$ 同向,所以

$$<k\boldsymbol{\alpha},\boldsymbol{\beta}>=<\boldsymbol{\alpha},k\boldsymbol{\beta}>=<\boldsymbol{\alpha},\boldsymbol{\beta}>,$$

从而

$$(k\boldsymbol{\alpha})\cdot\boldsymbol{\beta}=\boldsymbol{\alpha}\cdot(k\boldsymbol{\beta})=k(\boldsymbol{\alpha}\cdot\boldsymbol{\beta}).$$

类似地,可以证明当 $k<0$ 时结论成立.

(4)$\boldsymbol{\alpha}\cdot\boldsymbol{\alpha}\geqslant 0$;等号成立当且仅当 $\boldsymbol{\alpha}=\boldsymbol{0}$.

证明:$\boldsymbol{\alpha}\cdot\boldsymbol{\alpha}=|\boldsymbol{\alpha}|^2\cos 0=|\boldsymbol{\alpha}|^2\geqslant 0$;等号成立,有 $\boldsymbol{\alpha}=\boldsymbol{0}$,反之也成立.

向量的数量积不满足消去律,即在一般情况下,由 $\boldsymbol{\alpha}\cdot\boldsymbol{\beta}=\boldsymbol{\alpha}\cdot\boldsymbol{\gamma},\boldsymbol{\alpha}\neq\boldsymbol{0}$ 不能得到 $\boldsymbol{\beta}=\boldsymbol{\gamma}$.事实上由 $\boldsymbol{\alpha}\cdot\boldsymbol{\beta}=\boldsymbol{\alpha}\cdot\boldsymbol{\gamma}$ 可得到 $\boldsymbol{\alpha}\cdot(\boldsymbol{\beta}-\boldsymbol{\gamma})=0$,即有 $\boldsymbol{\alpha}\perp(\boldsymbol{\beta}-\boldsymbol{\gamma})$.

2.3.3 内积的坐标表达式

设 $\boldsymbol{\alpha}=\alpha_x\boldsymbol{i}+\alpha_y\boldsymbol{j}+\alpha_z\boldsymbol{k}$,$\boldsymbol{\beta}=\beta_x\boldsymbol{i}+\beta_y\boldsymbol{j}+\beta_z\boldsymbol{k}$.根据数量积的运算性质可得

$$\begin{aligned}\boldsymbol{\alpha}\cdot\boldsymbol{\beta}&=(\alpha_x\boldsymbol{i}+\alpha_y\boldsymbol{j}+\alpha_z\boldsymbol{k})\cdot(\beta_x\boldsymbol{i}+\beta_y\boldsymbol{j}+\beta_z\boldsymbol{k})\\&=\alpha_x\beta_x\boldsymbol{i}\cdot\boldsymbol{i}+\alpha_y\beta_y\boldsymbol{j}\cdot\boldsymbol{j}+\alpha_z\beta_z\boldsymbol{k}\cdot\boldsymbol{k}+(\alpha_x\beta_y+\alpha_y\beta_x)\boldsymbol{i}\cdot\boldsymbol{j}\\&\quad+(\alpha_x\beta_z+\alpha_z\beta_x)\boldsymbol{i}\cdot\boldsymbol{k}+(\alpha_y\beta_z+\alpha_z\beta_y)\boldsymbol{j}\cdot\boldsymbol{k}.\end{aligned}$$

根据单位向量的定义可得

$$\boldsymbol{i}\cdot\boldsymbol{i}=\boldsymbol{j}\cdot\boldsymbol{j}=\boldsymbol{k}\cdot\boldsymbol{k}=1,$$
$$\boldsymbol{i}\cdot\boldsymbol{j}=\boldsymbol{i}\cdot\boldsymbol{k}=\boldsymbol{j}\cdot\boldsymbol{k}=0.$$

从而有

$$\boldsymbol{\alpha}\cdot\boldsymbol{\beta}=\alpha_x\beta_x+\alpha_y\beta_y+\alpha_z\beta_z.$$

例 8　设向量 $\boldsymbol{\alpha}=(1,2,3)$，$\boldsymbol{\beta}=(8,5,11)$，$\boldsymbol{\gamma}=(7,5,1)$，试求：$\boldsymbol{\alpha}+\boldsymbol{\beta}+\boldsymbol{\gamma}$ 与 $\boldsymbol{\alpha}$ 的夹角.

解：因为

$$\boldsymbol{\alpha}+\boldsymbol{\beta}+\boldsymbol{\gamma}=(1,2,3)+(8,5,11)+(7,5,1)=(16,12,15),$$

所以 $\boldsymbol{\alpha}+\boldsymbol{\beta}+\boldsymbol{\gamma}$ 的模为：

$$|\boldsymbol{\alpha}+\boldsymbol{\beta}+\boldsymbol{\gamma}|=\sqrt{16^2+12^2+15^2}=25.$$

$\boldsymbol{\alpha}+\boldsymbol{\beta}+\boldsymbol{\gamma}$ 的方向余弦为：

$$\cos\theta_1=\frac{16}{\sqrt{16^2+12^2+15^2}}=\frac{16}{25},$$
$$\cos\theta_2=\frac{12}{\sqrt{16^2+12^2+15^2}}=\frac{12}{25},$$
$$\cos\theta_3=\frac{15}{\sqrt{16^2+12^2+15^2}}=\frac{3}{5}.$$

$\boldsymbol{\alpha}+\boldsymbol{\beta}+\boldsymbol{\gamma}$ 与 $\boldsymbol{\alpha}$ 的夹角 θ 的余弦为：

$$\begin{aligned}\cos\theta=\frac{(\boldsymbol{\alpha}+\boldsymbol{\beta}+\boldsymbol{\gamma})\cdot\boldsymbol{\alpha}}{|\boldsymbol{\alpha}+\boldsymbol{\beta}+\boldsymbol{\gamma}||\boldsymbol{\alpha}|}&=\frac{(16,12,15)\cdot(1,2,3)}{25\sqrt{1^2+2^2+3^2}}\\&=\frac{16\times1+12\times2+15\times3}{25\sqrt{14}}\\&=\frac{85}{25\sqrt{14}}=\frac{17}{5\sqrt{14}}=\frac{17}{70}\sqrt{14}.\end{aligned}$$

所以

$$\theta=\arccos\frac{17}{70}\sqrt{14}.$$

例 9　根据向量的数乘证明：

$$|\boldsymbol{\alpha}+\boldsymbol{\beta}|^2+|\boldsymbol{\alpha}-\boldsymbol{\beta}|^2=2|\boldsymbol{\alpha}|^2+2|\boldsymbol{\beta}|^2.$$

证明：由内积的定义，得

$$\begin{aligned}|\boldsymbol{\alpha}+\boldsymbol{\beta}|^2+|\boldsymbol{\alpha}-\boldsymbol{\beta}|^2&=(\boldsymbol{\alpha}+\boldsymbol{\beta})\cdot(\boldsymbol{\alpha}+\boldsymbol{\beta})+(\boldsymbol{\alpha}-\boldsymbol{\beta})\cdot(\boldsymbol{\alpha}-\boldsymbol{\beta})\\&=(\boldsymbol{\alpha}\cdot\boldsymbol{\alpha}+2\boldsymbol{\alpha}\cdot\boldsymbol{\beta}+\boldsymbol{\beta}\cdot\boldsymbol{\beta})+(\boldsymbol{\alpha}\cdot\boldsymbol{\alpha}-2\boldsymbol{\alpha}\cdot\boldsymbol{\beta}+\boldsymbol{\beta}\cdot\boldsymbol{\beta})\\&=2(\boldsymbol{\alpha}\cdot\boldsymbol{\alpha})+2(\boldsymbol{\beta}\cdot\boldsymbol{\beta})\\&=2|\boldsymbol{\alpha}|^2+2|\boldsymbol{\beta}|^2.\end{aligned}$$

此式的几何意义为:平行四边形两对角线的平方和等于四边的平方和.

例 10 已知正方体 $ABCDA_1B_1C_1D_1$,如图 2.18 所示,K 为棱 AA_1 的中点,试求向量$\overrightarrow{BK}$与$\overrightarrow{BC_1}$间的夹角.

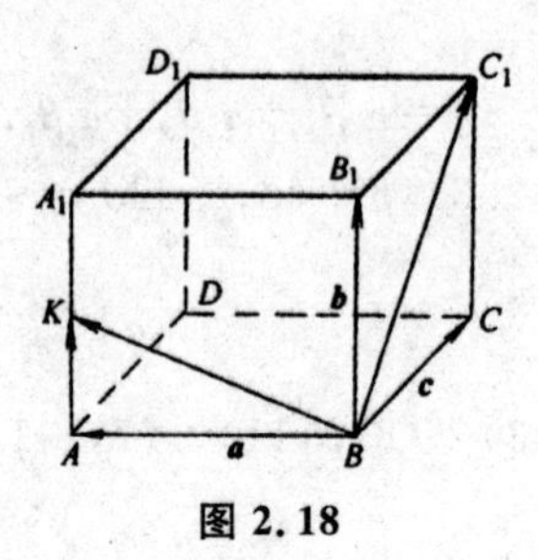

图 2.18

解:设$\overrightarrow{BA}=\boldsymbol{a},\overrightarrow{BB_1}=\boldsymbol{b},\overrightarrow{BC}=\boldsymbol{c},\overrightarrow{BK}=\boldsymbol{a}+\frac{1}{2}\boldsymbol{b},\overrightarrow{BC_1}=\boldsymbol{b}+\boldsymbol{c}$.

并且设

$$|\boldsymbol{a}|=|\boldsymbol{b}|+|\boldsymbol{c}|=t,$$

而且

$$<\boldsymbol{a},\boldsymbol{b}>=<\boldsymbol{b},\boldsymbol{c}>=<\boldsymbol{c},\boldsymbol{a}>=\frac{\pi}{2}.$$

设 θ 为所求夹角

$$\cos\theta=\frac{\overrightarrow{BK}\cdot\overrightarrow{BC_1}}{\overrightarrow{|BK|\cdot|BC_1|}}=\frac{\left(\boldsymbol{a}+\frac{1}{2}\boldsymbol{b}\right)(b+c)}{\left|\boldsymbol{a}+\frac{1}{2}\boldsymbol{b}\right||\boldsymbol{b}+\boldsymbol{c}|},$$

其中

$$\left(\boldsymbol{a}+\frac{1}{2}\boldsymbol{b}\right)(\boldsymbol{b}+\boldsymbol{c})=\boldsymbol{a}\cdot\boldsymbol{b}+\boldsymbol{a}\cdot\boldsymbol{c}+\frac{1}{2}|\boldsymbol{b}|^2+\frac{1}{2}\boldsymbol{b}\cdot\boldsymbol{c}$$

$$=\frac{1}{2}|\boldsymbol{b}|^2=\frac{1}{2}t^2,$$

$$\left|\boldsymbol{a}+\frac{1}{2}\boldsymbol{b}\right|=\sqrt{\left(\boldsymbol{a}+\frac{1}{2}\boldsymbol{b}\right)^2}=\sqrt{|\boldsymbol{a}|^2+\boldsymbol{a}\cdot\boldsymbol{b}+\frac{1}{4}|\boldsymbol{b}|^2}$$

$$=\sqrt{|\boldsymbol{a}|^2+\frac{1}{4}|\boldsymbol{b}|^2}=\sqrt{\frac{5}{4}t^2}=\frac{1}{2}t\sqrt{5}$$

$$|\boldsymbol{b}+\boldsymbol{c}|=\sqrt{(\boldsymbol{b}+\boldsymbol{c})^2}=\sqrt{|\boldsymbol{b}|^2+2\boldsymbol{b}\cdot\boldsymbol{c}+|\boldsymbol{c}|^2}$$

$$=\sqrt{|\boldsymbol{b}|^2+|\boldsymbol{c}|^2}=\sqrt{2t^2}=t\sqrt{2}.$$

从而有

$$\cos\theta=\frac{\frac{1}{2}t^2}{\frac{1}{2}\sqrt{5}t\cdot t\sqrt{2}}=\frac{1}{\sqrt{10}}\Rightarrow\theta=\arccos\frac{1}{\sqrt{10}}.$$

例 11　已知向量 $\boldsymbol{\alpha}$、$\boldsymbol{\beta}$ 的模分别为 $|\boldsymbol{\alpha}|=2$、$|\boldsymbol{\beta}|=1$，其夹角 $\theta=\frac{\pi}{3}$，求向量 $\boldsymbol{A}=2\boldsymbol{\alpha}+3\boldsymbol{\beta}$ 与向量 $\boldsymbol{B}=3\boldsymbol{\alpha}-\boldsymbol{\beta}$ 的夹角.

解：因为 $\cos\theta=\frac{\boldsymbol{A}\cdot\boldsymbol{B}}{|\boldsymbol{A}||\boldsymbol{B}|}$，且

$$\begin{aligned}\boldsymbol{A}\cdot\boldsymbol{B}&=(2\boldsymbol{\alpha}+2\boldsymbol{\beta})\cdot(3\boldsymbol{\alpha}-\boldsymbol{\beta})\\&=6|\boldsymbol{\alpha}|^2+7\boldsymbol{\alpha}\cdot\boldsymbol{\beta}-3|\boldsymbol{\beta}|^2\\&=6\times2^2+7\times\left(2\times1\times\cos\frac{\pi}{3}\right)-3\times1^2\\&=24+7-3=28.\end{aligned}$$

同理计算

$$|\boldsymbol{A}|^2=\boldsymbol{A}\cdot\boldsymbol{A}=37,$$
$$|\boldsymbol{B}|^2=\boldsymbol{B}\cdot\boldsymbol{B}=31,$$

从而有

$$|\boldsymbol{A}|=\sqrt{37},|\boldsymbol{B}|=\sqrt{31},$$

所以

$$\cos\theta=\frac{28}{\sqrt{37}\sqrt{31}}.$$

因此

$$\theta=\arccos\frac{28}{\sqrt{37}\sqrt{31}}.$$

2.4　向量的外积

2.4.1　向量积的定义与几何意义

设 O 为杠杆的支点，一力 $\boldsymbol{F}$ 作用在该杠杆的点 P 处. $\boldsymbol{F}$ 与 $\overrightarrow{OP}$ 的夹角为 θ. 力 $\boldsymbol{F}$ 对 O 力矩为一向量 $\boldsymbol{M}$，其方向垂直与 $\overrightarrow{OP}$ 与 $\boldsymbol{F}$ 决定的平面，并且符合右手法则，其大小为：

$$|\boldsymbol{M}|=|OQ|\cdot|\boldsymbol{F}|=|\overrightarrow{OP}|\cdot|\boldsymbol{F}|\sin\theta,$$

如图 2.19 所示.

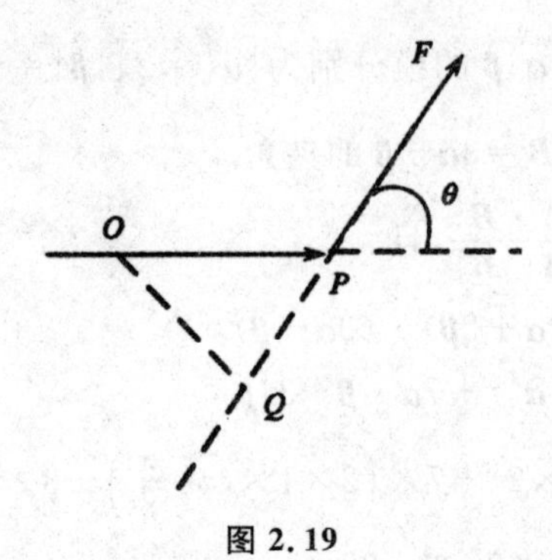

图 2.19

定义 2.13 两个向量 $\boldsymbol{\alpha},\boldsymbol{\beta}$ 的向量积为一个向量，记为 $\boldsymbol{\alpha}\times\boldsymbol{\beta}$ 或 $[\boldsymbol{\alpha},\boldsymbol{\beta}]$，其模为：

$$|\boldsymbol{\alpha}\times\boldsymbol{\beta}|=|\boldsymbol{\alpha}|\times|\boldsymbol{\beta}|\sin\theta.$$

其中，$\theta=\langle\boldsymbol{\alpha},\boldsymbol{\beta}\rangle$，其方向与 $\boldsymbol{\alpha}$ 和 $\boldsymbol{\beta}$ 垂直，且 $\boldsymbol{\alpha},\boldsymbol{\beta},\boldsymbol{\alpha}\times\boldsymbol{\beta}$ 构成右手系.

向量积也叫作叉积或外积.

若向量 $\boldsymbol{\alpha}$ 和 $\boldsymbol{\beta}$ 为非零且不共线的向量，向量 $\boldsymbol{\alpha}$ 和 $\boldsymbol{\beta}$ 的向量积的模 $|\boldsymbol{\alpha}\times\boldsymbol{\beta}|=|\boldsymbol{\alpha}|\cdot|\boldsymbol{\beta}|\sin\theta$ 则是以 α,β 为邻边的平行四边形面积，如图 2.20 所示. 这就是向量积的几何意义.

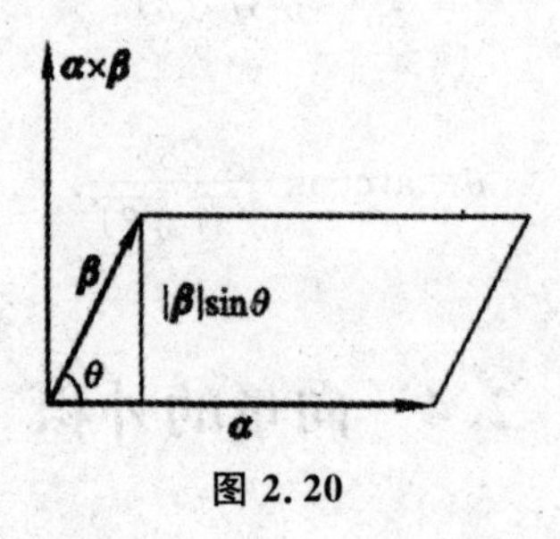

图 2.20

2.4.2 向量积的性质

(1)反对称性：$\boldsymbol{\alpha}\times\boldsymbol{\beta}=-\boldsymbol{\beta}\times\boldsymbol{\alpha}$.

这是由于按照右手规则从 $\boldsymbol{\beta}$ 转向 $\boldsymbol{\alpha}$ 定出的方向恰好与按照右手法则从 $\boldsymbol{\alpha}$ 转向 $\boldsymbol{\beta}$ 定出的方向相反. 其表明交换律对向量积不成立.

(2)分配律：$(\boldsymbol{\alpha}+\boldsymbol{\beta})\times\boldsymbol{\gamma}=\boldsymbol{\alpha}\times\boldsymbol{\gamma}+\boldsymbol{\beta}\times\boldsymbol{\gamma},\boldsymbol{\gamma}\times(\boldsymbol{\alpha}+\boldsymbol{\beta})=\boldsymbol{\gamma}\times\boldsymbol{\alpha}+\boldsymbol{\gamma}\times\boldsymbol{\beta}$.

(3)结合律：$(k\boldsymbol{\alpha})\times\boldsymbol{\beta}=\boldsymbol{\alpha}\times(k\boldsymbol{\beta})=k(\boldsymbol{\alpha}\times\boldsymbol{\beta})$，其中 k 为数.

(4)向量 α 与 β 共线(平行)的充要条件 $\boldsymbol{\alpha}\times\boldsymbol{\beta}=0$.

(5)$\boldsymbol{i}\times\boldsymbol{j}=\boldsymbol{k},\boldsymbol{j}\times\boldsymbol{k}=\boldsymbol{i},\boldsymbol{k}\times\boldsymbol{i}=\boldsymbol{j},\boldsymbol{i}\times\boldsymbol{i}=\boldsymbol{j}\times\boldsymbol{j}=\boldsymbol{k}\times\boldsymbol{k}=\boldsymbol{0}$.

2.4.3　向量积的坐标表示式

设

$$\boldsymbol{\alpha}=x_1\boldsymbol{i}+y_1\boldsymbol{j}+z_1\boldsymbol{k},$$
$$\boldsymbol{\beta}=x_2\boldsymbol{i}+y_2\boldsymbol{j}+z_2\boldsymbol{k},$$

则按上述性质，可得

$$\begin{aligned}\boldsymbol{\alpha}\times\boldsymbol{\beta}&=(x_1\boldsymbol{i}+y_1\boldsymbol{j}+z_1\boldsymbol{k})\times(x_2\boldsymbol{i}+y_2\boldsymbol{j}+z_2\boldsymbol{k})\\&=x_1\boldsymbol{i}\times(x_2\boldsymbol{i}+y_2\boldsymbol{j}+z_2\boldsymbol{k})+y_1\boldsymbol{j}\times(x_2\boldsymbol{i}+y_2\boldsymbol{j}+z_2\boldsymbol{k})\\&\quad+z_1\boldsymbol{k}\times(x_2\boldsymbol{i}+y_2\boldsymbol{j}+z_2\boldsymbol{k})\\&=x_1x_2(\boldsymbol{i}\times\boldsymbol{i})+x_1y_2(\boldsymbol{i}\times\boldsymbol{j})+x_1z_2(\boldsymbol{i}\times\boldsymbol{k})+y_1x_2(\boldsymbol{j}\times\boldsymbol{i})\\&\quad+y_1y_2(\boldsymbol{j}\times\boldsymbol{j})+y_1z_2(\boldsymbol{j}\times\boldsymbol{k})+z_1x_2(\boldsymbol{k}\times\boldsymbol{i})\\&\quad+z_1y_2(\boldsymbol{k}\times\boldsymbol{j})+z_1z_2(\boldsymbol{k}\times\boldsymbol{k}).\end{aligned}$$

根据向量的定义及其性质可知

$$\boldsymbol{i}\times\boldsymbol{j}=\boldsymbol{k},\boldsymbol{j}\times\boldsymbol{k}=\boldsymbol{i},\boldsymbol{k}\times\boldsymbol{i}=\boldsymbol{j},$$
$$\boldsymbol{i}\times\boldsymbol{i}=\boldsymbol{j}\times\boldsymbol{j}=\boldsymbol{k}\times\boldsymbol{k}=\boldsymbol{0},$$
$$\boldsymbol{j}\times\boldsymbol{i}=-\boldsymbol{k},\boldsymbol{k}\times\boldsymbol{j}=-\boldsymbol{i},\boldsymbol{i}\times\boldsymbol{k}=-\boldsymbol{j}.$$

所以

$$\begin{aligned}\boldsymbol{\alpha}\times\boldsymbol{\beta}&=(y_1z_2-z_1y_2)\boldsymbol{i}+(z_1x_2-x_1z_2)\boldsymbol{j}+(x_1y_2-y_1x_2)\boldsymbol{k}\\&=(y_1z_2-z_1y_2)\boldsymbol{i}-(x_1z_2-z_1x_2)\boldsymbol{j}+(x_1y_2-y_1x_2)\boldsymbol{k}.\end{aligned}$$

利用三阶行列式，上式可写为

$$\boldsymbol{\alpha}\times\boldsymbol{\beta}=\begin{vmatrix}\boldsymbol{i}&\boldsymbol{j}&\boldsymbol{k}\\x_1&y_1&z_1\\x_2&y_2&z_2\end{vmatrix}=\left[\begin{vmatrix}y_1&z_1\\y_2&z_2\end{vmatrix},\quad\begin{vmatrix}z_1&x_1\\z_2&x_2\end{vmatrix}\right].$$

例 12　已知向量 $\boldsymbol{\gamma}$ 垂直于向量 $\boldsymbol{\alpha}=(1,2,1)$ 和 $\boldsymbol{\beta}=(-1,1,1)$，并且满足

$$\boldsymbol{\gamma}\cdot(\boldsymbol{i}-2\boldsymbol{j}+\boldsymbol{k})=8,$$

求向量 $\boldsymbol{\gamma}$.

解：$\boldsymbol{\alpha}\times\boldsymbol{\beta}=\begin{vmatrix}\boldsymbol{i}&\boldsymbol{j}&\boldsymbol{k}\\1&2&1\\-1&1&1\end{vmatrix}=\boldsymbol{i}-2\boldsymbol{j}+3\boldsymbol{k}.$

因为 $\boldsymbol{\gamma}$ 垂直于向量 $\boldsymbol{\alpha}$、$\boldsymbol{\beta}$，设 $\boldsymbol{\gamma}=\lambda(\boldsymbol{i}-2\boldsymbol{j}+3\boldsymbol{k})$，根据条件 $\boldsymbol{\gamma}\cdot(\boldsymbol{i}-2\boldsymbol{j}+\boldsymbol{k})=8$，则有

$$\lambda+4\lambda+3\lambda=8,$$

得

$$\lambda=1,$$

所以

$$\boldsymbol{\gamma}=\boldsymbol{i}-2\boldsymbol{j}+3\boldsymbol{k}.$$

例 13 如图 2.21 所示，求以 $A(1,-1,2)$，$B(5,-6,2)$，$C=(1,3,-1)$ 为顶点的三角形 ABC 的面积及 AC 边上的高.

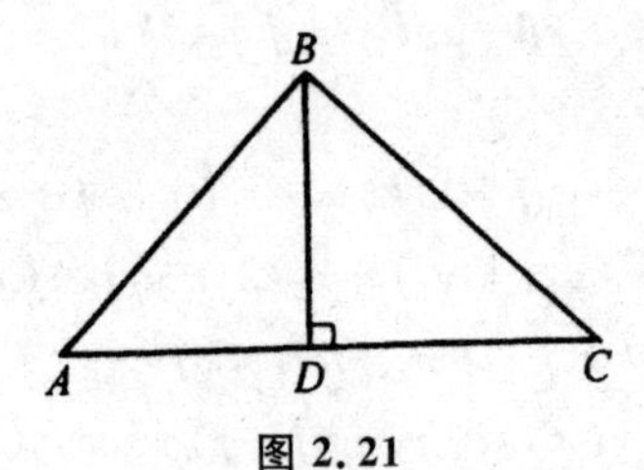

图 2.21

解：$\overrightarrow{AB}=(4,-5,0)$，$\overrightarrow{AC}=(0,4,-3)$，则三角形 ABC 的面积为：

$$S=\frac{1}{2}|\overrightarrow{AB}\times\overrightarrow{AC}|=\frac{1}{2}\begin{vmatrix}\boldsymbol{i} & \boldsymbol{j} & \boldsymbol{k}\\ 4 & -5 & 0\\ 0 & 4 & -3\end{vmatrix}$$

$$=\frac{1}{2}|15\boldsymbol{i}+12\boldsymbol{j}+16\boldsymbol{k}|=\frac{1}{2}\times 25=12.5,$$

高 $|\overrightarrow{BD}|$ 为：

$$|\overrightarrow{BD}|=\frac{2S}{|\overrightarrow{AC}|}=\frac{2\times 12.5}{5}=5.$$

例 14 设 $\boldsymbol{\alpha}=(2,1,-1)$，$\boldsymbol{\beta}=(1,-1,2)$，计算 $\boldsymbol{\alpha}\times\boldsymbol{\beta}$.

解：根据向量积的定义，得

$$\boldsymbol{\alpha}\times\boldsymbol{\beta}=\begin{vmatrix}\boldsymbol{i} & \boldsymbol{j} & \boldsymbol{k}\\ 2 & 1 & -1\\ 1 & -1 & 2\end{vmatrix}=\boldsymbol{i}-5\boldsymbol{j}-3\boldsymbol{k}.$$

例 15 已知向量 $\boldsymbol{\alpha}$、$\boldsymbol{\beta}$、$\boldsymbol{\gamma}$ 不共线，证明：$\boldsymbol{\alpha}+\boldsymbol{\beta}+\boldsymbol{\gamma}=\boldsymbol{0}$ 的充要条件为

$$\boldsymbol{\alpha}\times\boldsymbol{\beta}=\boldsymbol{\beta}\times\boldsymbol{\gamma}=\boldsymbol{\gamma}\times\boldsymbol{\alpha}.$$

证明：必要性：因为

$$\boldsymbol{\alpha}+\boldsymbol{\beta}+\boldsymbol{\gamma}=\boldsymbol{0},$$

有

$$\boldsymbol{\gamma}=-(\boldsymbol{\alpha}+\boldsymbol{\beta}),$$

所以

$$\boldsymbol{\beta}\times\boldsymbol{\gamma}=-\boldsymbol{\beta}\times(\boldsymbol{\alpha}+\boldsymbol{\beta})=-\boldsymbol{\beta}\times\boldsymbol{\alpha}-\boldsymbol{\beta}\times\boldsymbol{\beta}=-\boldsymbol{\beta}\times\boldsymbol{\alpha}=\boldsymbol{\alpha}\times\boldsymbol{\beta},$$

$$\boldsymbol{\gamma}\times\boldsymbol{\alpha}=-(\boldsymbol{\alpha}+\boldsymbol{\beta})\times\boldsymbol{\alpha}=-\boldsymbol{\alpha}\times\boldsymbol{\alpha}-\boldsymbol{\beta}\times\boldsymbol{\alpha}=\boldsymbol{\alpha}\times\boldsymbol{\beta}.$$

从而可得

$$\boldsymbol{\alpha}\times\boldsymbol{\beta}=\boldsymbol{\beta}\times\boldsymbol{\gamma}=\boldsymbol{\gamma}\times\boldsymbol{\alpha}.$$

充分性:因为

$$\boldsymbol{\alpha}\times\boldsymbol{\beta}=\boldsymbol{\beta}\times\boldsymbol{\gamma}=\boldsymbol{\gamma}\times\boldsymbol{\alpha},$$

则有

$$(\boldsymbol{\alpha}+\boldsymbol{\beta}+\boldsymbol{\gamma})\times\boldsymbol{\gamma}=\boldsymbol{\alpha}\times\boldsymbol{\gamma}+\boldsymbol{\beta}\times\boldsymbol{\gamma}+\boldsymbol{\gamma}\times\boldsymbol{\gamma}=-\boldsymbol{\beta}\times\boldsymbol{\gamma}+\boldsymbol{\beta}\times\boldsymbol{\gamma}=\mathbf{0},$$

$$\boldsymbol{\gamma}//(\boldsymbol{\alpha}+\boldsymbol{\beta}+\boldsymbol{\gamma}),$$

同理可得

$$\boldsymbol{\alpha}//(\boldsymbol{\alpha}+\boldsymbol{\beta}+\boldsymbol{\gamma}),$$

$$\boldsymbol{\beta}//(\boldsymbol{\alpha}+\boldsymbol{\beta}+\boldsymbol{\gamma}),$$

如果 $\boldsymbol{\alpha}+\boldsymbol{\beta}+\boldsymbol{\gamma}\neq\mathbf{0}$,那么 $\boldsymbol{\alpha}$、$\boldsymbol{\beta}$、$\boldsymbol{\gamma}$ 共线,与题设相矛盾,因此有

$$\boldsymbol{\alpha}+\boldsymbol{\beta}+\boldsymbol{\gamma}=0.$$

2.5　向量的混合积

2.5.1　混合积的定义

定义 2.14　设已知 3 个向量 $\boldsymbol{\alpha}$、$\boldsymbol{\beta}$、$\boldsymbol{\gamma}$. 若先作两个向量 $\boldsymbol{\alpha}$ 和 $\boldsymbol{\beta}$ 的向量积 $\boldsymbol{\alpha}\times\boldsymbol{\beta}$,把所得的向量和第 3 个向量 $\boldsymbol{\gamma}$ 再作数量积 $(\boldsymbol{\alpha}\times\boldsymbol{\beta})\cdot\boldsymbol{\gamma}$,这样得到的数量叫作 $\boldsymbol{\alpha}$、$\boldsymbol{\beta}$、$\boldsymbol{\gamma}$ 3 个向量的混合积,记作 $[\boldsymbol{\alpha\beta\gamma}]$ 或 $(\boldsymbol{\alpha},\boldsymbol{\beta},\boldsymbol{\gamma})$.

2.5.2　混合积的性质

(1) $[\boldsymbol{\alpha\alpha\gamma}]=0$.

(2) $[\boldsymbol{\alpha\alpha\gamma}]=-[\boldsymbol{\beta\alpha\gamma}]$.

(3) $[(\boldsymbol{\alpha}_1+\boldsymbol{\alpha}_2)\boldsymbol{\beta\gamma}]=[\boldsymbol{\alpha}_1\boldsymbol{\beta\gamma}]+[\boldsymbol{\alpha}_2\boldsymbol{\beta\gamma}]$.

(4) $(k\boldsymbol{\alpha},\boldsymbol{\beta},\boldsymbol{\gamma})=(\boldsymbol{\alpha},k\boldsymbol{\beta},\boldsymbol{\gamma})=(\boldsymbol{\alpha},\boldsymbol{\beta},k\boldsymbol{\gamma})=k(\boldsymbol{\alpha},\boldsymbol{\beta},\boldsymbol{\gamma})$,其中 k 为一实数.

(5) $(\boldsymbol{\alpha},\boldsymbol{\beta},\boldsymbol{\gamma}+m\boldsymbol{\alpha})=(\boldsymbol{\alpha},\boldsymbol{\beta},\boldsymbol{\gamma})$,其中 m 为一实数.

如果有若干个向量均平行于同一平面,则称其为共面的向量. 根据混合积的几何意义易知

$$\boldsymbol{\alpha},\boldsymbol{\beta},\boldsymbol{\gamma}\text{ 共面}\Leftrightarrow V_{\alpha,\beta,\gamma}=0\Leftrightarrow(\boldsymbol{\alpha},\boldsymbol{\beta},\boldsymbol{\gamma})=0.$$

设 $\boldsymbol{\alpha}=(x_1,y_1,z_1)$,$\boldsymbol{\beta}=(x_2,y_2,z_2)$,$\boldsymbol{\gamma}=(x_3,y_3,z_3)$,则有

$$(\boldsymbol{\alpha},\boldsymbol{\beta},\boldsymbol{\gamma})=0\Leftrightarrow\begin{vmatrix}x_1 & y_1 & z_1\\ x_2 & y_2 & z_2\\ x_3 & y_2 & z_3\end{vmatrix}.$$

2.5.3 混合积的坐标表示式

设

$$\boldsymbol{\alpha}=(x_1,y_1,z_1),\boldsymbol{\beta}=(x_2,y_2,z_2),\boldsymbol{\gamma}=(x_3,y_3,z_3),$$

因为

$$\begin{aligned}\boldsymbol{\alpha}\times\boldsymbol{\beta}&=\begin{vmatrix}\boldsymbol{i} & \boldsymbol{j} & \boldsymbol{k}\\ x_1 & y_1 & z_1\\ x_2 & y_2 & z_2\end{vmatrix}\\&=\begin{vmatrix}y_1 & z_1\\ y_2 & z_2\end{vmatrix}\boldsymbol{i}+\begin{vmatrix}z_1 & x_1\\ z_2 & x_2\end{vmatrix}\boldsymbol{j}+\begin{vmatrix}x_1 & y_1\\ x_2 & y_2\end{vmatrix}\boldsymbol{k}\\&=\left[\begin{vmatrix}y_1 & z_1\\ y_2 & z_2\end{vmatrix},\quad\begin{vmatrix}z_1 & x_1\\ z_2 & x_2\end{vmatrix}\right],\end{aligned}$$

按照两向量的数量积的坐标表示,可得

$$(\boldsymbol{\alpha},\boldsymbol{\beta},\boldsymbol{\gamma})=(\boldsymbol{\alpha}\times\boldsymbol{\beta})\cdot\boldsymbol{\gamma}=x_3\begin{vmatrix}y_1 & z_1\\ y_2 & z_2\end{vmatrix}-y_3\begin{vmatrix}z_1 & x_1\\ z_2 & x_2\end{vmatrix}+z_3\begin{vmatrix}x_1 & y_1\\ x_2 & y_2\end{vmatrix}$$

或

$$(\boldsymbol{\alpha},\boldsymbol{\beta},\boldsymbol{\gamma})=\begin{vmatrix}x_1 & y_1 & z_1\\ x_2 & y_2 & z_2\\ x_3 & y_3 & z_3\end{vmatrix}.$$

根据向量混合积的定义可知：

$$[\boldsymbol{\alpha}\boldsymbol{\beta}\boldsymbol{\gamma}]=0\Leftrightarrow\boldsymbol{\alpha}、\boldsymbol{\beta}、\boldsymbol{\gamma}\text{ 共面}.$$

向量混合积的几何意义为：混合积$[\boldsymbol{\alpha}\boldsymbol{\beta}\boldsymbol{\gamma}]=(\boldsymbol{\alpha}\times\boldsymbol{\beta})\cdot\boldsymbol{\gamma}$的绝对值表示以向量$\boldsymbol{\alpha}$、$\boldsymbol{\beta}$、$\boldsymbol{\gamma}$为棱的平行六面体的体积. 若向量$\boldsymbol{\alpha}$、$\boldsymbol{\beta}$、$\boldsymbol{\gamma}$组成右手系,则混合积的符号为正的;若$\boldsymbol{\alpha}$、$\boldsymbol{\beta}$、$\boldsymbol{\gamma}$组成左手系,则混合积的符号为负的.

设$\overrightarrow{OA}=\boldsymbol{\alpha}$、$\overrightarrow{OB}=\boldsymbol{\beta}$和$\overrightarrow{OC}=\boldsymbol{\gamma}$,根据向量的定义,$|\boldsymbol{\alpha}\times\boldsymbol{\beta}|$等于以$\boldsymbol{\alpha}$和$\boldsymbol{\beta}$为边的平行四边形$OADB$的面积,$\boldsymbol{\alpha}\times\boldsymbol{\beta}$的方向垂直于该平行四边形所在的平面$\pi$,并且$\boldsymbol{\alpha}$、$\boldsymbol{\beta}$、$\boldsymbol{\gamma}$组成右手系时,$\boldsymbol{\alpha}\times\boldsymbol{\beta}$与$\gamma$指向平面$\pi$的同侧,如图2.22所示;当$\boldsymbol{\alpha}$、$\boldsymbol{\beta}$、$\boldsymbol{\gamma}$组成左手系时,向量$\boldsymbol{\alpha}\times\boldsymbol{\beta}$与$\boldsymbol{\gamma}$指向平面$\pi$的异侧.

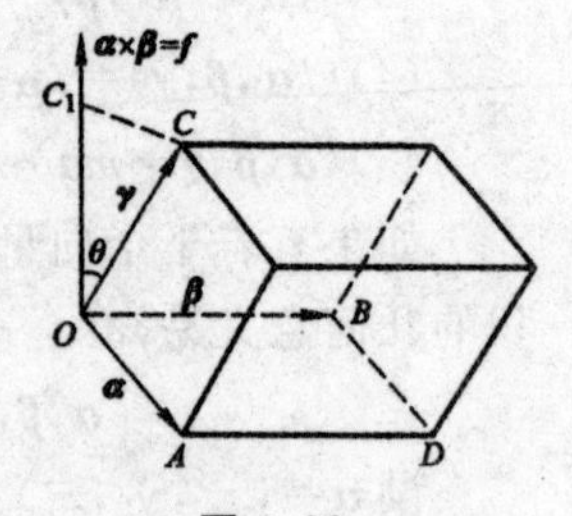

图 2.22

若设向量$f=\boldsymbol{\alpha}\times\boldsymbol{\beta}$,则$f$与向量$\boldsymbol{\gamma}$的夹角为$\theta$,则当$\boldsymbol{\alpha}$、$\boldsymbol{\beta}$、$\boldsymbol{\gamma}$组成右手系时,$[\boldsymbol{\alpha}\boldsymbol{\beta}\boldsymbol{\gamma}]$为正;当$\boldsymbol{\alpha}$、$\boldsymbol{\beta}$、$\boldsymbol{\gamma}$组成左手系时,$[\boldsymbol{\alpha}\boldsymbol{\beta}\boldsymbol{\gamma}]$为负. 因为以向量$\boldsymbol{\alpha}$、$\boldsymbol{\beta}$、$\boldsymbol{\gamma}$为棱的平行六面体的底(平行四边形$OADB$)的面积

等于$|\boldsymbol{\alpha}\times\boldsymbol{\beta}|$,其高 h 等于向量 $\boldsymbol{\gamma}$ 在向量 $\boldsymbol{f}$ 上的投影的绝对值,即$\pm|\boldsymbol{\gamma}|\cos\theta$(当 θ 为锐角时取正号,当 θ 为钝角时取负号),所以该平行六面体的体积为

$$V=|\boldsymbol{\alpha}\times\boldsymbol{\beta}|\cdot|\boldsymbol{\gamma}|\cos\theta$$

或

$$V=-|\boldsymbol{\alpha}\times\boldsymbol{\beta}|\cdot|\boldsymbol{\gamma}|\cos\theta,$$

即

$$[\boldsymbol{\alpha}\boldsymbol{\beta}\boldsymbol{\gamma}]=V$$

或

$$[\boldsymbol{\alpha}\boldsymbol{\beta}\boldsymbol{\gamma}]=-V.$$

由于上述平行六面体可以看作为以 $\boldsymbol{\beta}$ 和 $\boldsymbol{\gamma}$ 或 $\boldsymbol{\gamma}$ 和 $\boldsymbol{\alpha}$ 为底确定的,当 $\boldsymbol{\alpha}$、$\boldsymbol{\beta}$、$\boldsymbol{\gamma}$ 符合右手系(或左手系)法则时,$\boldsymbol{\beta}$、$\boldsymbol{\gamma}$、$\boldsymbol{\alpha}$ 以及 $\boldsymbol{\gamma}$、$\boldsymbol{\alpha}$、$\boldsymbol{\beta}$ 也符合右手系(或左手系)法则时,所以混合积具有轮换对称性,即

$$(\boldsymbol{\alpha}\times\boldsymbol{\beta})\cdot\boldsymbol{\gamma}=(\boldsymbol{\beta}\times\boldsymbol{\gamma})\cdot\boldsymbol{\alpha}=(\boldsymbol{\gamma}\times\boldsymbol{\alpha})\cdot\boldsymbol{\beta}$$

或

$$[\boldsymbol{\alpha}\boldsymbol{\beta}\boldsymbol{\gamma}]=[\boldsymbol{\beta}\boldsymbol{\gamma}\boldsymbol{\alpha}]=[\boldsymbol{\gamma}\boldsymbol{\alpha}\boldsymbol{\beta}].$$

例 16　设 $\boldsymbol{\alpha}\times\boldsymbol{\beta}+\boldsymbol{\beta}\times\boldsymbol{\gamma}+\boldsymbol{\gamma}\times\boldsymbol{\alpha}=\boldsymbol{0}$,证明:$\boldsymbol{\alpha}$、$\boldsymbol{\beta}$、$\boldsymbol{\gamma}$ 共面.

证明:因为

$$\boldsymbol{\alpha}\times\boldsymbol{\beta}+\boldsymbol{\beta}\times\boldsymbol{\gamma}+\boldsymbol{\gamma}\times\boldsymbol{\alpha}=\boldsymbol{0},$$
$$\boldsymbol{\alpha}\cdot(\boldsymbol{\alpha}\times\boldsymbol{\beta})+\boldsymbol{\alpha}\cdot(\boldsymbol{\beta}\times\boldsymbol{\gamma})+\boldsymbol{\alpha}\cdot(\boldsymbol{\gamma}\times\boldsymbol{\alpha})=\boldsymbol{0}.$$

由于

$$\boldsymbol{\alpha}\perp\boldsymbol{\alpha}\times\boldsymbol{\beta},\boldsymbol{\alpha}\perp\boldsymbol{\gamma}\times\boldsymbol{\alpha},$$

所以

$$\boldsymbol{\alpha}\cdot(\boldsymbol{\alpha}\times\boldsymbol{\beta})=0,$$
$$\boldsymbol{\alpha}\cdot(\boldsymbol{\gamma}\times\boldsymbol{\alpha})=0,$$

于是

$$\boldsymbol{\alpha}\cdot(\boldsymbol{\beta}\times\boldsymbol{\gamma})=0,$$

所以,$\boldsymbol{\alpha}$、$\boldsymbol{\beta}$、$\boldsymbol{\gamma}$ 共面.

例 17　已知空间中四点:$A(1,1,1)$、$B(4,4,4)$、$C(3,5,5)$和 $D(2,4,7)$,求四面体 $ABCD$ 的体积.

解:四面体 $ABCD$ 的体积 V_{ABCD} 等于以向量$\overrightarrow{AB}$、$\overrightarrow{AC}$、$\overrightarrow{AD}$为棱所作的平行六面体体积的$\frac{1}{6}$,而该平行六面体的体积等于混合积$[\overrightarrow{AB}\overrightarrow{AC}\overrightarrow{AD}]$的绝对值.

由于

$$\overrightarrow{AB}=(3,3,3),\overrightarrow{AC}=(2,4,4),\overrightarrow{AD}=(1,3,6),$$

则

$$[\overrightarrow{AB}\ \overrightarrow{AC}\ \overrightarrow{AD}]=\begin{vmatrix}3 & 3 & 3\\ 2 & 4 & 4\\ 1 & 3 & 6\end{vmatrix}=18,$$

所以

$$V_{ABCD}=\frac{1}{6}|[\overrightarrow{AB}\ \overrightarrow{AC}\ \overrightarrow{AD}]|=\frac{1}{6}\times 18=3.$$

2.6 向量代数在球面三角中的应用

设在中心为 O,半径为 R 的球面上,有不在同一大圆弧上的三点 A,B,C,分别连接其中两点的大圆弧 $\alpha=\overset{\frown}{BC},\beta=\overset{\frown}{CA},\gamma=\overset{\frown}{AB}$围成一个区域,称为球面三角形(如图 2.23 所示),其中 A,B,C 是它的顶点;α,β,γ 是它的边,用边所在的大圆弧的弧度来量度. 边 β 与 γ 所夹的角是由 β 与 γ 分别所在的平面组成的二面角,仍记作 A,称为球面三角形的内角。

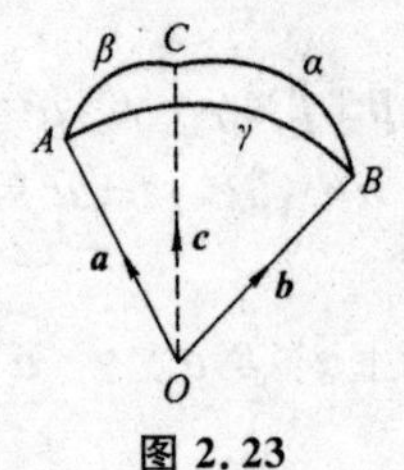

图 2.23

可以用向量法证明球面三角的下述公式:

(1)$\cos\alpha=\cos\beta\cos\gamma+\sin\beta\sin\gamma\cos A$(余弦公式).

(2)$\frac{\sin\alpha}{\sin A}=\frac{\sin\beta}{\sin B}=\frac{\sin\gamma}{\sin C}$(正弦公式).

证明:(1)设 $\boldsymbol{a},\boldsymbol{b},\boldsymbol{c}$ 分别是$\overrightarrow{OA},\overrightarrow{OB},\overrightarrow{OC}$方向的单位向量. 显然,$A$ 是 $a\times b$ 与 $a\times c$ 的夹角. 根据拉格朗日恒等式,有

$$\begin{aligned}(\boldsymbol{a}\times\boldsymbol{b})\cdot(\boldsymbol{a}\times\boldsymbol{c})&=\begin{vmatrix}\boldsymbol{a}\cdot\boldsymbol{a} & \boldsymbol{a}\cdot\boldsymbol{c}\\ \boldsymbol{b}\cdot\boldsymbol{a} & \boldsymbol{b}\cdot\boldsymbol{c}\end{vmatrix}\\ &=|\boldsymbol{a}|^2(\boldsymbol{b}\cdot\boldsymbol{c})-(\boldsymbol{a}\cdot\boldsymbol{c})(\boldsymbol{b}\cdot\boldsymbol{a})\\ &=\cos\alpha-\cos\beta\cos\gamma,\end{aligned}$$

又有

$$\begin{aligned}(\boldsymbol{a}\times\boldsymbol{b})\cdot(\boldsymbol{a}\times\boldsymbol{c})&=|\boldsymbol{a}\times\boldsymbol{b}|\,|\boldsymbol{a}\times\boldsymbol{c}|\cos\langle\boldsymbol{a}\times\boldsymbol{b},\boldsymbol{a}\times\boldsymbol{c}\rangle\\ &=\sin[\boldsymbol{a},\boldsymbol{b}]\sin[\boldsymbol{a},\boldsymbol{c}]\cos A\end{aligned}$$

$$=\sin\gamma\sin\beta\cos A,$$

所以

$$\cos\alpha=\cos\beta\cos\gamma+\sin\beta\sin\gamma\cos A.$$

(2)由二重外积公式得

$$(\boldsymbol{a}\times\boldsymbol{b})\times(\boldsymbol{a}\times\boldsymbol{c})=(\boldsymbol{a}\times\boldsymbol{b}\cdot\boldsymbol{c})\boldsymbol{a}$$

$$(\boldsymbol{a}\times\boldsymbol{b})\times(\boldsymbol{b}\times\boldsymbol{c})=(\boldsymbol{a}\times\boldsymbol{b}\cdot\boldsymbol{c})\boldsymbol{b}$$

$$(\boldsymbol{a}\times\boldsymbol{c})\times(\boldsymbol{b}\times\boldsymbol{c})=-(\boldsymbol{a}\times\boldsymbol{c}\cdot\boldsymbol{b})\boldsymbol{c}=(\boldsymbol{a}\times\boldsymbol{b}\cdot\boldsymbol{c})\boldsymbol{c},$$

所以

$$\begin{aligned}|(\boldsymbol{a}\times\boldsymbol{b})\times(\boldsymbol{a}\times\boldsymbol{c})|&=|(\boldsymbol{a}\times\boldsymbol{b})\times(\boldsymbol{b}\times\boldsymbol{c})|\\&=|(\boldsymbol{a}\times\boldsymbol{c})\times(\boldsymbol{b}\times\boldsymbol{c})|.\end{aligned}$$

由外积的定义可得

$$\begin{aligned}\sin\langle\boldsymbol{a},\boldsymbol{b}\rangle\sin\langle\boldsymbol{a},\boldsymbol{c}\rangle\cos A&=\sin\langle\boldsymbol{a},\boldsymbol{b}\rangle\sin\langle\boldsymbol{b},\boldsymbol{c}\rangle\cos B\\&=\sin[\boldsymbol{a},\boldsymbol{c}]\sin[\boldsymbol{b},\boldsymbol{c}]\cos C,\end{aligned}$$

即

$$\sin\gamma\sin\beta\sin A=\sin\gamma\sin\alpha\sin B=\sin\beta\sin\alpha\sin C.$$

由此即得到正弦公式.

第3章 空间曲线及其应用

空间曲线(Space Curves)是经典微分几何的主要研究对象之一,在直观上曲线可看成空间一个自由度的质点运动的轨迹。我们所接触到的空间,大至宇宙,小至细胞,其中都充满着五光十色、变幻纷杂的曲线。诸如太阳系行星的轨道,飞机的航道,盘山蜿蜒的公路,沙发里的弹簧,织物图案花纹,齿轮和凸轮的轮廓,生命遗传物质 DNA 的双螺旋结构,等等。

3.1 空间曲线方程

3.1 空间曲线的一般方程

定义 3.1 空间曲线可以看作两个曲面的交线,如图 3.1 所示.

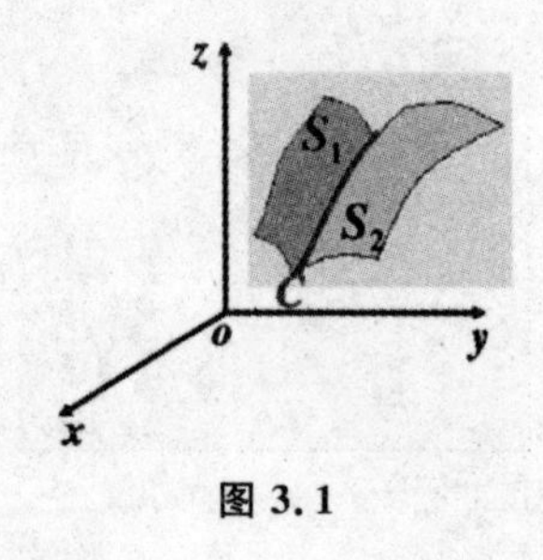

图 3.1

设

$$F(x,y,z)=0 \text{ 和 } G(x,y,z)=0$$

是两个曲面方程,它们的交线为 C. 因为曲线 C 上的任一点的坐标应同时满足这两个方程,所以应满足方程组

$$\begin{cases} F(x,y,z)=0, \\ G(x,y,z)=0. \end{cases}$$

反过来,如果点 M 不在曲线 C 上,那么它不可能同时在两个曲面上,所以它的坐标不满足方程组.

因此，曲线 C 可以用上述方程组来表示. 上述方程组叫作空间曲线 C 的一般方程.

例 1　讨论方程组 $\begin{cases} x^2+y^2=1 \\ 2x+3z=6 \end{cases}$ 所表示的曲线.

解：方程组中第一个方程表示母线平行于 z 轴的圆柱面，其准线是 xOy 面上的圆，圆心在原点 O，半径为 1. 方程组中第二个方程表示一个母线平行于 y 轴的柱面，由于它的准线是 zOx 面上的直线，因此它是一个平面. 方程组就表示上述平面与圆柱面的交线，如图 3.2 所示.

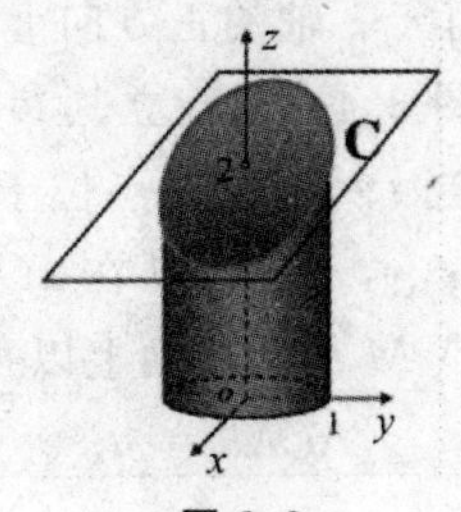

图 3.2

例 2　讨论方程组 $\begin{cases} z=\sqrt{a^2-x^2-y^2} \\ (x-\dfrac{a}{2}^2)+y^2=(\dfrac{a}{2})^2 \end{cases}$ 表示的曲线.

解：方程组中第一个方程表示球心在坐标原点 O，半行为 a 的上半球面. 第二个方程表示母线平行于 z 轴的圆柱面，它的准线是 xOy 面上的圆，圆的圆心在点 $\left(\dfrac{a}{2},0\right)$，半径为 $\dfrac{a}{2}$. 方程组就表示上述半球面与圆柱面的交线，如图 3.3 所示.

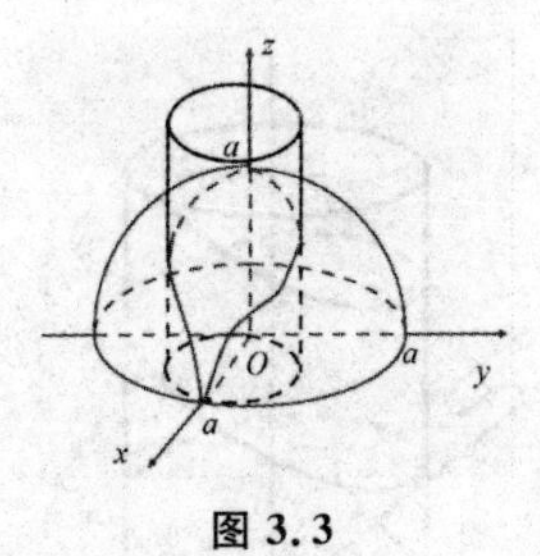

图 3.3

3.1.2　空间曲线的参数方程

定义 3.2　空间曲线 C 的方程除了一般方程之外，也可以用参数形式表示，只需将 C 上动点的坐标 x、y、z 表示为参数 t 的函数：

$$\begin{cases} x=x(t), \\ y=y(t), \\ z=z(t). \end{cases}$$

当给定 $t=t_1$ 时，就得到 C 上的一个点(x_1,y_1,z_1)；随着 t 的变动便得曲线 C 上的全部点. 方程组$\begin{cases} x=x(t) \\ y=y(t) \\ z=z(t) \end{cases}$称为空间曲线的参数方程.

例 3 如果空间一点 M 在圆柱面 $x^2+y^2=a^2$ 上以角速度 ω 绕 z 轴旋转，同时又以线速度 v 沿平行于 z 轴的正方向上升(ω,v 都是参数)，那么点 M 构成的图形叫作螺旋线(图 3.4). 试建立其参数方程.

解：取时间 t 为参数. 设当 $t=0$ 时，动点位于 x 轴上的一点 $A(a,0,0)$. 经过时间 t，动点运动到 $M(x,y,z)$，记 M 在 xOy 面上的投影为 M'，M'的坐标为 $M'(x,y,0)$. 由于动点 M 在圆柱面上以角速度 ω 绕 z 轴旋转，所以

$$\angle AOM'=\omega t.$$

从而

$$x=|OM'|\cos\angle AOM'=a\cos\omega t,$$
$$y=|OM'|\sin\angle AOM'=a\sin\omega t,$$

又由于动点以线速度 v 沿平行于 z 轴的正方向上升，所以

$$z=M'M=vt.$$

故所求螺旋线的参数方程为：

$$\begin{cases} x=a\cos\omega t, \\ y=a\sin\omega t, \\ z=vt. \end{cases}$$

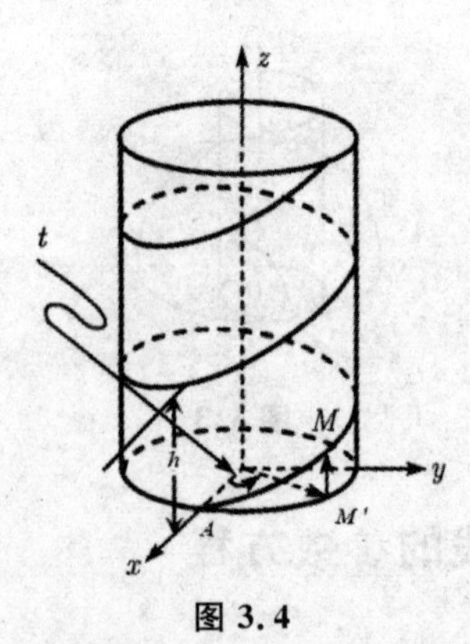

图 3.4

对于螺旋线，当 θ 从 θ_0 变到 θ_0+az，由 $b\theta_0$ 变到 $b\theta_0+b\alpha$，即当 OM'转过角 α 时，M 上升了高度 $b\alpha$. 特别地，当 OM'转过一周时，M 上升固定高度 h

$=2\pi b$，此高度称为螺距.

3.1.3　空间曲线在坐标面上的投影

定义 3.3　设空间曲线 C 的一般方程为：

$$\begin{cases}F(x,y,z)=0,\\G(x,y,z)=0,\end{cases}$$

消去 z 后得方程：$H(x,y)=0$. 称此方程为曲面 C 关于 xOy 面的投影柱面，投影柱面与 xOy 面的交线叫作空间曲线 C 在 xOy 面上的投影曲线，简称投影.

如图 3.5 所示，空间曲线 C 在 xOy 面上的投影曲线 C' 的方程为：

$$\begin{cases}H(x,y)=0,\\z=0.\end{cases}$$

同理，空间曲线 C 在 yOz 面与 xOz 面上的投影曲线方程分别为：

$$\begin{cases}R(y,z)=0,\\x=0,\end{cases}\quad \text{和} \begin{cases}T(x,z)=0,\\y=0.\end{cases}$$

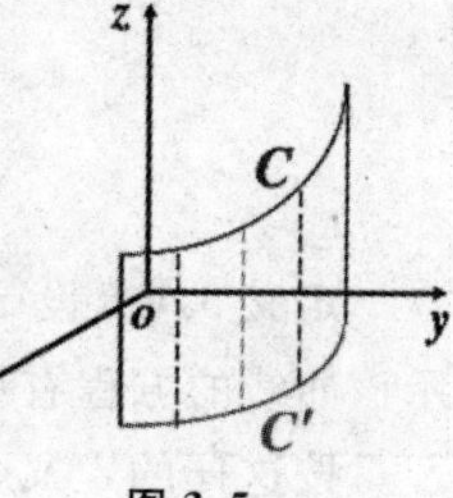

图 3.5

例 4　已知两球面的方程为 $x^2+y^2+z^2=1$ 和 $x^2+(y-1)^2+(z-1)^2=1$，求它们的交线 C 在 xOy 面上的投影方程.

解：消去 z 后，得柱面方程 $x^2+2y^2-2y=0$，如图 3.6 所示. 于是两球面的交线在 xOy 面上的投影方程为：

$$\begin{cases}x^2+2y^2-2y=0,\\z=0.\end{cases}$$

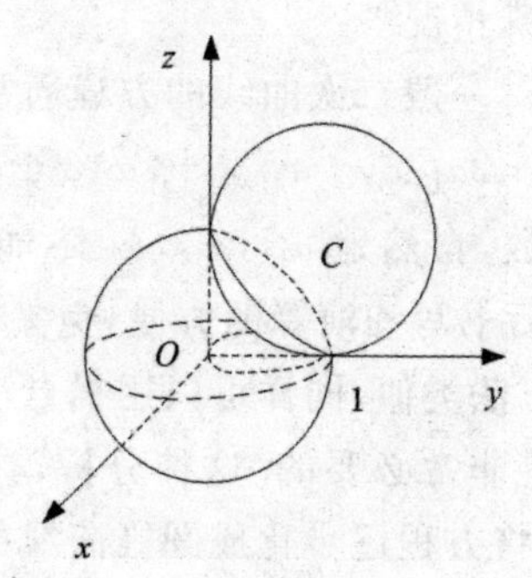

图 3.6

例 5　设立体由上半球面 $z=\sqrt{4-x^2-y^2}$ 和锥面 $z=\sqrt{3(x^2+y^2)}$ 所围成，求它在 xOy 面上的投影.

解:上半球面和锥面的交线 $C:\begin{cases}z=\sqrt{4-x^2-y^2},\\ z=\sqrt{3(x^2+y^2)},\end{cases}$

消去 z 后,投影曲线的方程为:

$$\begin{cases}x^2+y^2=1,\\ z=0.\end{cases}$$

从而所求立体在 xOy 面上的投影为:$x^2+y^2\leqslant 1$. 如图 3.7 所示.

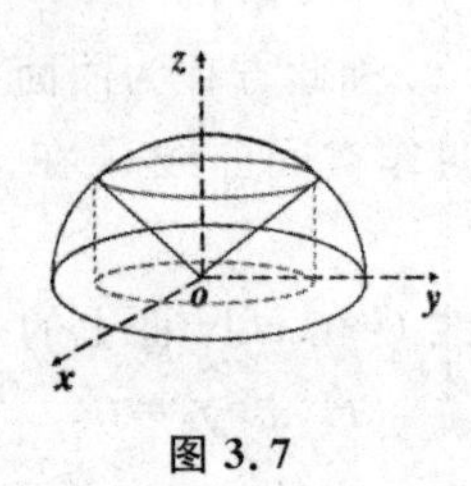

图 3.7

3.2 二次曲线的分类

定义 3.4 设 S 为一条平面曲线. 若在某个直角坐标系$\{O;\boldsymbol{i},\boldsymbol{j}\}$下,表示该曲线的方程有一个是二次方程,则称 S 为二次曲线.

按这样的定义,已学过的圆锥曲线都是二次曲线. 但另一方面,直线也是二次曲线. 例如,$Ax+By+C=0$ (A,B 不全为 0)在某直角坐标系下表示直线,而二次方程$(Ax+By+C)^2=0$ 同样也是它的方程;方程 $x^2+y^2=0$ 只代表一个点,而方程 $x^2+y^2+2=0$ 则不代表任何平面曲线.

以下介绍二次曲线分类的问题时,承认上述情况. 介绍完之后,再用"退化"与否来区分出这些特殊情况.

在平面直角坐标系下,一般二次曲线的方程通常可写成

$$F(x,y)=a_{11}x^2+2a_{12}xy+a_{22}y^2+2a_{13}x+2a_{23}y+a_{33}=0,$$

其中,6 个系数都为实系数,自然地 a_{11},a_{12},a_{22} 不能全为零. 至于几个系数中带有 2,纯粹是为了以后书写和演算的方便,免去不少分数系数的麻烦.

与圆锥曲线的作图方法类似,同样可以用描点法作出这个图来,但在描绘之前先进行理论分析是非常必要的. 这种分析,具体步骤是从方程出发,有目的地进行坐标变换,将方程逐步化成圆锥曲线的标准形式,以确定其形状. 这就是本节所要介绍的二次曲线的分类问题.

定理 3.1 适当选取坐标系,二次曲线的方程总可以化成下列 3 个简化方程中的一个:

(Ⅰ)$a_{11}x^2+a_{22}y^2+a_{33}=0, a_{11}a_{22}\neq 0$.

(Ⅱ)$a_{22}y^2+2a_{13}x=0, a_{22}a_{13}\neq 0$.

(Ⅲ)$a_{22}y^2+a_{33}=0, a_{22}\neq 0$.

证明:根据二次曲线是中心曲线、无心曲线与线心曲线三种情况来讨论.

(1)当已知二次曲线为中心曲线时,取它的一对既共轭又互相垂直的主直径作为坐标轴建立直角坐标系.设二次曲线在这样的坐标系下的方程为:

$$a_{11}x^2+a_{22}y^2+2a_{12}xy+2a_{13}x+2a_{23}y+a_{33}=0,$$

因为这时原点就是曲线的中心.所以

$$a_{13}=a_{23}=0.$$

其次,二次曲线的两条主直径(即坐标轴)的方向为 1∶0 与 0∶1,它们互相共轭,因此

$$a_{12}=0,$$

所以曲线的方程为

$$a_{11}x^2+a_{22}y^2+a_{33}=0, \tag{3.1}$$

又因为它是中心曲线,所以又有

$$a_{11}a_{22}-a_{12}^2=a_{11}a_{22}\neq 0.$$

(2)当已知二次曲线为无心曲线时,取它的唯一主直径为 x 轴,而过顶点(即主直径与曲线的交点)且以非渐近主方向为方向的直线(即过顶点垂直于主直径的直线)为 y 轴建立坐标系,这时的曲线方程假设为

$$a_{11}x^2+a_{22}y^2+2a_{12}xy+2a_{13}x+2a_{23}y+a_{33}=0,$$

因为这时主直径的共轭方向为 $m:n=0:1$,所以主直径的方程为

$$a_{12}x+a_{22}y+a_{23}=0,$$

它就是 x 轴,即与直线 $y=0$ 重合,所以有

$$a_{12}=a_{23}=0, a_{22}\neq 0.$$

又因为顶点与坐标原点重合,所以(0,0)满足曲线方程,从而又有

$$a_{33}=0.$$

其次,由于二次曲线为无心曲线,所以

$$\frac{a_{11}}{a_{12}}=\frac{a_{12}}{a_{22}}\neq\frac{a_{13}}{a_{23}},$$

而 $a_{12}=0, a_{22}\neq 0$,所以有

$$a_{11}=0, a_{13}\neq 0.$$

因而曲线的方程为

$$a_{22}y^2+2a_{13}x=0, a_{22}a_{13}\neq 0. \tag{3.2}$$

(3)当已知二次曲线为线心曲线时,我们取它的中心直线(即曲线的唯

一直径也是主直径)为 x 轴,任意垂直它的直线为 y 轴建立坐标系.设曲线的方程为

$$a_{11}x^2+a_{22}y^2+2a_{12}xy+2a_{13}x+2a_{23}y+a_{33}=0,$$

因为线心二次曲线的中心直线的方程是方程

$$a_{11}x+a_{12}y+a_{13}=0$$

与

$$a_{12}x+a_{22}y+a_{23}=0$$

中的任何一个,第二个方程表示 x 轴的条件为

$$a_{12}=a_{23}=0,a_{22}\neq0.$$

而第一个方程在 $a_{12}=0$ 的条件下,不可能再表示 x 轴,所以它必须是恒等式,因而有

$$a_{11}=a_{13}=0,$$

所以线心二次曲线的方程为

$$a_{22}y^2+a_{33}=0,a_{22}\neq0. \tag{3.3}$$

现在我们可以根据二次曲线 3 种简化方程系数的各种不同情况,写出二次曲线的各种标准方程,从而得出二次曲线的分类.

3.2.1 中心曲线

中心曲线方程

$$a_{11}x^2+a_{22}y^2+a_{33}=0,a_{11}a_{22}\neq0.$$

(1)当 $a_{33}\neq0$ 时,那么方程可化为

$$Ax^2+By^2=1,$$

其中

$$A=-\frac{a_{11}}{a_{13}},B=-\frac{a_{22}}{a_{33}}.$$

①如果 $A>0,B>0$,那么设

$$A=\frac{1}{a^2},B=\frac{1}{b^2},$$

于是得方程

$$\frac{x^2}{a^2}+\frac{y^2}{b^2}=1(\text{椭圆}).$$

②如果 $A<0,B<0$,那么设

$$A=-\frac{1}{a^2},B=-\frac{1}{b^2},$$

于是得方程

$$\frac{x^2}{a^2}+\frac{y^2}{b^2}=-1\text{(虚椭圆)}.$$

③如果 A 与 B 异号，那么不失一般性，我们可以设 $A>0, B<0$（在相反情况下，只要把两轴 Ox 和 Oy 对调），设

$$A=\frac{1}{a^2}, B=-\frac{1}{b^2},$$

于是得方程

$$\frac{x^2}{a^2}-\frac{y^2}{b^2}=1\text{(双曲线)}.$$

(2)当 $a_{33}=0$ 时，如果 a_{11} 与 a_{22} 同号，可以假设 $a_{11}>0, a_{22}>0$（在相反情况只要在方程两边同时变号），再设

$$a_{11}=\frac{1}{a^2}, a_{22}=\frac{1}{b^2},$$

于是得方程

$$\frac{x^2}{a^2}+\frac{y^2}{b^2}=0\text{(点或称两相交于实点的共轭虚直线)}.$$

如果 a_{11} 与 a_{22} 异号，那么我们类似地有

$$\frac{x^2}{a^2}-\frac{y^2}{b^2}=0\text{(两相交直线)}.$$

3.2.2　无心曲线

无心曲线方程

$$a_{22}y^2+2a_{13}x=0, a_{22}a_{13}\neq 0.$$

设 $-\frac{a_{13}}{a_{22}}=p$，于是得方程

$$y^2=2px\text{(抛物线)}.$$

3.2.3　线心曲线

线心曲线方程

$$a_{22}y^2+a_{33}=0, a_{22}\neq 0.$$

方程可以改写为

$$y^2=-\frac{a_{33}}{a_{22}},$$

当 a_{33} 与 a_{22} 异号，设 $-\frac{a_{33}}{a_{22}}=a^2$，于是得方程

$$y^2=a^2\text{(两平行直线)}.$$

当 a_{33} 与 a_{22} 同号，设 $\frac{a_{33}}{a_{22}}=a^2$，于是得方程

$$y^2=-a^2\text{(两平行共轭虚直线)}.$$

当 $a_{33}=0$ 时，得方程为

$$y^2=0\text{(两重合直线)}.$$

于是，我们就得到了下面的定理.

定理 3.2 通过适当地选取坐标系，二次曲线的方程总可以写成下面 9 种标准方程的一种形式：

(1) $\frac{x^2}{a^2}+\frac{y^2}{b^2}=1$（椭圆）.

(2) $\frac{x^2}{a^2}+\frac{y^2}{b^2}=-1$（虚椭圆）.

(3) $\frac{x^2}{a^2}-\frac{y^2}{b^2}=1$（双曲线）.

(4) $\frac{x^2}{a^2}+\frac{y^2}{b^2}=0$（点或称两相交于实点的共轭虚直线）.

(5) $\frac{x^2}{a^2}-\frac{y^2}{b^2}=0$（两相交直线）.

(6) $y^2=2px$（抛物线）.

(7) $y^2=a^2$（两平行直线）.

(8) $y^2=-a^2$（两平行共轭虚直线）.

(9) $y^2=0$（两重合直线）.

3.3 旋轮类曲线及其应用

旋轮类曲线包括旋轮线、圆内外旋轮线和圆的广义渐伸线.

3.3.1 旋轮线

当火车在笔直的铁轨上向前运动时，火车车轮上一点的运动轨迹是一条如图 3.8 所示的曲线，它是由一串全等的拱弧组成的. 我们把平面上一个动圆（称为母圆）沿着一条定直线（称为基线）无滑动地滚动时，动圆半径或其延长线上的点所画出的曲线叫作旋轮线.

我们来推导旋轮线的方程. 如图 3.9 所示，半径为 r 的圆 O' 沿 x 轴作

无滑动地滚动，与 x 轴相切于点 C，圆心 O' 初始位置在 y 轴上点 $O'_0(0,r)$ 处，半径 $O'A$ 或其延长线上一点 M 开始时位于射线 O'_0O 上点 M_0 处，设 $O'M=l(l>0$，当 $l=r$ 时，点 M 在母圆周上；当 $l\neq r$ 时，点 M 在母圆内部或外部)，取 $\angle MO'C$ 作为参数. 为了方便，建立一个原点随母圆圆心 O' 一道运动的新坐标系 $x'O'y'$，新旧坐标轴的方向保持一致，则动点 M 相对于旧坐标系 xOy 的运动轨迹(旋轮线)是由动点 M 相对于新坐标系 $x'O'y'$ 作匀速圆周运动，同时圆心 O' 作匀速直线运动这样两个运动合成的.

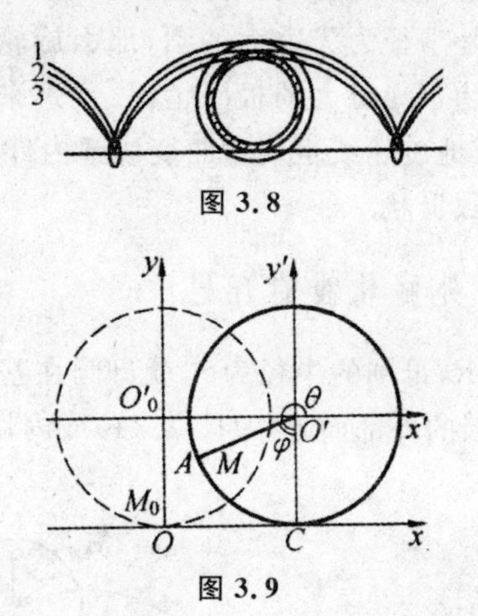

图 3.8

图 3.9

动点 M 相对于新坐标系的坐标为 $(l\cos\theta, l\sin\theta)$，其中 $\theta=\dfrac{3\pi}{2}-\varphi$. 由 $OC=\overset{\frown}{AC}=r\varphi$，知点 O' 的旧坐标是 $(r\varphi, r)$，因此动点 M 的旧坐标

$$\begin{cases} x=r\varphi+l\cos\left(\dfrac{3\pi}{2}-\varphi\right), \\ y=r+l\sin\left(\dfrac{3\pi}{2}-\varphi\right). \end{cases}$$

即

$$\begin{cases} x=r\varphi-l\sin\varphi, \\ y=r-l\cos\varphi. \end{cases} \tag{3.4}$$

这就是所求旋轮线的参数方程. 如果限制参数 $0\leqslant\varphi\leqslant 2\pi$ 就表示旋轮线的一拱.

当 $l=r$ 时，旋轮线有尖点，我们把这类旋轮线称为尖旋轮线；当 $l>r$ 时，旋轮线有结点，称为长(幅)旋轮线；当 $l<r$ 时，称为短(幅)旋轮线. 习惯上，又将这里的尖旋轮线称为旋轮线或摆线，而将长、短幅旋轮线合称为余摆线或变幅摆线.

3.3.2 目内外旋轮线

动圆在定圆的内部(或外部),沿着这个定圆无滑动地滚动,动圆半径或其延长线上的一点所画出的曲线叫作圆内旋轮线(或圆外旋轮线),又称为内(外)摆线.动圆和定圆分别称为曲线的母圆和基圆.基圆的中心称为圆内外旋轮线的中心.

如果把直线看作是半径为无穷大的圆,那么旋轮线就可以看作是圆内外旋轮线当基圆半径趋于无穷大的极限情况.反过来可以设想将旋轮线的基线弯曲成圆弧,相应地旋轮线也就弯曲变成圆内外旋轮线.这样就容易想象圆内外旋轮线的大致形状.

3.3.2.1 圆内外旋轮线的方程

设基圆的半径为 R,母圆的半径为 r,就母圆在基圆内部而内切($R>r$,图 3.10)和母圆在基圆的外部而外切(图 3.11)或内切($R<r$,图 3.12)这样 3 种情况来考虑.

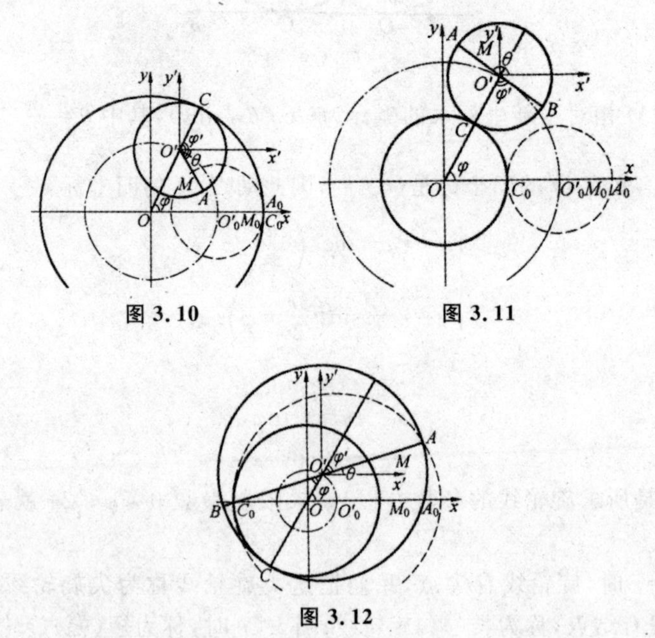

图 3.10

图 3.11

图 3.12

取基圆的圆心 O 为坐标原点建立直角坐标系,母圆 O' 与基圆 O 相切于点 C,母圆半径 $O'A$ 或其延长线上的一点 $M(x,y)$ 到 O' 的距离 $|O'M|=l$(创成半径),点 O',A,C,M 的初始位置 O'_0,A_0,C_0,M_0 都在 x 轴上,且点 O'_0 在 O,M_0 两点之间(因此 x 轴正半轴过曲线上的最远点 M_0),取$\angle C_0OC$

$=\varphi$ 作为参数. 为了方便,建立一个原点随母圆圆心 O' 一道运动的新坐标系 $x'O'y'$,新旧坐标轴的方向保持一致. 则动点 M 相对于旧坐标系的运动轨迹(圆内外旋轮线.)是由动点 M 绕点 O',作圆周运动(自转)和点 O' 绕点 O 作圆周运动(公转)这样两个运动的合成的结果.

动点 M 相对于新坐标系的坐标为$(l\cos\theta, l\sin\theta)$,其中 θ 是$\overrightarrow{O'M}$的幅角,点 O' 的旧坐标是$(|OO'|\cos\varphi, |OO'|\sin\varphi)$,因此动点 M 的旧坐标

$$\begin{cases} x=|OO'|\cos\varphi+l\cos\theta, \\ y=|OO'|\sin\varphi+l\sin\theta. \end{cases} \tag{3.5}$$

由图 3.10 两圆无滑动地滚动的条件知

$$\widehat{AC}=\widehat{C_0C},$$

所以

$$\angle AO'C=\varphi'=\frac{R\varphi}{r}, \theta=\varphi-\varphi'=\varphi-\frac{R}{r}\varphi,$$

$$|OO'|=R-r$$

代入式(3.3.2)得圆内旋轮线的方程为

$$\begin{cases} x=(R-r)\cos\varphi+l\cos\left(1-\dfrac{R}{r}\right)\varphi, \\ y=(R-r)\sin\varphi+l\sin\left(1-\dfrac{R}{r}\right)\varphi. \end{cases} \left(\frac{R}{r}<1\right) \tag{3.6}$$

对于母圆在基圆外部而外切(图 3.11)或内切($R<r$,图 3.12)的情况可以完全类似地得到式(3.5),但要注意 x 轴的正半轴通过曲线上的最远点 M_0. 因此母圆周上开始与基圆相切于点 C_0 的一点 B 在半径 $O'C$ 的反向延长线上,且有

$$\widehat{BC}=\widehat{C_0C},$$

所以

$$\angle CO'B=\varphi'=\frac{R\varphi}{r},$$

对应于图 3.11 的情况,有

$$\theta=\varphi+\varphi'=\varphi+\frac{R}{r}\varphi, |OO'|=R+r,$$

代入式(3.15)得圆外旋轮线的方程为

$$\begin{cases} x=(R-r)\cos\varphi+l\cos\left(1-\dfrac{R}{r}\right)\varphi, \\ y=(R-r)\sin\varphi+l\sin\left(1-\dfrac{R}{r}\right)\varphi. \end{cases} \left(\frac{R}{r}>1\right) \tag{3.7}$$

对应于图 3.12 的情况,有

$$\theta=\varphi-\varphi'=\varphi-\frac{R}{r}\varphi,|OO'|=r-R,$$

代入式(3.5)得到圆外旋轮线的方程为

$$\begin{cases}x=(r-R)\cos\varphi+l\cos\left(1-\dfrac{R}{r}\right)\varphi,\\ y=(r-R)\sin\varphi+l\sin\left(1-\dfrac{R}{r}\right)\varphi.\end{cases}\left(0<\frac{R}{r}<1\right)\tag{3.8}$$

显然可以把式(3.6),式(3.7),式(3.8)3个方程统一写成

$$\begin{cases}x=e\cos\varphi+Ke\cos(1-m)\varphi,\\ y=e\sin\varphi+Ke\sin(1-m)\varphi,\end{cases}\tag{3.9}$$

称式(3.9)为圆内外旋轮线的统一方程.

顺便指出,如果动点 M 位于半径 $O'A$ 的反向延长线上,那么,方程(3.5)应改为

$$\begin{cases}x=|OO'|\cos\varphi+l\cos(\theta+\pi),\\ y=|OO'|\sin\varphi+l\sin(\theta+\pi).\end{cases}$$

因此,当 x 轴通过曲线上的最近点时,圆内外旋轮线的统一方程为

$$\begin{cases}x=e\cos\varphi-Ke\cos(1-m)\varphi,\\ y=e\sin\varphi-Ke\sin(1-m)\varphi.\end{cases}$$

3.3.2.2 统一方程(3.9)中参数的意义与曲线的分类

在式(3.9)中,$m=\pm\frac{R}{r}$,当 $m>1$ 时,是圆内旋轮线;当 $m<1$ 时,是圆外旋轮线.

$e=r|1-m|$ 表示母圆与基圆中心间的距离,称为偏心距;$K=\frac{l}{e}$ 称为形状系数.基圆半径 $R=\left|\frac{m}{1-m}\right|e$.可以证明圆内外旋轮线上点 $M(x,y)$ 处的法线一定过母圆的转动瞬心 $C\left(\frac{me}{m-1}\cos\varphi,\frac{me}{m-1}\sin\varphi\right)$,且点 C 分 OO' 所成的比为 $-m$.

由于圆内外旋轮线(3.9)上任一点 $M(x,y)$ 到基圆中心的距离

$$\rho=\sqrt{x^2+y^2}=e\sqrt{1+K^2+2K\cos m\varphi}$$

是周期性变化的,周期是 $\frac{2\pi}{m}$,故当 φ 角增加 2π,即母圆心绕中心旋转一周时,动点 M 随之形成了 $|m|=\frac{R}{r}$ 支拱弧.当 $\varphi=\frac{2n\pi}{m}$ 时,对应着曲线上的最远点 $\rho_{最大}=(1+K)e$;当 $\varphi=\frac{(2n+1)\pi}{m}$ 时,对应着曲线上的最近点 $\rho_{最小}=$

$|1-K|e$,(显然,$K=1$ 时,曲线过中心).因此我们把方程(3.9)中的 m 称为拱弧支数.当 m 为整数时,曲线由 $|m|$ 支组成,当动圆绕定圆一周时,动点 M 描完 $|m|$ 支返回起始位置;当 m 为分数时($|m|=\dfrac{q}{p}$,p,q 为互素的自然数),曲线由 q 支组成.当动圆绕定圆 p 周时,动点 M 描完 q 支返回起始位置;当 m 为无理数时,曲线有无穷多分支.

值得重视的是,任一条圆内外旋轮线都有两种创成方法.这从定义看并不明显(所以某些文献上给内外旋轮线分类时存在错误,长幅与短幅混淆不清),但从统一方程看则是十分简单的.例如,方程

$$\begin{cases}x=3r\cos\varphi+r\cos3\varphi,\\y=3r\sin\varphi-r\sin3\varphi,\end{cases}$$

所表示的曲线既是偏心距 $e=3r$,形状系数 $K=\dfrac{1}{3}$,拱弧支数 $m=4$ 的四尖圆内旋轮线(又称星形线),也可以将此方程中的参数 -3φ 换为 α,而将方程改写成

$$\begin{cases}x=r\cos\alpha+3r\cos\left(1-\dfrac{4}{3}\right)\alpha,\\y=r\sin\alpha+3r\sin\left(1-\dfrac{4}{3}\right)\alpha.\end{cases}$$

从而偏心距 $e=r$,形状系数 $K=3$,拱弧支数 $m=\dfrac{4}{3}$.这两种创成方法分别如图 3.13 所示.

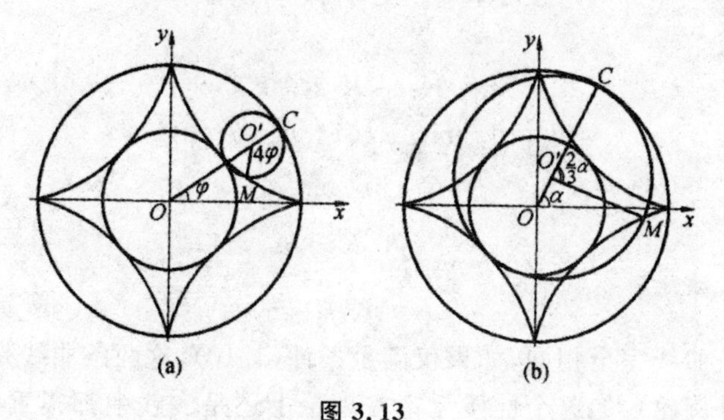

图 3.13

又如椭圆

$$\begin{cases}x=a\cos\varphi,\\y=b\sin\varphi,\end{cases}\quad(a>b>0)$$

即

$$\begin{cases}x=\frac{a+b}{2}\cos\varphi+\frac{a-b}{2}\cos(1-2)\varphi,\\ y=\frac{a+b}{2}\sin\varphi+\frac{a-b}{2}\sin(1-2)\varphi,\end{cases}$$

也有两种不同的创成方法$\left(\text{图 3.14},O_1M=OO_2=O_2A_2=\frac{a-b}{2},O_2M=OO_1=O_1A_1=\frac{a+b}{2}\right)$.据此可设计加工椭圆柱形的内孔的机构以及画椭圆的椭圆规.

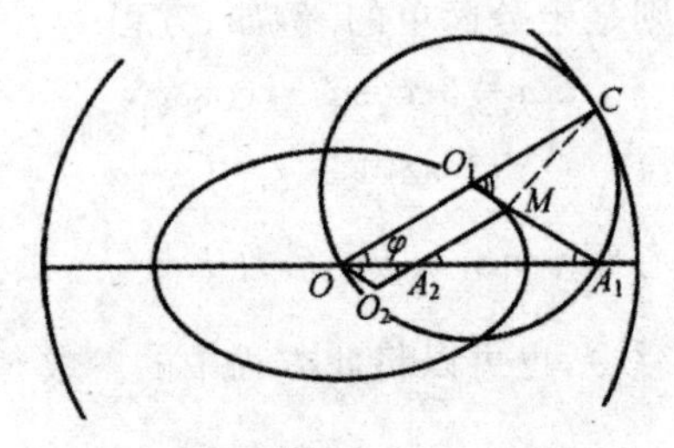

图 3.14

一般地,如果两条圆内外旋轮线

$$\begin{cases}x=e_1\cos\varphi+K_1e_1\cos(1-m_1)\varphi,\\ y=e_1\sin\varphi+K_1e_1\sin(1-m_1)\varphi.\end{cases}$$

与

$$\begin{cases}x=e_2\cos\varphi+K_2e_2\cos(1-m_2)\varphi,\\ y=e_2\sin\varphi+K_2e_2\sin(1-m_2)\varphi.\end{cases}$$

满足关系式

$$e_2=K_1e_1,K_2e_2=e_1,$$
$$\theta=(1-m_1)\varphi,(1-m_2)\theta=\varphi,$$

则有

$$\frac{1}{m_1}+\frac{1}{m_2}=1,K_1\cdot K_2=1,\tag{3.10}$$
$$e_2=K_1e_1.\tag{3.11}$$

那么这两条曲线完全相同,如果仅满足条件(3.10),这两条曲线是相似的.

圆内外旋轮线的这个性质无论在理论上还是实践中都很重要,我们在设计制造圆内外旋轮线形状的工件时,就有两种加工方法可供选择.在理论上要对圆内外旋轮线进行分类,也应该把相同的曲线归为一类,注意到由式(3.10)有

$$(1-m_1)(1-m_2)=1.$$

如果$|1-m_1|\geqslant1$,那么$|1-m_2|\leqslant1$,而$K=\frac{l}{e}=\frac{l}{r|1-m|}$.所以,我们

必须在 $|1-m|\geqslant 1$ 的条件下，将圆内外旋轮线(3.9)分为下列 3 类：

(1) $K=\dfrac{1}{|1-m|}$（即 $l=r$）的称为尖圆内外旋轮线（又称尖内外摆线）.

(2) $K>\dfrac{1}{|1-m|}$（即 $l>r$）的称为长（幅）圆内外旋轮线（又称长内外摆线）.

(3) $K<\dfrac{1}{|1-m|}$（即 $l<r$）的称为短（幅）圆内外旋转线（又称短内外摆线）.

现将常见的一些圆内外旋轮线列表如表 3.1 所示.

表 3.1

$\|1-m\|\geqslant 1$	短幅	尖	长幅				
K \\ m	$\frac{1}{(1-m)^2}$ ↗	$\frac{1}{\|1-m\|}$	↗	1	↗		$\|1-m\|\leqslant 1$
圆内旋轮线 $m\geqslant 2$	2	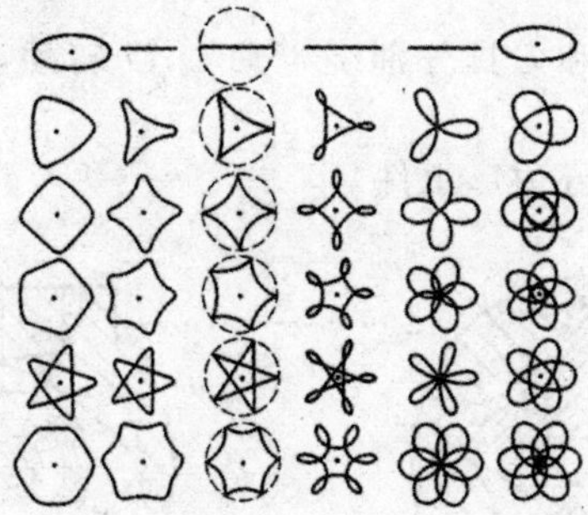					2
	3						$\frac{3}{2}$
	4						$\frac{4}{3}$
	5						$\frac{5}{4}$
	$\frac{5}{2}$						$\frac{5}{3}$
	6						$\frac{6}{5}$
圆内旋轮线 $m<0$	-5	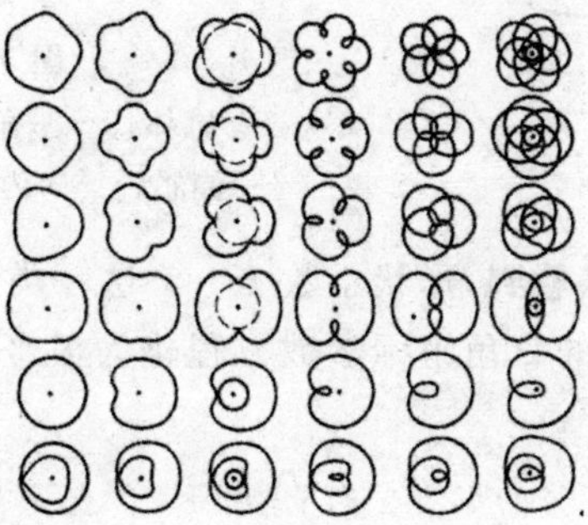					$\frac{5}{6}$
	-4						$\frac{4}{5}$
	-3						$\frac{3}{4}$
	-2						$\frac{2}{3}$
	-1						$\frac{1}{2}$
	$-\frac{1}{2}$						$\frac{1}{3}$
$\|1-m\|\leqslant 1$		$\frac{1}{(1-m)^2}$ ↘	↘	1	↘		m \\ K

上表中左边竖的一排所列出的拱弧支数 m 满足条件 $|1-m|\geqslant 1$，每一行又按形状系数 K 由小到大画了 6 种情况，其中 $K=1$ 时，曲线经过中心，$K=\frac{1}{|1-m|}$ 是尖圆内外旋轮线，它们都有尖点，图中还用虚线画出了它们的基圆. $K=\frac{1}{(1-m)^2}$ 时，曲线在最近点处曲率为零，接近于直线，表的右边一排列出的拱弧支数 m 是创成同一个图形的另一种方法所应取的数值. 从表中可以看出，圆内外旋轮线因拱弧支数 m 和形状系数 K 的不同而变化的规律，掌握了这个变化规律就不难想象出表中没有画的其他圆内外旋轮线的大致形状. 这样从这些曲线的内在联系和变化规律上去掌握它们，就会感到这类曲线虽是千变万化，但非变化莫测. 它们都是由两个匀速圆周运动合成的结果，具有许多优美的性质，有着广阔的应用前景. 这些曲线已被应用在图案设计，如摆线齿轮，少齿差行星减速器，摆线转子油泵（图 3.15，$m=\frac{4}{5}$，$K=8$），旋转活塞发动机（图 3.16）的缸体曲线（$m=\frac{2}{3}$，$5<K<10$），以及多边形切削（例如工件和刀具分别绕定轴 O,O' 转动，速比为 m，当 $m=\frac{5}{3}$，$K\approx\frac{9}{4}$ 时，可车削出正五边形工件）串.

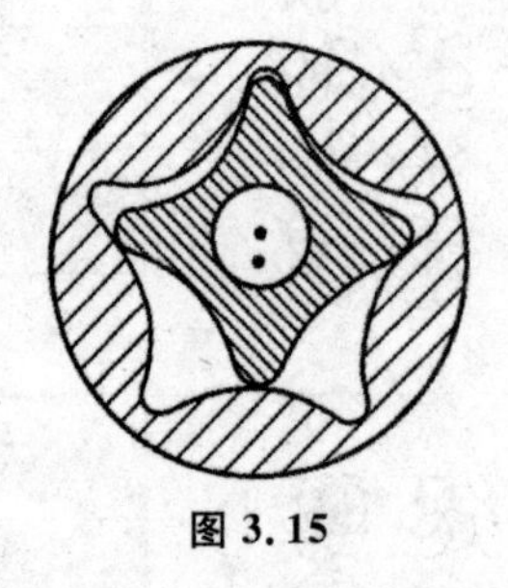

图 3.15

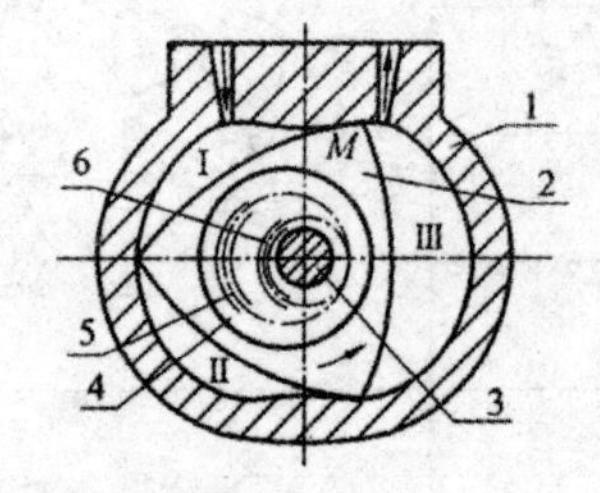

图 3.16

1—缸体；2—三角活塞；3—主轴；
4—偏心轮；5—内齿轮；6—外齿轮

从表中还可以看到，形状系数 $K=1$ 这一类长幅圆内外旋轮线就是玫瑰线. 只要将它们的直角坐标参数方程化为极坐标方程就可以证明这个事实. 由方程

$$\begin{cases}\rho\cos\theta=e[\cos\varphi+\cos(1-m)\varphi],\\ \rho\sin\theta=e[\sin\varphi+\sin(1-m)\varphi],\end{cases}$$

易得

$$\tan\theta=\tan\frac{2-m}{2}\varphi,$$

故

$$\frac{2-m}{2}\varphi=\theta+k\pi,k\in Z$$

代入

$$\rho\cos\theta=2e\cos\frac{2-m}{2}\varphi\cos\frac{m}{2}\varphi$$

得

$$\rho=(-1)^k 2e\cos\frac{m}{2-m}(\theta+k\pi),k\in Z$$

它是曲线 $\rho=2e\cos\frac{m}{m-2}\theta$ 的通式.

习惯上,把极坐标方程为

$$\rho=a\cos p\theta,p>0,p\neq1$$

的图形称为玫瑰线.比较两式可知玫瑰线 $\rho=a\cos p\theta$ 是拱弧数 $m=\frac{2p}{p-1}$,形状系数为 1 的长幅圆内外旋轮线.特别当 p 为奇数时,是 p 叶玫瑰线;当 p 为偶数时,是 $2p$ 叶玫瑰线.

表中还有值得关注的一类曲线,就是拱弧数 $m=-1$ 的圆外旋轮线,其方程为

$$\begin{cases}x=e\cos\varphi(1+2K\cos\varphi)-e,\\ y=e\sin(1+2K\cos\varphi.)\end{cases}$$

令 $x+e=\rho\cos\theta,y=\rho\sin\theta$,则

$$\tan\theta=\tan\varphi,\varphi=\theta+k\pi,k\in Z$$

$$\rho=(-1)^k e[1+2K\cos(\theta+k\pi)]$$

它就是帕斯卡蜗线 $\rho=e(1+2K\cos\theta)$ 的通式.因此帕斯卡蜗线就是拱弧数为-1 的圆外旋轮线,其中 $K=\frac{1}{2}$时是心脏线.

3.3.3　圆的广义渐伸线

动直线沿半径为 R 的定圆(称为基圆)无滑动地转动,与动直线距离为 $|a|$ 的随动直线一道运动的点 M 的轨迹称为圆的广义渐伸线.

建立如图 3.17 所示的坐标系 xOy,动直线 BC 与基圆 $O(R)$ 相切于点 C.点 $M(x,y)$ 到直线 BC 的距离 $MB=|a|$,过点 M 作与 BC 平行的直线交 OC 于点 O',取 $\angle B_0OC=\varphi$ 作为参数,则

$$O'M=CB=\overset{\frown}{CB_0}=R\varphi$$

以点 O' 为新原点建立新坐标系 $x'O'y'$，新旧坐标轴的方向保持一致，则动点 M 相对于新坐标系的坐标为

$$\left(R\varphi\cos\left(\varphi-\frac{\pi}{2}\right),R\varphi\sin\left(\varphi-\frac{\pi}{2}\right)\right)$$

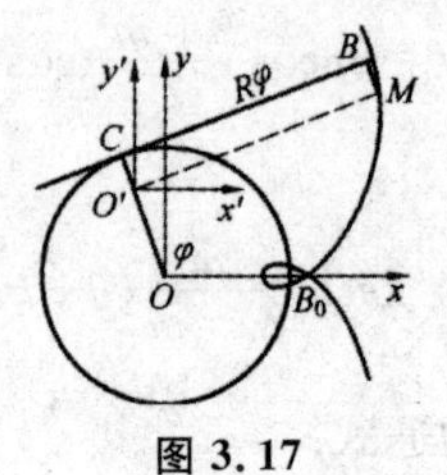

图 3.17

点 O' 的旧坐标为

$$((R-a)\cos\varphi,(R-a)\sin\varphi)$$

因此动点 M 的旧坐标

$$\begin{cases}x=(R-a)\cos\varphi+R\varphi\sin\varphi,\\ y=(R-a)\sin\varphi-R\varphi\cos\varphi.\end{cases}\tag{3.12}$$

这就是圆的广义渐伸线的参数方程.当点 M 和基圆中心 O 在动直线的同侧时，a 为正，异侧时 a 为负.可以证明，圆的广义渐伸线上点 M 处的法线必过动直线的转动瞬心 $C(R\cos\varphi,R\sin\varphi)$.

由圆的广义渐伸线的定义不难看出，它就是圆外旋轮线当母圆半径 r 趋于无穷大(即 $m=\frac{-R}{r}\to 0$)的极限情形.这由圆外旋轮线的方程(最近点位于 x 轴上)

$$\begin{cases}x=(R+r)\cos\varphi-(r+a)\cos\left(1+\frac{R}{r}\right)\varphi,\\ y=(R+r)\sin\varphi-(r+a)\sin\left(1+\frac{R}{r}\right)\varphi.\end{cases}$$

令 $r\to\infty$ 即可得到方程(3.12).在方程(3.12)中，当 $a=0$ 时，就是圆的渐伸线的参数方程；当 $a=R$ 时，就是阿基米德螺线 $\rho=R\left(\theta+\frac{\pi}{2}\right)$ 的参数方程，其上任一点处的法线是圆 $\rho=R$ 的切线.

第4章　空间曲面及其应用

本章将介绍一些常见曲面，一方面学习利用曲面的几何特性建立它的方程，另一方面学习利用方程研究曲面的几何性质. 在此基础上，进一步介绍曲面及空间曲线的方程以及曲线族生成曲面等知识. 本章的讨论均在右手直角坐标系中进行.

4.1　曲面及其方程

在日常生活中，我们经常遇到各种曲面，例如球面、凹凸镜的镜面、轮胎的表面等. 在空间解析几何中，我们把任何曲面都看作是点按照一定的规律运动所形成的几何轨迹，因为点与数组(x,y,z)一一对应，所以作为点的几何轨迹的曲面也应与数组(x,y,z)之间有一种关系存在. 这种关系通常是由方程形式给出的.

在这样的意义下，如果曲面与三元方程 $F(x,y,z)=0$ 有下述关系：

(1)曲面上的任意一点的坐标都满足方程 $F(x,y,z)=0$.

(2)不在曲面上的点的坐标都不满足方程 $F(x,y,z)=0$.

那么，方程 $F(x,y,z)=0$ 就叫作曲面的方程，而曲面就叫作方程 $F(x,y,z)=0$ 的曲面.

定义 4.1　在空间直角坐标系中，如果曲面 S 与三元方程 $F(x,y,z)=0$ 满足：

(1)曲面 S 上任一点的坐标(x,y,z)都满足三元方程 $F(x,y,z)=0$.

(2)空间中满足三元方程 $F(x,y,z)=0$ 的每一点都在曲面 S 上.

那么，方程 $F(x,y,z)=0$ 叫作曲面 S 的一般方程；而曲面 S 叫作方程 $F(x,y,z)=0$ 表示的曲面，如图 4.1 所示.

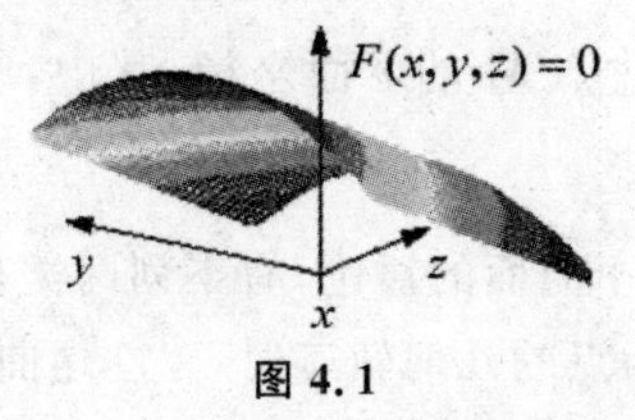

图 4.1

定义 4.2 如果曲面 S 上点的坐标表示成两个参数 (u,v) 的函数,由它们给出的方程组

$$\begin{cases} x=x(u,v) \\ y=y(u,v) \quad (u,v)\in D \\ z=z(u,v) \end{cases}$$

称为曲面 S 的参数方程. 其中,D 为 uv 平面上的区域.

例 1 建立球心在点 $M_0(x_0,y_0,z_0)$,半径为 R 的球面方程.

解:设点 $M(x,y,z)$ 是球面上的任意一点(图 4.2),则 $|M_0M|=R$,即

$$\sqrt{(x-x_0)^2+(y-y_0)^2+(z-z_0)^2}=R$$

或者

$$(x-x_0)^2+(y-y_0)^2+(z-z_0)^2=R^2.$$

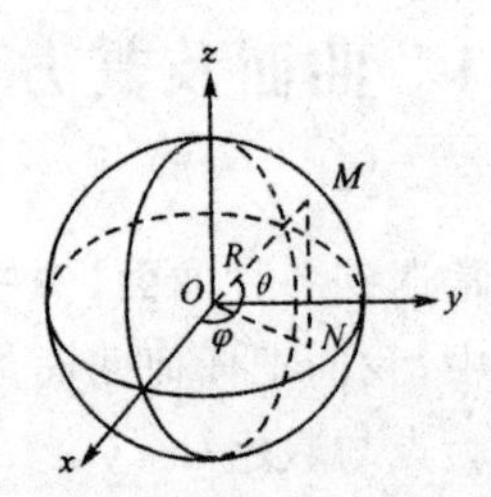

图 4.2

现建立球面的参数方程. 设球心在原点,半径为 R,在球面上任取一点 $M(x,y,z)$,从 M 作 xOy 面的垂线,垂足为 N,连接 OM,ON. 设 x 轴到 $\overrightarrow{ON}$ 的角度(逆时针方向)为 φ,$\overrightarrow{ON}$到$\overrightarrow{OM}$的角度为 θ(M 在 xOy 面上方时,θ 为正,反之为负),则有

$$\begin{cases} x=R\cos\theta\cos\varphi, \\ y=R\cos\theta\sin\varphi, 0\leqslant\varphi\leqslant\pi \\ z=R\sin\theta, -\dfrac{\pi}{2}\leqslant\theta\leqslant\dfrac{\pi}{2} \end{cases}$$

就是球心在原点,半径为 R 的球面的参数方程,φ 称为经度,θ 称为纬度.

由于空间中任一点 $M(x,y,z)$ 必在以原点为球心,以 $R=|\overrightarrow{OM}|$ 为半径的球面上,而球面上的点(除去它与 z 轴的交点外)又由参数 (θ,φ) 唯一确定,因此,除去 z 轴外,空间中的点 M 由有序三数组 (R,θ,φ) 唯一确定,我们把 (R,θ,φ) 称为空间中点 M 的球面坐标,其中,$R\geqslant0$,$-\dfrac{\pi}{2}\leqslant\theta\leqslant\dfrac{\pi}{2}$,$0\leqslant\varphi\leqslant\pi$.

空间解析几何中关于曲面的讨论,有下列两类基本问题:

(1)已知一曲面作为点的几何轨迹时,建立这曲面的方程.

(2)已知坐标 x, y 和 z 间的一个方程时,研究这个方程所表示的曲面的形状.

例 2　设有点 $\boldsymbol{A}(1,2,3)$ 和 $\boldsymbol{B}(2,-1,4)$,求线段 AB 的垂直平分面的方程.

解:设点 $M(x,y,z)$在平分面上,则 $|AM|=|BM|$,即

$$\sqrt{(x-1)^2+(y-2)^2+(z-3)^2}=\sqrt{(x-2)^2+(y+1)^2+(z-4)^2}.$$

化简得

$$2x-6y+2z-7=0.$$

例 3　描述方程 $x^2+y^2+z^2-2x+4y=0$ 所表示的曲面.

解:将方程配方:$(x-1)^2+(y+2)^2+z^2=5$,此曲面表示球心在 $(1,-2,0)$,半径为$\sqrt{5}$的球.

4.2　空间曲面关于点、平面及直线的对称性质

4.2.1　平面曲线关于点及直线的对称性

定义 4.3　已知平面曲线 C:$F(x,y)=0$,或 $y=f(x)$,若存在一点 $M_0(x_0,y_0)$,使得对于曲线 C 上的任意一点 $M(x,y)$,它关于点 M_0 的对称点 $M'(2x_0-x,2y_0-y)$仍然在曲线 C 上,即对任意 $M(x,y)\in C$,有

$$F(2x_0-x,2y_0-y)=0,\text{或 } 2y_0-y=f(2x_0-x), \tag{4.1}$$

则称曲线 C 关于点 $M_0(x_0,y_0)$对称,点 $M_0(x_0,y_0)$称为曲线的对称点或中心,见图 4.3.

特别,若 $F(-x,-y)=0$,或 $f(-x)=-f(x)$,则曲线关于原点对称.

由二元二次方程 $a_{11}x^2+2a_{12}xy+a_{22}y^2+2a_{13}x+2a_{23}y+a_{33}=0$ 表示的曲线 C 叫作二次曲线,其中 $a_{11}^2+a_{12}^2+a_{22}^2\neq 0$. 二次曲线的对称点只有以下 3 种情形:

(1)对称点只有一个,此时称此对称点为二次曲线的中心,二次曲线称为中心二次曲线. 例如,椭圆 $2x^2+y^2=1$ 的对称点只有一个,就是坐标原点,椭圆是中心二次曲线.

(2)对称点组成一条直线,称此直线为中心直线,二次曲线称为线心二次曲线. 中心直线也是二次曲线的对称直线. 例如,两平行直线 $x^2=4$,它的

对称点组成一条直线，就是 y 轴. y 轴是中心直线，显然 y 轴也是它的对称直线.

(3) 对称点不存在，此时称二次曲线为无心二次曲线. 例如，抛物线 $y^2=x$ 就是无心二次曲线.

定义 4.4 已知平面曲线 C:$F(x,y)=0$，或 $y=f(x)$，若存在直线 L: $Ax+By+C=0$，使得对于曲线 C 上的任意一点 $M(x,y)$，它关于直线 L 的对称点 $M'(x',y')$ 仍然在曲线 C 上，即对任意 $M(x,y)\in C$，有

$$F(x',y')=0, \text{或 } y'=f(x'), \tag{4.2}$$

则称曲线 C 关于直线 L 对称，直线 L 称为曲线 C 的对称直线. 见图 4.3. 当对称直线是坐标轴时，称对称直线为对称轴.

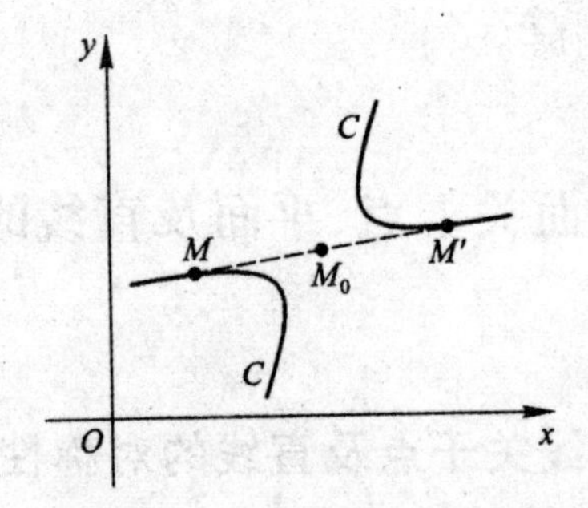

图 4.3

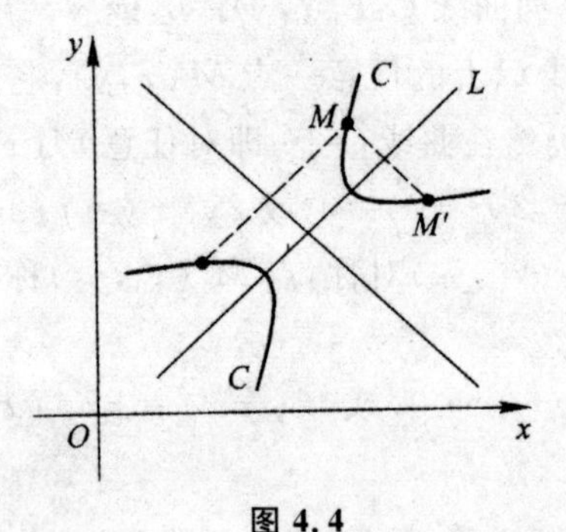

图 4.4

点 M 关于直线 L 的对称点 $M'(x',y')$ 可由下面的方程组(4.3)解出：因为点 M 与点 M' 的中点在直线 L 上且矢量 $\overrightarrow{MM'}$ 与直线的法矢量 $\boldsymbol{n}=\{A,B\}$ 平行，所以

$$\begin{cases} A\dfrac{x'+x}{2}+B\dfrac{y'+y}{2}+C=0, \\ \dfrac{x'-x}{A}=\dfrac{y'-y}{B}. \end{cases} \tag{4.3}$$

特别，对于曲线 C 上任意一点的坐标(x,y)：

(1)若 $F(x,-y)=0$,则曲线 $C:F(x,y)=0$ 关于 x 轴对称.

(2)若 $F(-x,y)=0$,或 $f(-x)=f(x)$,则曲线 $C:F(x,y)=0$ 关于 y 轴对称,此时函数 $y=f(x)$ 称为偶函数.

(3)若 $F(2a-x,y)=0$,或 $f(2a-x)=f(x)$,则曲线 $C:F(x,y)=0$ 关于直线 $x=a$ 对称.

(4)若 $F(y,x)=0$,则曲线 $C:F(x,y)=0$ 关于直线 $y=x$ 对称.

(5)若 $F(-y,-x)=0$,则曲线 $C:F(x,y)=0$ 关于直线 $y=-x$ 对称.

平面曲线可能没有对称点,也可能没有对称直线,是否有对称点和对称直线,这是曲线本身的性质.例如,正弦曲线 $f(x)=\sin x+1$ 的对称点有无穷多个,对称点的坐标是 $(k\pi,1)$,其中 k 为整数;对称直线也有无穷多个,对称直线的方程是 $x=k\pi+\frac{\pi}{2}$,其中 k 为整数.又如,等轴双曲线 $f(x)=\frac{1}{x}$,这也是反比例函数,它的对称点只有一个,就是坐标原点;对称直线有两条,对称直线的方程是 $y=x$ 或 $y=-x$.这是二次曲线.

例4　已知圆 C 的方程是 $(x-1)^2+(y+2)^2=9$,从图形上可以看出,圆 C 的对称点是圆心 $M_0(1,-2)$,对称直线是经过圆心的任意直线,即对称直线的方程是

$$A(x-1)+B(y+2)=0$$

其中,A,B 是任意不全为零的实数,也可以按照定义来验证它的正确性.我们可以直接求出二次曲线的对称点的坐标和对称直线的方程.特别,圆 $x^2+y^2=a^2$ 的对称点的坐标是 $(0,0)$,对称直线有无穷多条,方程是

$$Ax+By=0,$$

其中 A,B 是任意不全为零的实数.

例5　已知双曲线 C 的方程 $\frac{(x-1)^2}{16}-\frac{(y+2)^2}{9}=1$,易见,它的对称点是双曲线的中心,其坐标是 $M_0(1,-2)$,对称直线的方程是 $x=1$ 或 $y=-2$.

例6　已知二次曲线 C 的方程 $x^2+3xy+y^2+10x-10y+21=0$.可以验证,$M_0(-2,2)$ 是它的对称点,直线 $x-y+4=0$ 或 $x+y=0$ 是它的对称直线.我们可以直接求出它的对称点的坐标是 $(-2,2)$,对称直线的方程是 $x-y+4=0$ 或 $x+y=0$.

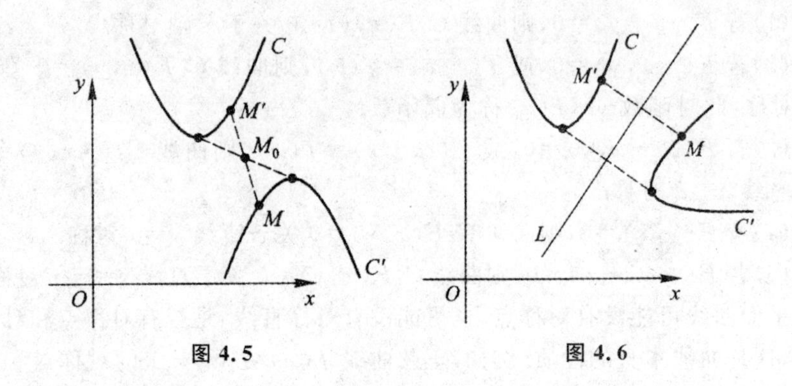

图 4.5　　图 4.6

4.2.2　平面曲线关于点及直线的对称曲线

已知平面曲线

$$C:F(x,y)=0 \text{ 或 } y=f(x). \tag{4.4}$$

(1)给定平面上的一点 $M_0(x_0,y_0)$，则平面曲线 C 关于点 $M_0(x_0,y_0)$ 的对称曲线 C' 的方程是

$$F(2x_0-x,2y_0-y)=0 \text{ 或 } 2y_0-y=f(2x_0-x). \tag{4.5}$$

平面曲线 C 关于点 $M_0(x_0,y_0)$ 的对称曲线 C' 的图像见图 4.5.

(2)给定一条直线 $L:Ax+By+C=0$，我们求平面曲线 C 关于直线 L 的对称曲线 C' 的方程. 设曲线 C' 上的任意一点为 $M(x,y)$，它关于直线 L 的对称点为 $M'(x',y')$，因为点 M 与点 M' 的中点在直线 L 上，且矢量 $\overrightarrow{MM'}$ 与直线的法矢量 $\boldsymbol{n}=\{A,B\}$ 平行，所以

$$\begin{cases} A\dfrac{x'+x}{2}+B\dfrac{y'+y}{2}+C=0 \\ \dfrac{x'-x}{A}=\dfrac{y'-y}{B}. \end{cases} \tag{4.6}$$

由此解出 x',y'，将它代入到已知曲线的方程(4.4)，得到平面曲线 C 关于直线 L 的对称曲线 C' 的方程是

$$F(x',y')=0 \text{ 或 } y'=f(x'). \tag{4.7}$$

平面曲线 C 关于直线 $L:Ax+By+C=0$ 的对称曲线 C' 的图像见图 4.6. 特别，

①平面曲线 $C:y=f(x)$ 关于 x 轴的对称曲线 C' 的方程是 $y=-f(x)$.

②平面曲线 $C:y=f(x)$ 关于 y 轴的对称曲线 C' 的方程是 $y=f(-x)$.

③平面曲线 $C:y=f(x)$ 关于直线 $x=a$ 的对称曲线 C' 的方程是 $y=$

$f(2a-x)$.

④设 $y=f(x)$ 是递增或递减函数，则平面曲线 $C: y=f(x)$ 关于直线 $y=x$ 的对称曲线 C' 的方程是 $y=f^{-1}(x)$.

例 7 已知抛物线 C 的方程是 $y=(x-1)^2$. 易见，抛物线无对称点，它的对称直线的方程是 $x=1$. 它关于 x 轴的对称曲线 C' 的方程是 $y=-(x-1)^2$，关于 y 轴的对称曲线 C'' 的方程是 $y=(x+1)^2$，关于原点的对称曲线 C''' 的方程是 $y=-(x+1)^2$.

注：可以得到点 $M(x,y)$ 关于经过原点的直线 $ax+by=0$ 的对称点 M' 的坐标是

$$\left(\frac{b^2-a^2}{a^2+b^2}x-\frac{2ab}{a^2+b^2}y,-\frac{2ab}{a^2+b^2}x+\frac{a^2-b^2}{a^2+b^2}y\right)$$

由此可得平面上的正交变换.

例如，点 $M(x,y)$ 关于经过原点的直线 $2x-y=0$ 的对称点 M' 的坐标是 $\left(-\frac{3}{5}x+\frac{4}{5}y,\frac{4}{5}x+\frac{3}{5}y\right)$，由此得抛物线 $C: y^2=x$ 关于直线 $2x-y=0$ 的对称抛物线 C' 的方程是 $(4x+3y)^2=5(4y-3x)$，即 $16x^2+24xy+9y^2+15x-20y=0$. 这是关于 x,y 的二元二次方程，抛物线 C 的对称直线 $y=0$ 关于直线 $2x-y=0$ 的对称直线是 $4x+3y=0$，这也是抛物线 C' 的对称直线.

4.2.3 空间曲面关于点、平面及直线的对称性

定义 4.5 在空间直角坐标系下，已知空间曲面 S 的方程 $F(x,y,z)=0$，若存在一点 $M_0(x_0,y_0,z_0)$，使得对于曲面 S 上的任一点 $M(x,y,z)$，它关于点 M_0 的对称点 $M'(2x_0-x,2y_0-y,2z_0-z)$ 仍然在曲面 S 上，即对任意 $M(x,y,z)\in S$，有

$$F(2x_0-x,2y_0-y,2z_0-z)=0, \tag{4.8}$$

则称曲面 S 关于点 $M_0(x_0,y_0,z_0)$ 对称，点 $M_0(x_0,y_0,z_0)$ 称为曲面 S 的对称点或中心. 见图 4.7.

特别，若 $F(-x,-y,-z)=0$，即在曲面的方程中，以 $-x$ 代 x，以 $-y$ 代 y，以 $-z$ 代 z，方程不变，则曲面 S 关于原点对称.

定义 4.6 在空间直角坐标系下，已知空间曲面 $S: F(x,y,z)=0$，若存在平面 $\pi: Ax+By+Cz+D=0$，使得对于曲面 S 上的任一点 $M(x,y,z)$，它关于平面 π 的对称点 $M'(x',y',z')$ 仍然在曲面 S 上，即对任意 $M(x,y,z)\in S$，有

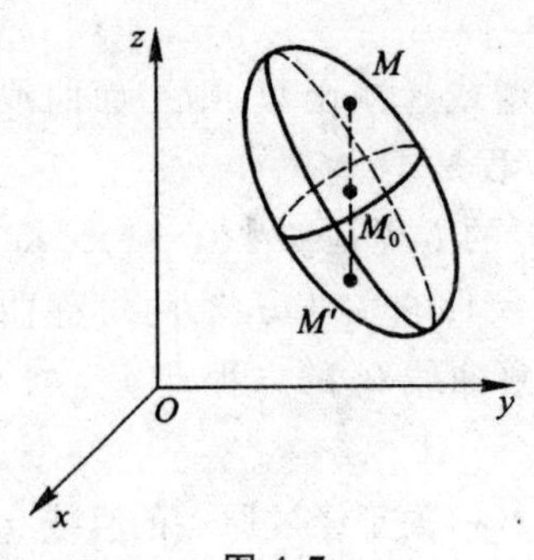

图 4.7

$$F(x',y',z')=0, \tag{4.9}$$

则称曲面 S 关于平面 π 对称，平面 π 称为曲面 S 的对称平面. 见图 4.8.

点 $M(x,y,z)$ 关于平面 π 的对称点 $M'(x',y',z')$ 可由下面的方程组(4.10)解出：因为点 M 与点 M' 的中点在平面 π 上且矢量 MM 与平面的法矢量 $n=\{A,B,C\}$ 平行，所以

$$\begin{cases} A\dfrac{x'+x}{2}+B\dfrac{y'+y}{2}+C\dfrac{z'+z}{2}+D=0 \\ \dfrac{x'-x}{A}=\dfrac{y'-y}{B}=\dfrac{z'-z}{C}. \end{cases} \tag{4.10}$$

特别，对于曲面 $S:F(x,y,z)=0$ 上任意一点 M 的坐标 (x,y,z)：

(1)若 $F(x,y,-z)=0$，即在曲面的方程中，以 $-z$ 代 z 方程不变，则曲面 S 关于 xOy 坐标平面对称.

(2)若 $F(x,-y,z)=0$，即在曲面的方程中，以 $-y$ 代 y 方程不变，则曲面 S 关于 zOx 坐标平面对称.

(3)若 $F(-x,y,z)=0$，即在曲面的方程中，以 $-x$ 代 x 方程不变，则曲面 S 关于 yOz 坐标平面对称.

(4)若 $F(x,y,2a-z)=0$，则曲面 S 关于平面 $z=a$ 对称.

(5)若 $F(x,2a-y,z)=0$，则曲面 S 关于平面 $y=a$ 对称.

(6)若 $F(2a-x,y,z)=0$，则曲面 S 关于平面 $x=a$ 对称.

定义 4.7 在空间直角坐标系下，已知空间曲面 $S:F(x,y,z)=0$，若存在空间直线 $L:\dfrac{x-x_0}{X}=\dfrac{y-y_0}{Y}=\dfrac{z-z_0}{Z}$，使得对于曲面 S 上的任一点 $M(x,y,z)$，它关于直线 L 的对称点 $M'(x',y',z')$ 仍然在曲面 S 上，即对任意 $M(x,y,z)\in S$，有

$$F(x',y',z')=0, \tag{4.11}$$

则称曲面 S 关于直线 L 对称，直线 L 称为曲面 S 的对称直线. 见图 4.9.

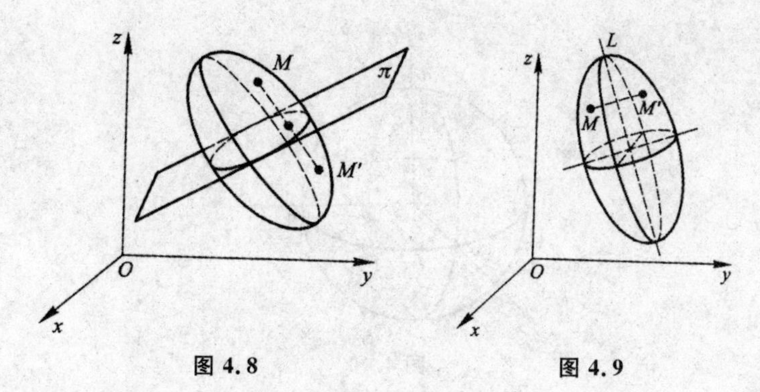

图 4.8　　　　图 4.9

点 M 关于直线 L 的对称点 $M'(x',y',z')$ 可由下面的方程组(4.12)解出:因为点 M 与点 M' 的中点在直线 L 上且矢量 $\overrightarrow{MM'}$ 与直线 L 的方向矢量 $v=\{X,Y,Z\}$ 垂直,所以

$$\begin{cases}\dfrac{\dfrac{x'+x}{2}-x_0}{X}=\dfrac{\dfrac{y'+y}{2}-y_0}{Y}=\dfrac{\dfrac{z'+z}{2}-z_0}{Z},\\ X(x'-x)+Y(y'-y)+Z(z'-z)=0.\end{cases}\tag{4.12}$$

特别,对于曲面 S:$F(x,y,z)=0$ 上任意一点 M 的坐标 (x,y,z):

(1)若 $F(x,-y,-z)=0$,即在曲面的方程中,以 $-y$ 代 y 且以 $-z$ 代 z 方程不变,则曲面 S 关于 x 轴对称.

(2)若 $F(-x,y,-z)=0$,即在曲面的方程中,以 $-x$ 代 x 且以 $-z$ 代 z 方程不变,则曲面 S 关于 y 轴对称.

(3)若 $F(-x,-y,z)=0$,即在曲面的方程中,以 $-x$ 代 x 且以 $-y$ 代 y 方程不变,则曲面 S 关于 z 轴对称.

考虑一般情形,若 $F(2a-x,2b-y,z)=0$,则曲面 S 关于直线 $x=a$,$y=b$ 对称.

空间曲面可能没有对称点,也可能没有对称平面或对称直线,是否有对称点、对称平面或对称直线,这是曲面本身的性质.

例 8　已知球面 S:$x^2+y^2+z^2=a^2$,从图 4.10 中可以看出,它的对称点是坐标原点(0,0,0). 对称平面是经过原点的任意平面,对称平面的方程是

$$Ax+By+Cz=0,$$

其中,A,B,C 是任意不全为零的实数. 它的对称直线是经过原点的任意直线,对称直线的方程是

$$\frac{x}{X}=\frac{y}{Y}=\frac{z}{Z},$$

其中,X,Y,Z 是任意不全为零的实数. 也可以按照定义来验证它的正确性.

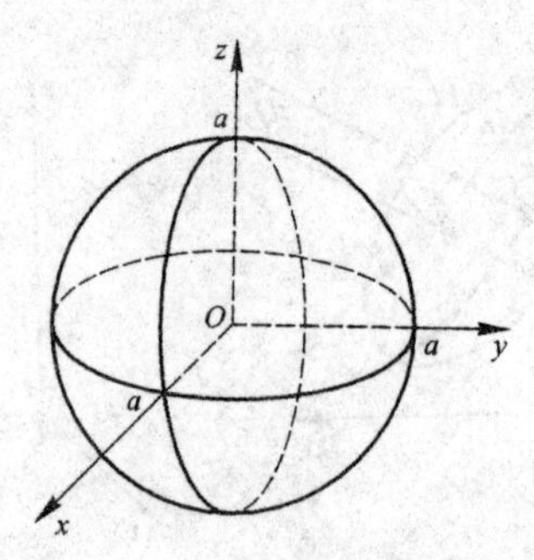

图 4.10

例 9 已知空间中的圆柱面 $S: x^2+y^2=a^2$，易见，它的对称点是 z 轴上的任意一点，即对称点的坐标是 $(0,0,z)$，对称点构成一条直线. 对称平面有两族，一族是平行于 xOy 坐标平面的任意平面，另一族是经过 z 轴的任意平面，即对称平面的方程是

$$z=c, \text{或 } Ax+By=0$$

其中，c 是任意实数，A,B 是不全为零的任意实数. 对称平面的交线是对称直线，所以对称直线的一般方程是

$$\begin{cases} Ax+By=0 \\ z=c \end{cases} \text{或} \begin{cases} x=0 \\ y=0 \end{cases}$$

其中，c 是任意实数，A,B 是不全为零的任意实数.

4.2.4 曲面关于点、平面及直线的对称曲面

已知空间曲面

$$S: F(x,y,z)=0 \text{ 或 } z=f(x,y). \tag{4.13}$$

(1) 给定空间中的一点 $M_0(x_0,y_0,z_0)$，则空间曲面 S 关于点 $M_0(x_0,y_0,z_0)$ 的对称曲面 S' 的方程是

$$F(2x_0-x,2y_0-y,2z_0-z)=0 \text{ 或 } 2z_0-z=f(2x_0-x,2y_0-y). \tag{4.14}$$

曲面 S 关于点 $M_0(x_0,y_0,z_0)$ 的对称曲面 S' 的图像见图 4.11.

(2) 给定一个平面 $\pi: Ax+By+Cz+D=0$，求曲面 S 关于平面 π 的对称曲面 S' 的方程. 设曲面 S' 上的任一点为 $M(x,y,z)$，它关于平面 π 的对称点为 $M'(x',y',z')$，因为点 M 与点 M' 的中点在平面 π 上且矢量 $\overrightarrow{MM'}$ 与平面的法矢量 $\boldsymbol{n}=\{A,B,C\}$ 平行，所以

$$\begin{cases} A\dfrac{x'+x}{2}+B\dfrac{y'+y}{2}+C\dfrac{z'+z}{2}+D=0 \\ \dfrac{x'-x}{A}=\dfrac{y'-y}{B}=\dfrac{z'-z}{C}. \end{cases}$$

由此解出 x',y',z'，将它代入到已知曲面的方程(4.13)，得曲面 S 关于平面 π 的对称曲面 S' 的方程是

$$F(x',y',z')=0 \text{ 或 } z'=f(x',y'). \tag{4.15}$$

曲面 S 关于平面 π 的对称曲面 S' 的图像见图 4.12. 特别

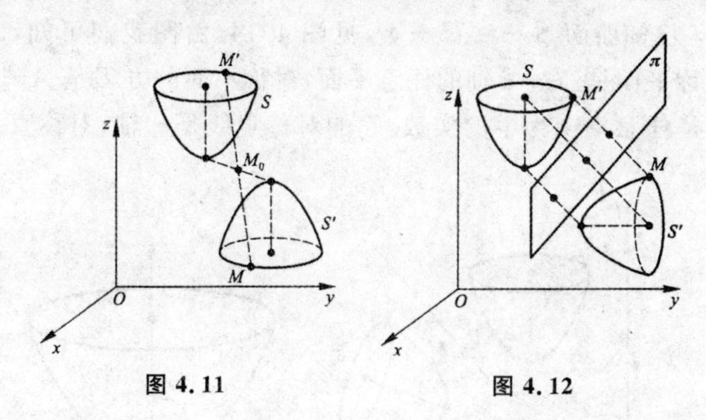

图 4.11　　　　图 4.12

①曲面 $S:z=f(x,y)$ 关于 xOy 面的对称曲面 S' 的方程是 $z=-f(x,y)$.

②曲面 $S:z=f(x,y)$ 关于 yOz 面的对称曲面 S' 的方程是 $z=f(-x,y)$.

③曲面 $S:z=f(x,y)$ 关于 zOx 面的对称曲面 S' 的方程是 $z=f(x,-y)$.

④曲面 $S:z=f(x,y)$ 关于平面 $z=a$ 的对称曲面 S' 的方程是 $z=2a-f(x,y)$.

⑤曲面 $S:z=f(x,y)$ 关于平面 $x=a$ 的对称曲面 S' 的方程是 $z=f(2a-x,y)$.

⑥曲面 $S:z=f(x,y)$ 关于平面 $y=a$ 的对称曲面 S' 的方程是 $z=f(x,2a-y)$.

(3)给定空间直线 $L:\dfrac{x-x_0}{X}=\dfrac{y-y_0}{Y}=\dfrac{z-z_0}{Z}$，求曲面 S 关于直线 L 的对称曲面 S' 的方程. 设曲面 S' 上的任一点为 $M(x,y,z)$，它关于直线 L 的对称点 $M'(x',y',z')$，因为点 M 与点 M' 的中点在直线 L 上且矢量 $\overrightarrow{MM'}$ 与直线 L 的方向矢量 $v=\{X,Y,Z\}$ 垂直，所以

$$\begin{cases}\dfrac{\dfrac{x'+x}{2}-x_0}{X}=\dfrac{\dfrac{y'+y}{2}-y_0}{Y}=\dfrac{\dfrac{z'+z}{2}-z_0}{Z},\\ X(x'-x)+Y(y'-y)+Z(z'-z)=0.\end{cases}\tag{4.16}$$

由此解出 x', y', z',将它代入到已知曲面的方程(4.13)中,得曲面 S 关于直线 L 的对称曲面 S' 的方程是

$$F(x',y',z')=0 \text{ 或 } z'=f(x',y').\tag{4.17}$$

曲面 S 关于直线 L 的对称曲面 S' 的图像见图 4.13.

例 10 已知曲面 S:$z=x^2+y^2$,见图 4.14. 由图我们可知,它无对称点. 它的对称平面是经过 z 轴的任意平面,对称平面的方程是 $Ax+By=0$,其中 A,B 是任意不全为零的实数. 它的对称直线是 z 轴,对称直线的方程是 $x=0$, $y=0$.

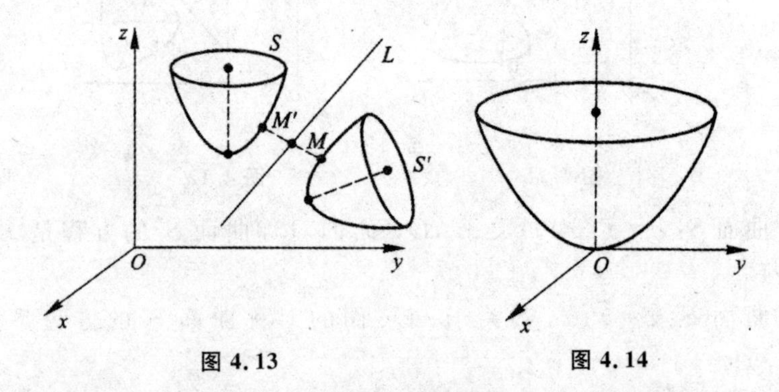

图 4.13　　　　图 4.14

(1)求曲面 S 关于点 $M_0(0,0,-1)$ 的对称曲面 S_1 的方程.

(2)求曲面 S 关于平面 $y=4$ 的对称曲面 S_2 的方程.

(3)求曲面关于直线 L:$z=0$, $y=z$ 的对称曲面 S_3 的方程.

解:(1)任取动点 $M(x,y,z)$ 在曲面 S_1 上,则它关于 $M_0(0,0,-1)$ 的对称点 M_1 的坐标是 $(-x,-y,-2-z)$. 因为点 M_1 在曲面 S 上,所以得对称曲面 S_1 的方程是

$$x^2+y^2=-(z+2)$$

(2)任取动点 $M(x,y,z)$ 在曲面 S_2 上,设它关于平面 $y=4$ 的对称点为 $M_2(x_2,y_2,z_2)$. 因为点 M 与点 M_2 的中点在平面 $y=4$ 上,且矢量 $\overrightarrow{MM_2}$ // $n=\{0,1,0\}$,所以

$$\frac{y_2+y}{2}=4,\frac{x_2-x}{0}=\frac{y_2-x}{1}y=\frac{z_2-z}{0},$$

解得 $x_2=x$, $y_2=8-y$, $z_2=z$. 又因为点 M_2 在曲面 S 上,所以得对称曲面 S_2 的方程是

$$x^2+(y-8)^2=z.$$

(3)任取动点 $M(x,y,z)$ 在曲面 S_3 上，设它关于直线 L 的对称点为 $M_3(x_3,y_3,z_3)$. 因为点 M 与点 M_3 的中点在直线 $x=0,y=z$ 上，且矢量 $\overrightarrow{MM_3}\perp v=\{0,1,1\}$，所以

$$\frac{x_3+x}{2}=0,\frac{y_3+y}{2}=\frac{z_3+z}{2},y_3-y+z_3-z=0,$$

解得 $x_3=-x,y_3=z,z_3=y$. 又因为点 M_3 在曲面 S 上，所以得对称曲面 S_3 的方程是

$$x^2+z^2=y.$$

注：在空间中，可以得到，点 $M(x,y,z)$ 关于经过原点的平面 $ax+by+cz=0$ 的对称点 M' 的坐标是

$$\left[\frac{(b^2+c^2-a^2)x-2aby-2acz}{a^2+b^2+c^2},\frac{-2abx-(c^2+a^2-b^2)y-2bcz}{a^2+b^2+c^2},\right.$$
$$\left.\frac{-2acx-2bcy-(a^2+b^2-c^2)z}{a^2+b^2+c^2}\right],$$

由此可得空间中的正交变换.

例如，点 $M(x,y,z)$ 关于经过原点的平面 $x+y+z=0$ 的对称点 M' 的坐标是

$$\left(\frac{1}{3}x-\frac{2}{3}y-\frac{2}{3}z,-\frac{2}{3}x+\frac{1}{3}y-\frac{2}{3}z,-\frac{2}{3}x-\frac{2}{3}y+\frac{1}{3}z\right),$$

由此得曲面 $S:x^2-y^2=z$ 关于平面 $x+y+z=0$ 的对称曲面 S_1 的方程是

$$(x-2y-2z)^2-(y-2x-2z)^2=3(z-2x-2y),$$

即

$$3x^2-3y^2+12xz-12yz-6x-6y+3z=0.$$

曲面 $S:x^2-y^2=z$ 的对称平面的方程分别是 $x=0$ 或 $y=0$，其中平面 $x=0$ 关于平面 $x+y+z=0$ 的对称平面是 $x-2y-2z=0$，平面 $y=0$ 关于平面 $x+y+z=0$ 的对称平面是 $y-2x-2z=0$. 而 $x-2y-2z=0$ 或 $y-2x-2z=0$ 也是曲面 $S_1:3x^2-2y^2+12xz-12yz-6x-6y+3z=0$ 的对称平面. 曲面 $S:x^2-y^2=z$ 的.

对称直线的方程是 $x=0$ 且 $y=0$. 曲面 $S_1:3x^2-3y^2+12xz-12yz-6x-6y+3z=0$ 的对称直线的方程是

$$\begin{cases}x-2y-2z=0,\\ y-2x-2z=0.\end{cases}$$

4.3 球面的方程、点的球面坐标

4.3.1 球面的一般方程

在空间中,到定点的距离等于定长的点的轨迹是球面,定点称为球心,定长称为半径.

下面我们在直角坐标系中建立球心在点 $M_0(x_0,y_0,z_0)$,半径为 R 的球面方程.

设 $M(x,y,z)$ 是球面上的任意一点,那么有

$$|\overrightarrow{MM_0}|=R,$$

把点的坐标代入得

$$\sqrt{(x-x_0)^2+(y-y_0)^2+(z-z_0)^2}=R,$$

两端平方得

$$(x-x_0)^2+(y-y_0)^2+(z-z_0)^2=R^2, \tag{4.18}$$

方程(4.18)称为球面的标准方程.

把球面的标准方程展开得

$$x^2+y^2+z^2-2x_0x-2y_0y-2z_0z+x_0^2+y_0^2+z_0^2-R^2=0, \tag{4.19}$$

方程(4.19)称为球面的一般方程.

球面的标准方程突出了球面的几何特征,也就是说,给出了球面的标准方程,我们立刻就获取到球心的位置及半径的大小这一信息.而球面的一般方程则突出了球面的代数特征,它是一个三元二次方程,没有像 xy,yz,zx 这样的交叉乘积项,且平方项的系数相同.这是三元二次方程表示球面的必要条件.反之,任何一个形如式(4.19)的方程

$$x^2+y^2+z^2+2ax+2by+2cz+d=0.$$

经过配方后可写成

$$(x+a)^2+(x+b)^2+(x+c)^2+d-a^2-b^2-c^2=0.$$

当 $a^2+b^2+c^2>d$ 时,上式表示一个球.

当 $a^2+b^2+c^2=d$ 时,上式表示一个点.

当 $a^2+b^2+c^2<d$ 时,它没有轨迹(或表示一个虚球面).

如果球心在原点,那么球面方程为 $x^2+y^2+z^2=R^2$.

4.3.2　球面的参数方程、点的球面坐标

设 $M(x,y,z)$ 是球心在坐标原点，半径为 R 的球面上的任意一点，过 M 作 xOy 面的垂线，垂足为 N，连 OM，ON. 设 x 轴到 $\overrightarrow{ON}$ 的角度为 θ，$\overrightarrow{ON}$ 到 $\overrightarrow{OM}$ 的角度为 φ（M 在 xOy 面上方时，φ 为正，M 在 xOy 面下方时，φ 为负），见图 4.15 所示. 则有

$$\begin{cases} x=R\cos\varphi\cos\theta, \\ y=R\cos\varphi\sin\theta, \\ z=R\sin\varphi. \end{cases} \tag{4.20}$$

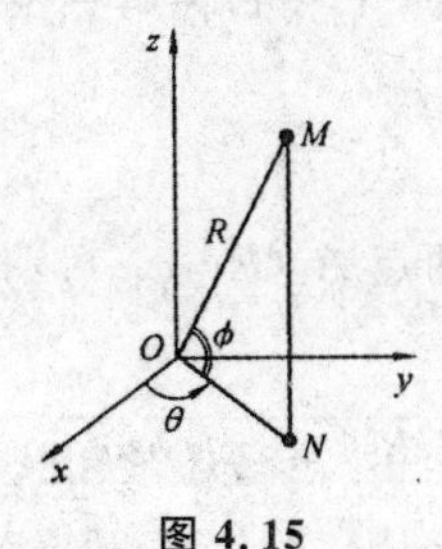

图 4.15

其中，$0\leqslant\theta<2\pi$，$-\frac{\pi}{2}\leqslant\varphi\leqslant\frac{\pi}{2}$.

式(4.20)称为球心在原点，半径为 R 的球面的参数方程，其中 θ，φ 为球面参数方程的两个参数，分别称为经度和纬度. 球面上的每一个点（除去它与 z 轴的交点）都有唯一的一对数组 (φ,θ) 与之对应.

问题 4.1　写出球心在 (x_0,y_0,z_0)，半径为尺的球面的参数方程.

空间任意一点 $M(x,y,z)$ 必在以原点为球心，以 $R=|\overrightarrow{OM}|$ 为半径的球面上，而球面上的点（除去它与 z 轴的交点外）又由参数 (φ,θ) 唯一确定，因此除去 z 轴外，空间中的点 M 由有序的三元数组 (R,φ,θ) 唯一确定. 我们把 (R,φ,θ) 称为空间中点 M 的球面坐标.

显然点 M 的球面坐标 (R,φ,θ) 与点 M 的直角坐标 (x,y,z) 之间的关系为

$$\begin{cases} x=R\cos\varphi\cos\theta, \\ y=R\cos\varphi\sin\theta, \\ z=R\sin\varphi. \end{cases} \tag{4.21}$$

$$\begin{cases} R=\sqrt{x^2+y^2+z^2}, \\ \varphi=\arcsin\dfrac{z}{\sqrt{x^2+y^2+z^2}}, \\ \tan\theta=\dfrac{y}{z}. \end{cases} \tag{4.22}$$

其中，$R\geqslant 0,-\dfrac{\pi}{2}\leqslant\varphi\leqslant\dfrac{\pi}{2},0\leqslant\theta<2\pi$.

要说明的是，在确定 θ 时，要考虑 x,y 作为点 (x,y) 时，该点在平面直角坐标系 xOy 中的象限情况. 如 $x=1,y=1$，点 $(1,1)$ 在第一象限，则 $\tan\theta=\dfrac{y}{x}=1$，$\theta=\dfrac{\pi}{4}$，而 $x=-1,y=-1$，点 $(-1,-1)$ 在第三象限，虽然亦有 $\tan\theta=\dfrac{y}{x}=1$，但 $\theta=\dfrac{5\pi}{4}$.

由立体几何知识可得，两点 $A_1(R_1,\varphi_1,\theta_1)$ 和 $A_2(R_2,\varphi_2,\theta_2)$ 之间的直线距离为

$$|\overrightarrow{A_1A_2}|=\sqrt{R_1^2+R_2^2-2R_1R_2[\cos\varphi_1\cos\varphi_2\cos(\theta_1-\theta_2)+\sin\varphi_1\sin\varphi_2]}.$$

请读者自己推理.

4.4 旋转面及其方程

定义 4.8 一条平面曲线绕其平面上的一条直线旋转一周所成的曲面叫作旋转曲面（图 4.16）. 旋转曲线和定直线依次叫作旋转曲面的母线和轴.

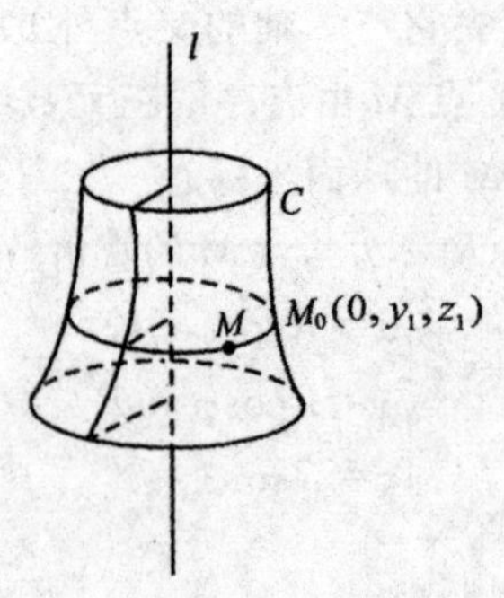

图 4.16

设在 yOz 面上有一已知曲线 C，它的方程为 $f(y,z)=0$，将其绕 z 轴旋转一周，得到一曲面，其方程求法如下：

设 $M_1(0,y_1,z_1)$ 为曲线 C 上任一点，有

$$f(y_1,z_1)=0. \tag{4.23}$$

当曲线 C 绕 z 轴旋转时，点 M_1 也绕 z 轴旋转到另一点 $M(x,y,z)$，此时 $z=z_1$ 保持不变，且点 M 到旋转轴的距离 $d=\sqrt{x^2+y^2}=|y_1|$.

将 $z=z_1,y_1=\pm\sqrt{x^2+y^2}$ 代入式(4.23)中，有 $f(\pm\sqrt{x^2+y^2},z)=0$. 这就是所求曲面的方程.

同理，曲线 C 绕 y 轴旋转的旋转曲面方程为：$f(y,\pm\sqrt{x^2+z^2})=0$.

类似地，曲线 C：$f(x,y)=0$ 绕 x 轴及 y 轴旋转的旋转曲面方程分别为：$f(x,\pm\sqrt{y^2+z^2})=0$ 和 $f(\pm\sqrt{x^2+z^2},y)=0$. 曲线 C：$f(x,z)=0$ 绕 x 轴及 z 轴旋转的旋转曲面方程分别为：$f(x,\pm\sqrt{y^2+z^2})=0$ 和 $f(\pm\sqrt{x^2+y^2},z)=0$.

例 11　直线 L 绕另一条与 L 相交的直线旋转一周，所得旋转曲面叫作圆锥面(图 4.17). 两直线的交点叫作圆锥面的顶点，两直线的夹角($0<\alpha<\frac{\pi}{2}$)叫作圆锥面的半顶角. 试建立顶点在坐标原点 O，旋转轴为 z 轴，半顶角为 α 的圆锥面的方程.

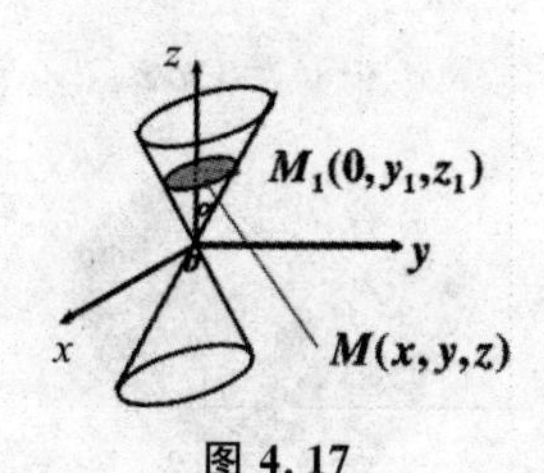

图 4.17

解：在 yOz 平面上，直线 L 的方程为：$z=y\cot\alpha$，则旋转曲面的方程为：

$$z=\pm\sqrt{x^2+y^2}\cot\alpha \text{ 或者 } z^2=a^2(x^2+y^2),$$

其中，$a=\cot\alpha$.

例 12　将下列各曲线绕对应的轴旋转一周，求生成的旋转曲面的方程.

(1)椭圆 $\begin{cases}\frac{y^2}{a^2}+\frac{z^2}{c^2}=1\\ x=0\end{cases}$ 绕 y 轴和 z 轴；

(2)抛物线 $\begin{cases}y^2=2pz\\ x=0\end{cases}$ 绕 z 轴.

解:(1)如图 4.18 所示,椭圆$\begin{cases}\dfrac{y^2}{a^2}+\dfrac{z^2}{c^2}=1\\ x=0\end{cases}$绕 y 轴生成的旋转曲面为

$$\frac{y^2}{a^2}+\frac{x^2+z^2}{c^2}=1,$$

绕 z 轴生成的旋转曲面为

$$\frac{x^2+y^2}{a^2}+\frac{z^2}{c^2}=1,$$

生成的旋转曲面称为旋转椭球面.

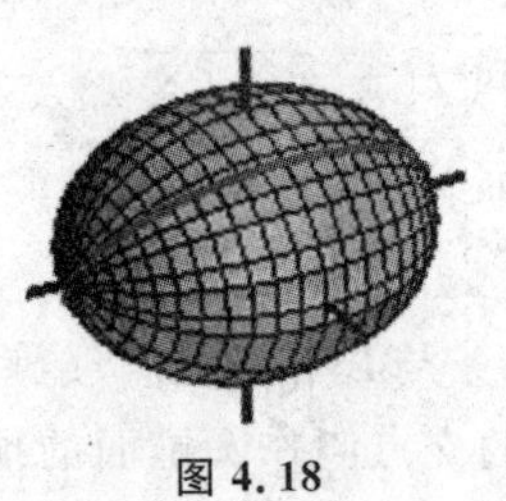

图 4.18

(2)如图 4.19 所示,抛物线$\begin{cases}y^2=2pz\\ x=0\end{cases}$绕 z 轴生成的旋转曲面为旋转抛物面

$$x^2+y^2=2pz.$$

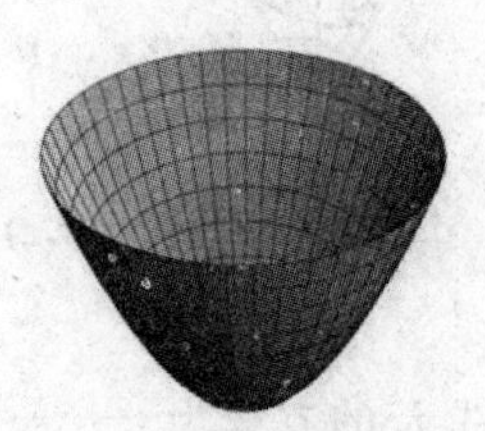

图 4.19

例 13 将 xOz 坐标面上的双曲线$\dfrac{x^2}{a^2}-\dfrac{z^2}{c^2}=1$分别绕 x 轴和 z 轴旋转一周,求所生成的旋转曲面的方程.

解:绕 x 轴旋转生成的旋转双叶双曲面:$\dfrac{x^2}{a^2}-\dfrac{y^2+z^2}{c^2}=1$. 如图 4.20 所示.

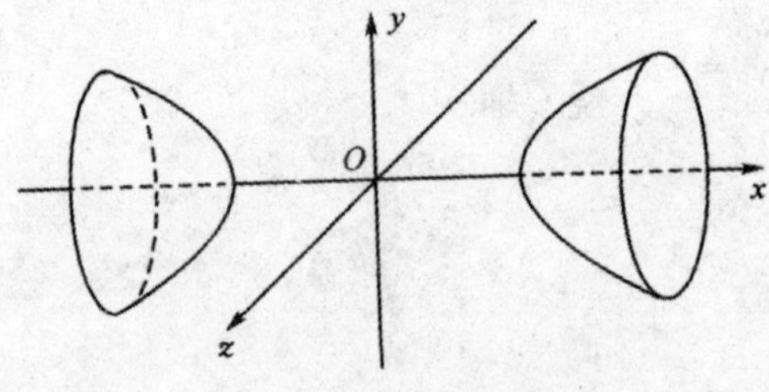

图 4.20

绕 z 轴旋转生成旋转单叶双曲面：$\frac{x^2+y^2}{a^2}-\frac{z^2}{c^2}=1$. 如图 4.21 所示.

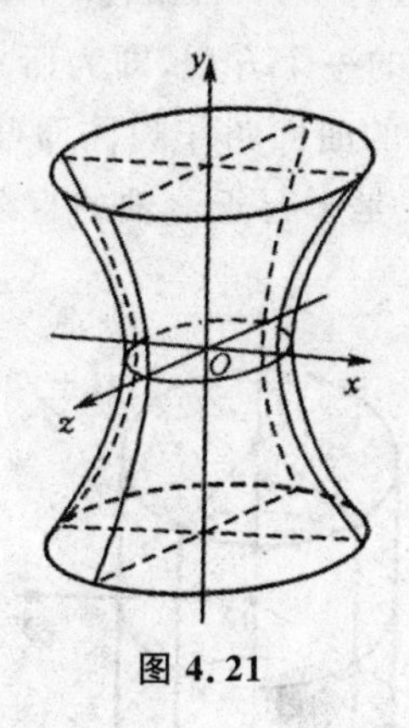

图 4.21

4.5 柱面和锥面及其方程

4.5.1 柱面

定义 4.9 平行于定直线并沿定曲线 C 移动的直线 L 形成的轨迹. 定曲线 C 叫作柱面的准线，动直线 L 叫作柱面的母线.

对于一个柱面，其准线和母线都不唯一，但母线方向是唯一的，与每一条母线都相交的曲线均可作为准线.

设柱面的准线 C 为

$$\begin{cases} F_1(x,y,z)=0, \\ F_2(x,y,z)=0, \end{cases}$$

母线方向为 $\boldsymbol{v}=(l,m,n)$. 现求柱面的方程.

点 $M(x,y,z)$ 在此柱面上，当且仅当 M 在某一条母线上，即准线 C 上有一点 $M_0(x_0,y_0,z_0)$，使 M 在过 M_0 且方向为 $\boldsymbol{v}$ 的直线上. 因此，有

$$\begin{cases} F_1(x_0,y_0,z_0)=0, \\ F_2(x_0,y_0,z_0)=0, \\ x=x_0+lu, \\ y=y_0+mu, \\ z=z_0+nu. \end{cases}$$

消去 x_0,y_0,z_0，得

$$\begin{cases} F_1(x-lu, y-mu, z-nu)=0, \\ F_2(x-lu, y-mu, z-nu)=0. \end{cases}$$

再消去参数 u，得到 x,y,z 的一个方程，即为所求柱面的方程.

方程 $x^2+y^2=R^2$ 表示的曲面叫作圆柱面(图 4.22). 其准线是 xOy 平面上的圆 $x^2+y^2=R^2$，母线是平行于 z 轴的直线.

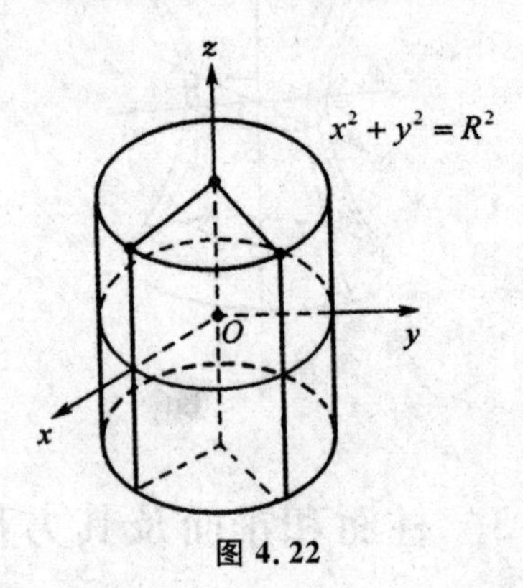

图 4.22

方程 $\frac{x^2}{a^2}+\frac{y^2}{b^2}=1$ 表示的曲面是母线平行于 z 轴的椭圆柱面(图 4.23)，其与 xOy 面的交线为椭圆

$$\begin{cases} \frac{x^2}{a^2}+\frac{y^2}{b^2}=1, \\ z=0. \end{cases}$$

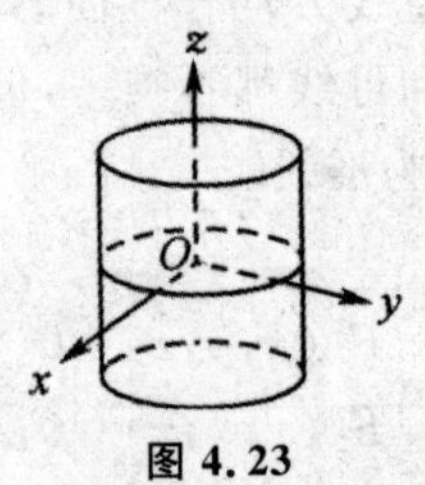

图 4.23

方程 $\frac{x^2}{a^2}-\frac{y^2}{b^2}=-1$ 表示的曲面是母线平行于 z 轴的双曲柱面(图 4.24).

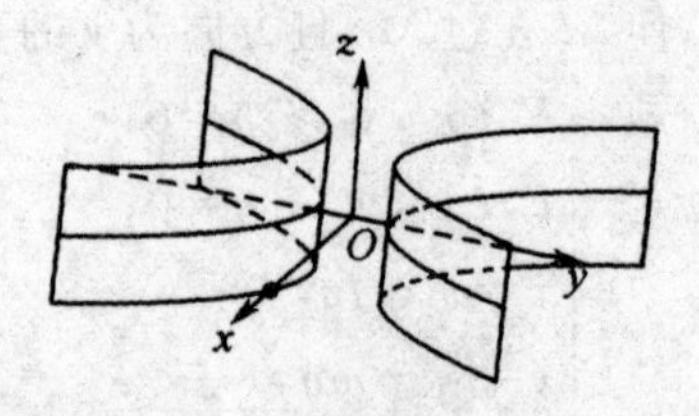

图 4.24

方程 $x^2=2py$ 表示的曲面是母线平行于 z 轴的抛物柱面(图 4.25).

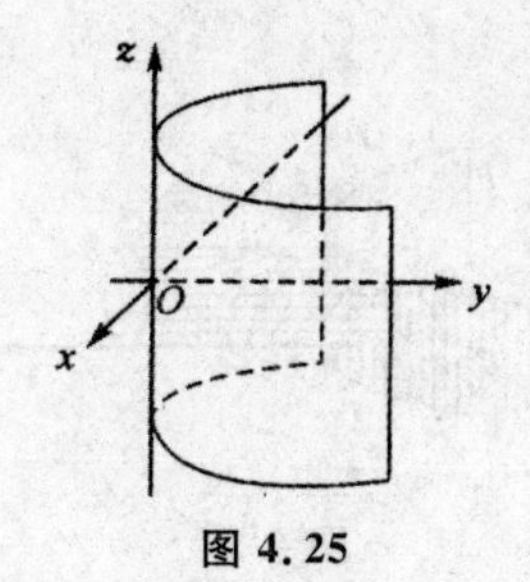

图 4.25

一般地，在空间直角坐标系中，有：

①方程 $F(x,y)=0$ 表示母线平行于 z 轴的柱面，其准线是 xOy 面上的曲线 $C:F(x,y)=0$.

②方程 $F(x,z)=0$ 表示母线平行于 y 轴的柱面，其准线是 xOz 面上的曲线 $C:F(x,z)=0$.

③方程 $F(y,z)=0$ 表示母线平行于 x 轴的柱面，其准线是 yOz 面上的曲线 $C:F(y,z)=0$.

平面为柱面. 例如，平面 $y=x$ 表示母线平行于 z 轴，准线为 xOy 平面上的直线：$x-y=0$，如图 4.26 所示.

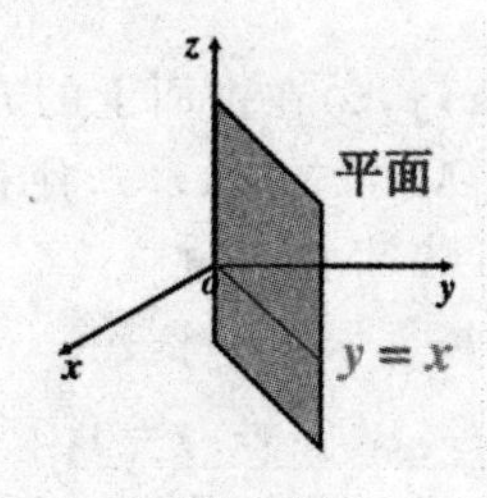

图 4.26

例 14　讨论曲线 $\begin{cases}2x^2+z^2+4y=4z\\2x^2+3z^2-4y=12z\end{cases}$ 的图形.

解：消去 y 得 $x^2+z^2-4z=0$，消去 z 得 $x^2+4y=0$，因此方程组等价于

$$\begin{cases}x^2+(z-2)^2=4,\\x^2+4y=0.\end{cases}$$

第一个方程表示圆柱面，第二个方程表示抛物柱面，如图 4.27 所示.

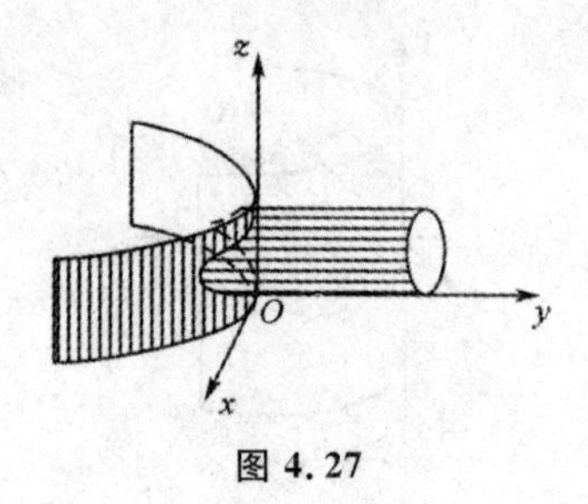

图 4.27

4.5.2 锥面

定义 4.10 在空间中,由曲线 C 上的点与不在 C 上的一个定点 M_0 的连线组成的曲面称为锥面. M_0 称为顶点, C 称为准线, C 上的点与 M_0 的连线称为母线.

设一个锥面的顶点为 $M_0(x_0,y_0,z_0)$,准线 C 的方程为

$$\begin{cases}F(x,y,z)=0,\\ G(x,y,z)=0.\end{cases}$$

现求锥面方程.

如图 4.28 所示,点 $M(x,y,z)$ 在锥面上的充分必要条件是 M 在一条母线上,即准线上存在一点 $M_1(x_1,y_1,z_1)$,使得 M_1 在直线 M_0M 上. 于是有

$$\begin{cases}F(x_1,y_1,z_1)=0,\\ G(x_1,y_1,z_1)=0,\\ x_1=x_0+(x-x_0)u,\\ y_1=y_0+(y-y_0)u,\\ z_1=z_0+(z-z_0)u.\end{cases}$$

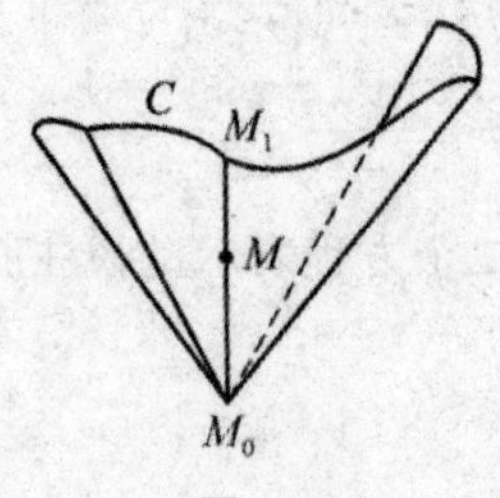

图 4.28

消去 x_1,y_1,z_1,得

$$\begin{cases}F(x_0+(x-x_0)u,y_0+(y-y_0)u,z_0+(z-z_0)u)=0,\\G(x_0+(x-x_0)u,y_0+(y-y_0)u,z_0+(z-z_0)u)=0.\end{cases}$$

再消去 u 得到 x,y,z 的方程就是锥面的方程.

定义 4.11　如果对于任意的 $x,y,z\in D$ 及 $t(\neq 0)$ 有

$$F(tx,ty,tz)=t^nF(x,y,z),$$

则 $F(x,y,z)$ 称为是 x,y,z 的 n 次齐次函数. 称 $F(x,y,z)=0$ 为 x,y,z 的 n 次齐次方程.

定理 4.1　以原点为顶点的锥面方程是关于 x,y,z 的齐次方程. 反之, x,y,z 的齐次方程表示的曲面一定是以原点为顶点的锥面.

推论 4.1　以 (x_0,y_0,z_0) 为顶点的锥面方程是 $x-x_0,y-y_0,z-z_0$ 的齐次方程.

定义 4.12　设曲线 C 为某个平面 π 上的圆, l 是过圆心且垂直于平面 π 的直线,顶点 M_0(不在平面 π)在直线 l 上,则以 M_0 为顶点,圆 C 为准线的锥面,称为圆锥面. 直线 l 称为轴,每一条母线与轴 l 所夹的锐角都相等,称为圆锥面的半顶角 α.

事实上,锥面的每一条母线与轴 z 夹的锐角都相等也可以作为圆锥面的定义.

现已知顶点 $M_0(x_0,y_0,z_0)$ 和轴 l 的方向向量 $\boldsymbol{v}(l,m,n)$ 以及半顶角 α, 求圆锥面的方程.

点 $M(x,y,z)$ 在圆锥面上的充分必要条件是 $\langle\overrightarrow{M_0M},\boldsymbol{v}\rangle=\alpha$ 或 $\pi-\alpha$, 因此有

$$\frac{|\overrightarrow{M_0M}\cdot\boldsymbol{v}|}{|\overrightarrow{M_0M}|\cdot|\boldsymbol{v}|}=\cos\alpha,$$

即

$$\frac{[l(x-x_0)+m(y-y_0)+n(z-z_0)]^2}{[(x-x_0)^2+(y-y_0)^2+(z-z_0)^2](l^2+m^2+n^2)}=\cos^2\alpha.$$

例 15　求直线 $l_1:x=1+t,y=2t,z=2t$ 绕直线 $l_2:x=y=z$ 旋转而成的曲面.

解:直线 l_1 与直线 l_2 交于 $M_0(2,2,2)$,此旋转形成的曲面为圆锥面. 设 $M(x,y,z)$ 是母线上的任意一点,则有

$$\cos\langle\overrightarrow{M_0M},v\rangle=\cos\langle\boldsymbol{v}_1,\boldsymbol{v}\rangle,$$

其中, $\boldsymbol{v}=(1,1,1)$, $\boldsymbol{v}_1=(1,2,2)$. 于是有

$$\frac{(x-2)+(y-2)+(z-2)}{\sqrt{(x-2)^2+(y-2)^2+(z-2)^2}\times\sqrt{3}}=\frac{1+2+2}{\sqrt{9}\times\sqrt{3}},$$

求解,得到所求曲面方程为

$$8x^2+8y^2+8z^2-xy-xz-yz-28x-28y-28z+84=0.$$

4.6 典型的二次曲面

三元二次方程 $F(x,y,z)=0$ 所表示的曲面称为二次曲面. 相应地，平面叫作一次曲面.

可利用截痕法探讨二次曲面的形状. 所谓截痕法，就是利用坐标面和平行于坐标面的平面与曲面相截，然后考察交线（截痕）的形状，并加以综合，从而了解二次曲面的全貌.

(1)椭球锥面：$\frac{x^2}{a^2}+\frac{y^2}{b^2}=z^2$. 如图 4.29 所示.

以平面 $z=t$ 截曲面，当 $t=0$ 时，得一点(0,0,0).

当 $t\neq0$ 时，得平面 $z=t$ 上得椭圆：$\frac{x^2}{(at)^2}+\frac{y^2}{(bt)^2}=1$；

当 $|t|$ 从大到小变为 0 时，椭圆从大到小收缩为一点，如图 4.29 所示.

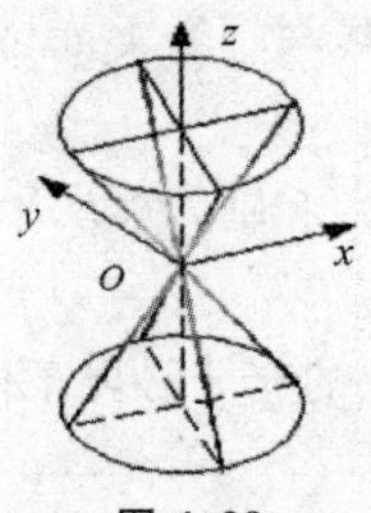

图 4.29

平面 $z=t$ 与曲面 $F(x,y,z)=0$ 的交线称为截痕. 通过截痕的变化了解曲面形状的方法称为截痕法.

此外，还可以用伸缩变形法讨论曲面的形状.

先说明平面 xOy 上的图形伸缩变形的方法. 将平面上的点 $M(x,y)$ 变为点 $M'(x,\lambda y)$，此时点 $M(x,y)$ 的轨迹 C 变为点 $M'(x,\lambda y)$ 的轨迹 C'，称将图形 C 沿 y 轴方向伸缩 λ 倍变成图形 C'.

下面讨论 C 与 C' 的方程关系：设 C 的方程为 $F(x,y)=0$，点 $M(x,y)\in C$，将 $M(x,y)$ 变为 $M'(x_2,y_2)$，此时 $x_2=x_1$，$y_2=\lambda y_1$，即 $x_1=x_2$，$y_1=\frac{1}{\lambda}y_2$，由 $M(x,y)\in C$，有 $F(x_1,y_1)=0$，故 $F(x_2,\frac{1}{\lambda}y_2)=0$，因此点 $M'(x_2,y_2)$ 的轨迹 C' 的方程为：$F(x,\frac{1}{\lambda}y)=0$. 例如，将圆 $x^2+y^2=1$ 沿 y 轴方向伸缩 $\frac{b}{a}$ 倍，

则圆的方程变为椭圆$\frac{x^2}{a^2}+\frac{y^2}{b^2}=1$(图 4.30);将圆锥面$\frac{x^2+y^2}{a^2}=z^2$ 沿 y 轴方向伸缩$\frac{b}{a}$倍,则圆锥面变为椭圆锥面:$\frac{x^2}{a^2}+\frac{y^2}{b^2}=z^2$.

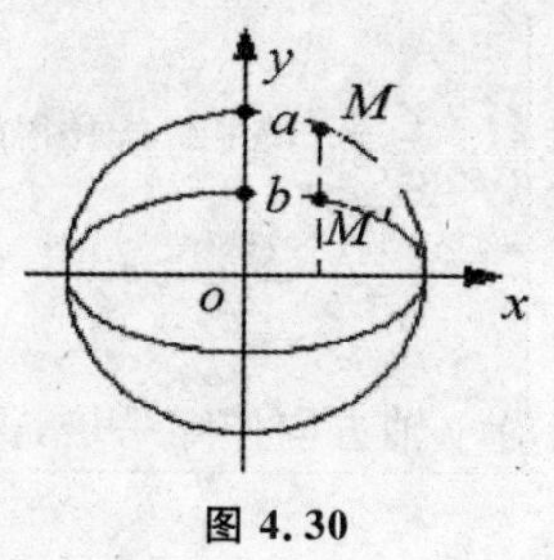

图 4.30

(2)椭球面:$\frac{x^2}{a^2}+\frac{y^2}{b^2}+\frac{z^2}{c^2}=1$. 如图 4.31 所示.

将 xOz 平面上的椭圆$\frac{x^2}{a^2}+\frac{z^2}{c^2}=1$ 绕 z 轴旋转得旋转椭球面:

$$\frac{x^2+y^2}{a^2}+\frac{z^2}{c^2}=1.$$

再将旋转椭球面沿 y 轴方向伸缩$\frac{b}{a}$倍,得椭球面:

$$\frac{x^2}{a^2}+\frac{y^2}{b^2}+\frac{z^2}{c^2}=1.$$

当 $a=b=c$ 时,椭球面为球面:$x^2+y^2+z^2=a^2$.

如图 4.31 所示,椭球面与三个坐标面的交线分别为

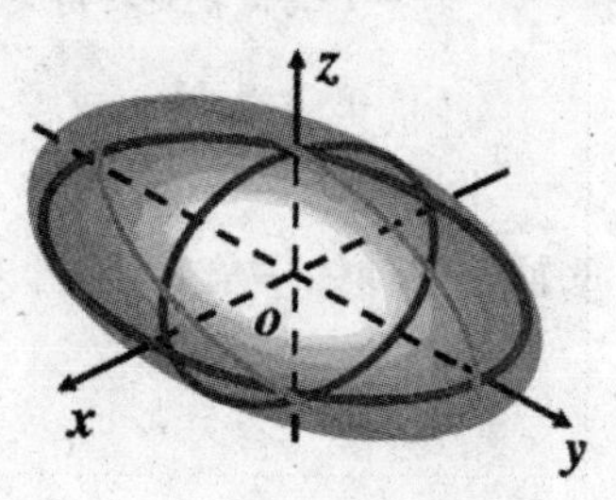

图 4.31

$$xOy \text{ 面}:\begin{cases}\frac{x^2}{a^2}+\frac{y^2}{b^2}=1,\\ z=0.\end{cases}$$

$$xOz \text{ 面}:\begin{cases}\frac{x^2}{a^2}+\frac{z^2}{c^2}=1,\\ y=0.\end{cases}$$

$$yOz\text{ 面}:\begin{cases}\dfrac{y^2}{b^2}+\dfrac{z^2}{c^2}=1,\\ x=0.\end{cases}$$

(3)单叶双曲面：$\dfrac{x^2}{a^2}+\dfrac{y^2}{b^2}-\dfrac{z^2}{c^2}=1.$

将 xOz 平面上的双曲线$\dfrac{x^2}{a^2}-\dfrac{z^2}{c^2}=1$绕 z 轴旋转得旋转单叶双曲面(图 4.32)：

$$\frac{x^2+y^2}{a^2}-\frac{z^2}{c^2}=1.$$

再将旋转单叶双曲面沿 y 轴方向伸缩$\dfrac{b}{a}$倍，得单叶双曲面：

$$\frac{x^2}{a^2}+\frac{y^2}{b^2}-\frac{z^2}{c^2}=1.$$

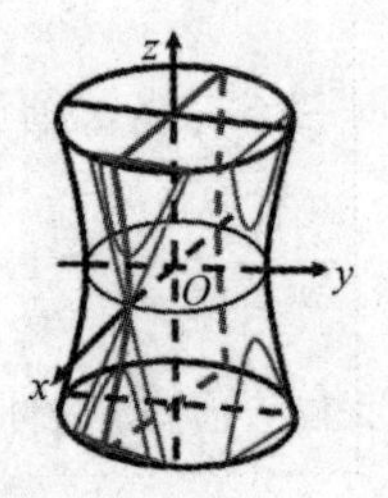

图 4.32

(4)双叶双曲面：$\dfrac{x^2}{a^2}-\dfrac{y^2}{b^2}-\dfrac{z^2}{c^2}=1.$

将 xOz 平面上的双曲线$\dfrac{x^2}{a^2}-\dfrac{z^2}{c^2}=1$绕 x 轴旋转得旋转双叶双曲面(图 4.33)：

$$\frac{x^2}{a^2}-\frac{y^2+z^2}{c^2}=1.$$

再将旋转双叶双曲面沿 y 轴方向伸缩$\dfrac{b}{c}$倍，得双叶双曲面：

$$\frac{x^2}{a^2}-\frac{y^2}{b^2}-\frac{z^2}{c^2}=1.$$

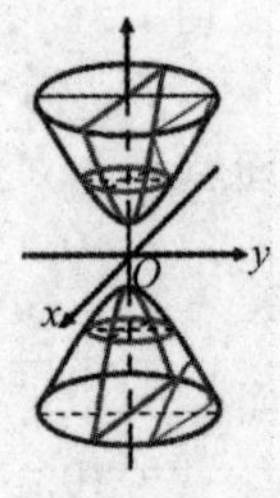

图 4.33

(5)椭圆抛物面：$\frac{x^2}{a^2}+\frac{y^2}{b^2}=z$.

将 xOz 平面上的抛物线$\frac{x^2}{a^2}=z$绕 z 轴旋转得旋转抛物面(图 4.34)：

$$\frac{x^2+y^2}{a^2}=1,$$

再将旋转抛物面沿 y 轴方向伸缩$\frac{b}{a}$倍，得椭圆抛物面：

$$\frac{x^2}{a^2}+\frac{y^2}{b^2}=z.$$

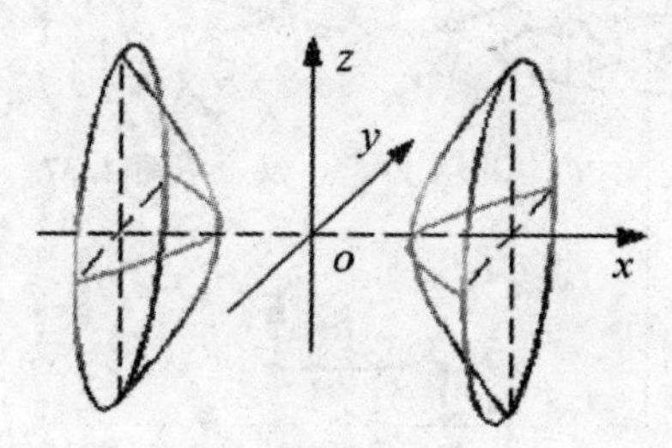

图 4.34

(6)双曲抛物面(马鞍面)：$\frac{x^2}{a^2}-\frac{y^2}{b^2}=z$.

用截痕法分析：用平面 $x=t$ 截此曲面，截痕 L 为平面 $x=t$ 上的抛物线

$$-\frac{y^2}{b^2}=z-\frac{t^2}{a^2}.$$

此抛物线开口朝下，顶点坐标为

$$x=t,y=0,z=\frac{t^2}{a^2}.$$

当 t 变化时，l 的形状不变，位置只作平移，而 l 的顶点的轨迹为平面 $y=0$上的抛物线 L：$z=\frac{t^2}{a^2}$.

因此，双曲抛物面为以 l 为母线，以 L 为准线，母线的顶点在准线 L 上作平行移动得到的曲面，如图 4.35 所示.

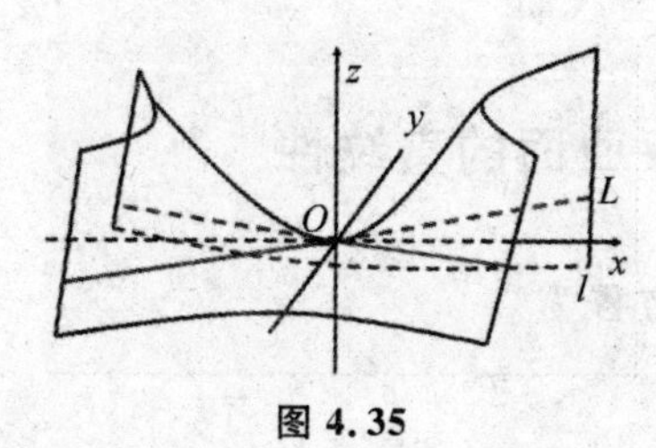

图 4.35

还有 3 种以二次曲面为准线.

(7)椭圆柱面：$\frac{x^2}{a^2}+\frac{y^2}{b^2}=1$，以椭圆为准线，如图 4.36 所示.

(8)双曲柱面：$\frac{x^2}{a^2}-\frac{y^2}{b^2}=1$，以双曲线为准线，如图 4.37 所示.

(9)抛物柱面：$x^2=ay$，以抛物线为准线，如图 4.38 所示.

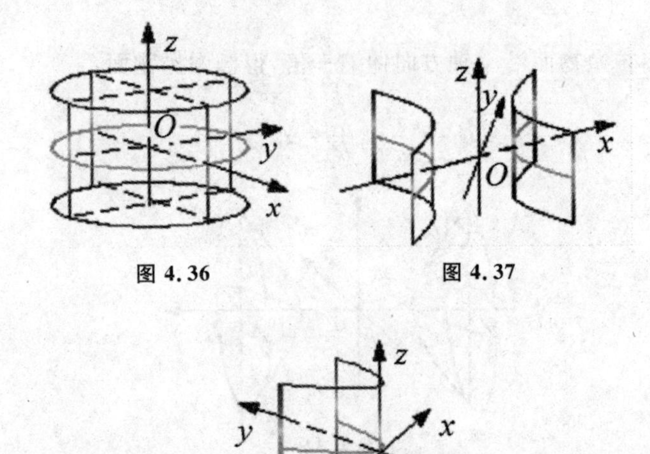

图 4.36　　　　图 4.37

图 4.38

4.7　二次直纹曲面

定义 4.13　对于曲面 S，如果存在一族直线使得这一族中的每一条直线全在曲面 S 上，并且曲面 S 上的每一点都在这一族直线的某一条直线上，则称曲面 S 为直纹面，这族直线称为曲面 S 的一族直母线.

直纹面是由按照一定规律运动的直线所产生的曲面. 由于椭圆面是有界的，而直线可以向两端无限延伸，所以椭球面不是直纹面. 此外，双叶双曲面、椭圆抛物面都不是直纹面.

4.7.1　单叶双曲面的直纹性

设单叶双曲面的方程为

$$\frac{x^2}{a^2}+\frac{y^2}{b^2}-\frac{z^2}{c^2}=1. \tag{4.24}$$

将方程改写为

$$\frac{x^2}{a^2}-\frac{z^2}{c^2}=1-\frac{y^2}{b^2},$$

因式分解得

$$\left(\frac{x}{a}-\frac{z}{c}\right)\cdot\left(\frac{x}{a}+\frac{z}{c}\right)=\left(1+\frac{y}{b}\right)\cdot\left(1-\frac{y}{b}\right),$$

于是有

$$\frac{\frac{x}{a}+\frac{z}{c}}{1+\frac{y}{b}}=\frac{1-\frac{y}{b}}{\frac{x}{a}-\frac{z}{c}} \tag{4.25}$$

和

$$\frac{\frac{x}{a}+\frac{z}{c}}{1-\frac{y}{b}}=\frac{1+\frac{y}{b}}{\frac{x}{a}-\frac{z}{c}}. \tag{4.26}$$

式(4.25)等价于方程组

$$\begin{cases}\mu\left(\frac{x}{a}+\frac{z}{c}\right)+\nu\left(1+\frac{y}{b}\right)=0,\\ \mu\left(1-\frac{y}{b}\right)+\nu\left(\frac{x}{a}-\frac{z}{c}\right)=0.\end{cases} \tag{4.27}$$

如果将 μ,ν 看作常数,则式(4.27)表示一族直线.

如果式(4.27)成立,则由式(4.25)得到曲面方程(4.24).即一族直线(4.27)落在单叶双曲面(4.24)上.

反之,假设 $M_0(x_0,y_0.z_0)$ 是单叶双曲面上的任意一点,必有

$$\left(\frac{x_0}{a}-\frac{z_0}{c}\right)\cdot\left(\frac{x_0}{a}+\frac{z_0}{c}\right)=\left(1+\frac{y_0}{b}\right)\cdot\left(1-\frac{y_0}{b}\right), \tag{4.28}$$

将 M_0 的坐标代入式(4.27),得

$$\begin{cases}\mu\left(\frac{x_0}{a}+\frac{z_0}{c}\right)+\nu\left(1+\frac{y_0}{b}\right)=0,\\ \mu\left(1-\frac{y_0}{b}\right)+\nu\left(\frac{x_0}{a}-\frac{z_0}{c}\right)=0.\end{cases}$$

由式(4.28)可知,方程的系数行列式为0,因此有唯一的解 μ,ν,M_0 在直线族(4.27)的某一条直线上,因此直线族(4.27)为一族直母线.

类似的,由式(4.26)可以得到另一族直线

$$\begin{cases}\mu'\left(\frac{x}{a}+\frac{z}{c}\right)+\nu'\left(1-\frac{y}{b}\right)=0,\\ \mu'\left(1-\frac{y}{b}\right)+\nu'\left(\frac{x}{a}+\frac{z}{c}\right)=0.\end{cases} \tag{4.29}$$

其中,μ',ν'为参数.从而式(4.29)为另一族直母线.

综上，单叶双曲面是直纹面，它有两族直母线，每一族都产生整个曲面，而且经过曲面上的每一点，有每族的唯一一条直母线，如图 4.39 所示.

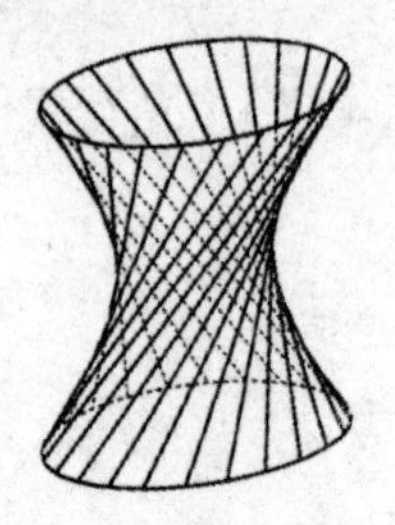
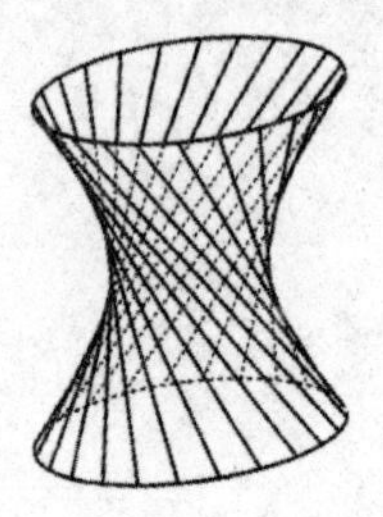

图 4.39

单叶双曲面的直母线有以下性质：

①异族的两直母线必共面.

②同族的两直母线必异面.

③同族的任意三条直母线，不平行于同一个平面.

④每一条直母线都与腰椭圆相交.

例 4.16 求单叶双曲面

$$\frac{x^2}{4}+y^2-\frac{z^2}{9}=1,$$

上过点(2,−1,3)的直母线方程.

解：设所求两条直母线的方程为

$$\begin{cases}\mu\left(\dfrac{x}{2}+\dfrac{z}{3}\right)+\nu(1+y)=0,\\ \mu(1-y)+\nu\left(\dfrac{x}{2}-\dfrac{z}{3}\right)=0,\end{cases}$$

与

$$\begin{cases}\mu'\left(\dfrac{x}{2}+\dfrac{z}{3}\right)+\nu'(1-y)=0,\\ \mu'(1+y)+\nu'\left(\dfrac{x}{2}-\dfrac{z}{3}\right)=0.\end{cases}$$

将点(2,−1,3)分别代入方程，由第一个方程求得 $\mu:\nu=0:-1$；由第二个方程求得 $\mu':\nu'=1:-1$. 从而可得所求的直母线方程为

$$\begin{cases}1+y=0,\\ 3x-2z=0,\end{cases}$$

与

$$\begin{cases}3x+6y+2z-6=0,\\ 3x-6y-2z-6=0.\end{cases}$$

4.7.2　双曲抛物面的直纹性

给定一个双曲抛物面

$$\frac{x^2}{a^2}-\frac{y^2}{b^2}=2z, a>0, b>0,$$

仿照对单叶双曲面的讨论,双曲抛物面也是直纹面,如图 4.40 所示.其有两族直母线,方程分别为

$$\begin{cases}\left(\dfrac{x}{a}+\dfrac{y}{b}\right)+2\lambda=0,\\ z+\lambda\left(\dfrac{x}{a}-\dfrac{y}{b}\right)=0,\end{cases}$$

和

$$\begin{cases}\lambda'\left(\dfrac{x}{a}+\dfrac{y}{b}\right)+z=0,\\ 2\lambda'+\left(\dfrac{x}{a}-\dfrac{y}{b}\right)=0.\end{cases}$$

对于双曲抛物面上任意一点,两族直母线中各有且仅有一条直母线通过该点.

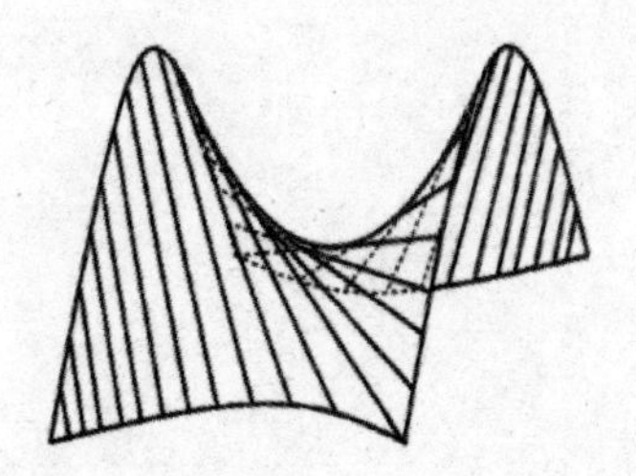

图 4.40

双曲抛物面的直母线有下列性质:

①异族的两条直母线必相交.

②同族的两条直母线必异面.

③同族的所有直母线都垂直于同一条直线.

单叶双曲面和双曲抛物面的直纹性,在工程中具有十分广泛的应用.例如,为了建造一座单叶双曲面形状的建筑物,可以用直钢筋按照单叶双曲面的两族直母线的分布方式制作它的骨架,这种结构既坚固耐用,又便于施工.

例 4.17　求双曲抛物面 $\frac{x^2}{a^2}-\frac{y^2}{b^2}=2z$ 上互相垂直的直母线的交点

轨迹.

解:设 $M_0(x_0,y_0.z_0)$为双曲抛物面上的点,先求过 M_0 的两条直母线的方向.

将 M_0 的坐标代入直母线方程

$$\begin{cases}\left(\frac{x}{a}+\frac{y}{b}\right)+2\lambda=0,\\ z+\lambda\left(\frac{x}{a}-\frac{y}{b}\right)=0,\end{cases}$$

解得

$$\lambda=-\frac{\left(\frac{x_0}{a}+\frac{y_0}{b}\right)}{2}.$$

因此,过 M_0 的一条直母线的方向为$\left(a,-b,\left(\frac{x_0}{a}+\frac{y_0}{b}\right)\right)$;同样地,过 M_0 的另一条直母线的方向为$\left(a,b,\left(\frac{x_0}{a}-\frac{y_0}{b}\right)\right)$.

两条直母线互相垂直的充要条件是 $a^2-b^2+\frac{x_0^2}{a^2}-\frac{y_0^2}{b^2}=0$. 故 $M_0(x_0,y_0.z_0)$是双曲抛物面上互相垂直的直母线交点的充要条件为

$$\begin{cases}\frac{x_0^2}{a^2}-\frac{y_0^2}{b^2}=2z_0,\\ a^2-b^2+\frac{x_0^2}{a^2}-\frac{y_0^2}{b^2}=0,\end{cases}$$

即

$$\begin{cases}\frac{x^2}{a^2}-\frac{y^2}{b^2}=b^2-a^2,\\ z=\frac{b^2-a^2}{2}.\end{cases}$$

当 $a\neq b$ 时,轨迹是平面 $z=\frac{b^2-a^2}{2}$上的双曲线;

当 $a=b$ 时,轨迹是两条相交直线$\begin{cases}x+y=0,\\ z=0,\end{cases}$和$\begin{cases}x-y=0,\\ z=0.\end{cases}$

4.8 一般二次曲面方程的讨论

4.8.1 二次曲面的标准方程

本节讨论二次曲面的标准方程. 首先引入下面的引理.

引理 4.1　二次曲面 $\sum :F(x,y,z)=0$ 经直角坐标变换后,其系数行列式 $|A|$ 不变.

证明略.

引理 4.2　对于任意二次曲面 $\Sigma:F(x,y,z)=0$,都可以选择 3 个互相垂直的主方向,作为新坐标轴的方向,使在新坐标系下,曲面方程化为

$$\lambda_1 x'^2+\lambda_2 y'^2+\lambda_3 z'^2+2a'_{14}x'+2a_{24}y'+2a_{34}z'+a_{44}=0 \tag{4.30}$$

其中 $\lambda_1,\lambda_2,\lambda_3$ 为特征根.

此引理成立.

4.8.1.1　中心二次曲面

对于中心二次曲面,方程组

$$\begin{cases}F_1(x,y,z)=0,\\F_2(x,y,z)=0,\\F_3(x,y,z)=0,\end{cases}$$

有唯一解,所以系数行列式

$$|A_{44}|=\lambda_1\lambda_2\lambda_3\neq 0,$$

则由引理 4.2,可先将 $F(x,y,z)=0$ 变化成

$$\lambda_1 x'^2+\lambda_2 y'^2+\lambda_3 z'^2+2a'_{14}x'+2a'_{24}y'+2a'_{34}z'+a'_{44}=0$$

的形式,然后再将坐标原点移至曲面中心,则上式变为

$$\lambda_1 x^{*2}+\lambda_2 y^{*2}+\lambda_3 z^{*2}+a_{44}^*=0, \tag{4.31}$$

再利用引理 4.30,式(4.31)的系数行列式与 $F(x,y,z)=0$ 的系数行列式相等,即

$$|A|=\begin{vmatrix}\lambda_1 & 0 & 0 & 0\\0 & \lambda_2 & 0 & 0\\0 & 0 & \lambda_3 & 0\\0 & 0 & 0 & a_{44}^*\end{vmatrix}=\lambda_1\lambda_2\lambda_3 a_{44}^*$$

因此式(4.31)可以写成

$$\lambda_1 x^{*2}+\lambda_2 y^{*2}+\lambda_3 z^{*2}+\frac{|\mathbf{A}|}{|\mathbf{A}_{44}|}=0 \tag{4.32}$$

根据式(4.32)的系数符号,可以得二次曲面如下几种形式的标准方程(用 x,y,z 代替 x^*,y^*,z^*).

第一种情况:$|\mathbf{A}|\neq 0$ 时.

(1)$\lambda_1,\lambda_2,\lambda_3$ 与 $\frac{|\mathbf{A}|}{|\mathbf{A}_{44}|}$ 异号,方程可化为 $\frac{x^2}{a^2}+\frac{y^2}{b^2}+\frac{z^2}{c^2}=1$,是椭球面;

(2) $\lambda_1,\lambda_2,\lambda_3$ 与 $\frac{|\mathbf{A}|}{|\mathbf{A}_{44}|}$ 同号，方程可化为 $\frac{x^2}{a^2}+\frac{y^2}{b^2}+\frac{z^2}{c^2}=-1$，是虚椭球面.

(3) λ_1,λ_2，同号，但与 λ_3，$\frac{|\mathbf{A}|}{|\mathbf{A}_{44}|}$ 异号，方程可化为 $\frac{x^2}{a^2}+\frac{y^2}{b^2}-\frac{z^2}{c^2}=1$，是单叶双曲面.

(4) λ_1,λ_2，$\frac{|\mathbf{A}|}{|\mathbf{A}_{44}|}$ 与 λ_3，异号，方程可化为 $\frac{x^2}{a^2}+\frac{y^2}{b^2}-\frac{z^2}{c^2}=-1$，是双叶双曲面.

第二种情况：$|A|=0$ 时.

(5) $\lambda_1,\lambda_2,\lambda_3$ 同号，方程可化为 $\frac{x^2}{a^2}+\frac{y^2}{b^2}+\frac{z^2}{c^2}=0$，是一个点(0,0,0).

(6) λ_1,λ_2 同号，但与 λ_3 异号，方程可化为 $\frac{x^2}{a^2}+\frac{y^2}{b^2}-\frac{z^2}{c^2}=0$.

4.8.1.2 无心二次曲面

对于无心二次曲面，则 $|\mathbf{A}_{44}|=0$.

第一种情况：

特征根中有一个是 0，即有一个奇向. 令

$$\lambda_1\lambda_2\neq 0,\lambda_3=0$$

这时式(4.30)可写成

$$\lambda_1 x'^2+\lambda_2 y'^2+\lambda_3 z'^2+2a'_{14}x'+2a'_{24}y'+2a'_{34}z'+a'_{44}=0 \quad (4.33)$$

由于 $\mathbf{A}$ 中有一个二阶子式为 $\lambda_1\lambda_2\neq 0$，但 $|\mathbf{A}_{44}|=0$，所以方程组

$$\begin{cases}F_1(x,y,z)=0,\\F_2(x,y,z)=0,\\F_3(x,y,z)=0\end{cases}$$

的系数矩阵 $\mathbf{A}_{44}$ 的秩为 2，而其增广矩阵的秩大于等于 2，小于等于 3，且不能等于 2(否则有心)，所以增广矩阵的秩为 3. 因此必有 $a'_{34}\neq 0$.

用配方法，可将式(4.33)写成

$$\lambda_1\left(x'+\frac{a'_{14}}{\lambda_1}\right)^2+\lambda_2\left(y'+\frac{a'_{24}}{\lambda_2}\right)^2+$$

$$2a'_{34}\left(z'+\frac{a'_{44}\lambda_1\lambda_2-(a'_{14})^2\lambda_2-(a'_{24})^2\lambda_1}{2a'_{34}\lambda_1\lambda_2}\right),$$

令

$$\begin{cases} x''=x'+\dfrac{a'_{14}}{\lambda_1}, \\ y''=y'+\dfrac{a'_{24}}{\lambda_2}, \\ z''=z'+\dfrac{a'_{44}\lambda_1\lambda_2-(a'_{14})^2\lambda_2-(a'_{24})^2\lambda_1}{2a'_{34}\lambda_1\lambda_2}, \end{cases}$$

则方程(4.33)变为

$$\lambda_1(x'')^2+\lambda_2(y'')^2+2a'_{34}z''=0. \tag{4.34}$$

其行列式为

$$|\boldsymbol{A}|=\begin{vmatrix} \lambda_1 & 0 & 0 & 0 \\ 0 & \lambda_2 & 0 & 0 \\ 0 & 0 & 0 & a'_{34} \\ 0 & 0 & a'_{34} & 0 \end{vmatrix}=-\lambda_1\lambda_2(a'_{34})^2. \tag{4.35}$$

又由

$$S_1=\begin{vmatrix} \lambda_2 & 0 \\ 0 & 0 \end{vmatrix}+\begin{vmatrix} \lambda_1 & 0 \\ 0 & 0 \end{vmatrix}+\begin{vmatrix} \lambda_1 & 0 \\ 0 & \lambda_2 \end{vmatrix}=\lambda_1\lambda_2$$

代入式(4.35)得

$$a'_{34}=\pm\sqrt{\frac{-|\boldsymbol{A}|}{S_1}}, \tag{4.36}$$

所以式(4.35)可写成

$$\lambda_1(x'')^2+\lambda_2(y'')^2\pm 2\sqrt{\frac{-|\boldsymbol{A}|}{S_1}}z''=0.$$

根据式(4.36)的系数符号,可得二次曲面如下几种形式的标准方程(用 x,y,z 代替 x'',y'',z'').

(7) $|\boldsymbol{A}|<0,\lambda_1,\lambda_2$ 异号,方程可化为 $\dfrac{x^2}{p}+\dfrac{y^2}{q}=\pm 2z(p,q>0)$,是椭圆抛物面.

(8) $|\boldsymbol{A}|>0,\lambda_1,\lambda_2$ 异号,方程可化为 $\dfrac{x^2}{p}-\dfrac{y^2}{q}=\pm 2z(p,q>0)$,是双曲抛物面.

第二种情况:

特征根中有两个为 0. 令

$$\lambda_1\neq 0,\lambda_2=\lambda_3=0,$$

这时式(4.30)变为

$$\lambda_1 x'^2+2a'_{14}x'+2a'_{24}y'+2a'_{34}z'+a'_{44}=0. \tag{4.37}$$

方程组

$$\begin{cases}F_1(x,y,z)=0,\\F_2(x,y,z)=0,\\F_3(x,y,z)=0\end{cases}$$

的系数矩阵 $\boldsymbol{A}_{44}$ 的秩为 1,而其增广矩阵的秩一定为 2,于是 a'_{24},a'_{34} 不全为 0,不妨设 $a'_{24}\neq0$,将坐标系绕 x 轴旋转 θ 角,坐标变换公式为

$$\begin{cases}x'=x'',\\y'=y''\cos\theta-z''\sin\theta,\\z'=y''\sin\theta-z''\cos\theta,\end{cases}$$

使角 θ 满足

$$-a'_{24}\sin\theta+a'_{34}\cos\theta=0,$$

这样方程化为

$$\lambda_1(x'')^2+2a''_{14}x''+2a''_{24}y''+a''_{44}=0.$$

其中,$a''_{24}\neq0\neq0$.

再进行适当的平移变换后,方程(4.37)可化为下面的标准形式.

(9)$x^2=2py$,是抛物柱面.

4.8.1.3 线心二次曲面

线心曲面有一条直线的中心,因而曲面是线心曲面的充要条件是方程组的系数矩阵 $\boldsymbol{A}_{44}$ 的秩和增广矩阵的秩为 2. 因此,特征根中有一个为 0,不妨设 $\lambda_3=0$,则式(4.30)可写成

$$\lambda_1x'^2+\lambda_2y'^2+2a'_{14}x'+2a'_{24}y'+2a'_{34}z'+a_{44}=0$$

又因矩阵

$$\begin{bmatrix}\lambda_1&0&0&a'_{14}\\0&\lambda_2&0&a'_{24}\\0&0&0&a'_{34}\end{bmatrix}$$

的秩为 2,因此 $a'_{34}=0$,再经过平移变换后,方程可化为

$$\lambda_1(x^*)^2+\lambda_2(y^*)^2+a^*_{44}=0\tag{4.38}$$

根据系数的符号,二次曲面的方程(4.38)可化为下面的各种形式.

第一种情况:$a^*_{44}\neq0$.

(10)λ_1,λ_2 与 a^*_{44} 异号,方程可化 $\frac{x^2}{a^2}+\frac{y^2}{b^2}=1$,是椭圆柱面.

(11)λ_1,λ_2,a^*_{44} 同号,方程可化为 $\frac{x^2}{a^2}+\frac{y^2}{b^2}=-1$,是虚椭圆柱面.

(12)λ_1 与 λ_2 异号,方程可化为 $\frac{x^2}{a^2}-\frac{y^2}{b^2}=1$,是双曲柱面.

第二种情况：$a_{44}^{*}=0$.

(13) λ_1,λ_2 同号，方程可化为$\frac{x^2}{a^2}+\frac{y^2}{b^2}=0$，是$z$轴.

(14)λ_1 与 λ_2 异号，方程可化为$\frac{x^2}{a^2}-\frac{y^2}{b^2}=0$，是一对相交于$z$轴的平面.

4.1.8.4　面心二次曲面

因为面心二次曲面，有一个平面的中心，所以二次曲面为面心曲面的充要条件是方程组

$$\begin{cases} F_1(x,y,z)=0, \\ F_2(x,y,z)=0, \\ F_3(x,y,z)=0 \end{cases}$$

的系数矩阵$\boldsymbol{A}_{44}$和增广矩阵的秩为1，于是特征根中有两个为0，不妨设$\lambda_1\neq 0,\lambda_2=\lambda_3=0$.这样式(4.30)可变为

$$\lambda_1 x'^2+2a'_{14}x'+2a'_{24}y'+2a_{34}z'+a'_{44}=0, \tag{4.39}$$

而

$$\begin{pmatrix} \lambda_1 & 0 & 0 & a'_{14} \\ 0 & 0 & 0 & a'_{24} \\ 0 & 0 & 0 & a'_{34} \end{pmatrix}$$

的秩为1，则$a'_{24}=a'_{34}=0=n$缸$=0$，再经平移，方程(4.39)可化为

$$\lambda_1 x^{*2}+a_{44}^{*}=0. \tag{4.40}$$

根据系数的符号，方程(4.40)可化为下面的各种形式.

当$a_{44}^{*}\neq 0$：

(15)λ_1 与 a_{44}^{*}异号，方程可化为$x^2=a^2$，是一对平行平面.

(16)λ_1 与 a_{44}^{*}同号，方程可化为$x^2=-a^2$，是一对共轭虚平面.

当$a_{44}^{*}=0$：

(17)方程可化为$x^2=0$，是一对重合平面.

综上所述，任给一个二次曲面，总能适当选择坐标系，使它们的方程在新坐标系里是(1)～(17)中的标准形式之一.

4.8.2　二次曲面的方程化简

二次曲面的方程化简与二次曲线一样，它的关键是适当选取坐标系，如果所取的坐标系中有一坐标面是曲面的对称面，那么新方程里只含有这个对应坐标的平方项.曲面的方程就比较简单了，二次曲面的主径面就是它的

对称面，因而选取主径面作为新坐标面，或者选取主方向为坐标轴的方向，就成为化简二次曲面方程的主要方法.

选主方向化简二次曲面方程的步骤如下：

(1)写出二次曲面的特征方程

$$-\lambda^3+I_1\lambda^2-I_2\lambda+I_3=0,$$

求出特征根 λ.

(2)求出特征根 λ 对应的主方向 $\{X,Y,Z\}$，它由下面的方程组确定

$$\begin{cases}(a_{11}-\lambda)X+a_{12}Y+a_{13}Z=0,\\ a_{12}X+(a_{22}-\lambda)Y+a_{23}Z=0,\\ a_{13}X+a_{32}Y+(a_{33}-\lambda)Z=0.\end{cases}$$

对于单特征根有唯一的主方向，对应于二重特征根 λ 有无穷多主方向.只需求出相应的两个互相垂直的主方向分别记为 $\boldsymbol{i}',\boldsymbol{j}'$，令 $\boldsymbol{k}'=\boldsymbol{i}',\boldsymbol{j}'$.

(3)以 $\boldsymbol{i}',\boldsymbol{j}',\boldsymbol{k}'$ 为新坐标系 $O'-x'y'z'$ 的坐标向量作旋转坐标变换，就得到新坐标系下不含交叉项的方程.

(4)在新坐标系下的方程中只含有平方项、一次项、常数项，再适当配方，作平移变换，可将方程化为标准方程的形式.

例 18 选主方向化简二次曲面方程

$$x^2+4y^2+4z^2-4xy+4xz-8yz+6x+6z-5=0.$$

解：此曲面方程的系数矩阵为

$$A=\begin{pmatrix}1&-2&2&3\\-2&4&-4&0\\2&-4&4&3\\3&0&3&-5\end{pmatrix},$$

因为

$$I_1=1+4+4=9,$$

$$I_2=\begin{vmatrix}1&-2\\-2&4\end{vmatrix}+\begin{vmatrix}1&2\\2&4\end{vmatrix}+\begin{vmatrix}4&-4\\-4&4\end{vmatrix}=0,$$

$$I_3=\begin{vmatrix}1&-2&2\\-2&4&-4\\2&-4&4\end{vmatrix}=0.$$

所以特征方程为

$$\lambda^3-9\lambda^2=0,$$

解得特征根

$$\lambda_1=9,\lambda_2=\lambda_3=0.$$

$\lambda_1=9$ 所对应的主方向方程组为

$$\begin{cases}-8X-2Y+2Z=0,\\-2X-5Y-4Z=0,\\2X-4Y-5Z=0.\end{cases}$$

解得

$$X:Y:Z=1:(-2):2.$$

$\lambda_2=\lambda_3=0$ 所对应的主方向(奇向)由方程

$$X-2Y+2Z=0$$

确定.在这无穷多个主方向中任取一个方向 $\{2,2,1\}\perp\{1,-2,2\}$,取

$$\boldsymbol{e}'_1=\left\{\frac{1}{3},-\frac{2}{3},\frac{2}{3}\right\},$$

$$\boldsymbol{e}'_2=\left\{\frac{2}{3},\frac{2}{3},\frac{1}{3}\right\},$$

$$\boldsymbol{e}'_3=\boldsymbol{e}'_1\times\boldsymbol{e}'_2=\left\{-\frac{2}{3},\frac{1}{3},\frac{2}{3}\right\}$$

为新坐标系的坐标向量,作旋转变换

$$\begin{cases}x=\frac{1}{3}x'+\frac{2}{3}y'-\frac{2}{3}z',\\y=-\frac{2}{3}x'+\frac{2}{3}y'+\frac{1}{3}z',\\z=\frac{2}{3}x'+\frac{1}{3}y'+\frac{2}{3}z',\end{cases}$$

代入二次曲面原方程,并化简得

$$9x'^2+6x'+6y'-5=0.$$

再配方得

$$9\left(x'+\frac{1}{3}\right)^2=-6(y'-1).$$

作平移

$$\begin{cases}x'=x''-\frac{1}{3},\\y'=y''+1,\\z'=z'',\end{cases}$$

得

$$9x''^2=-6y'',$$

它仍是一个抛物柱面.

例 19　化简二次曲面方程

$$x^2+y^2+5z^2-6xy-2xz+2yz-6x+6y-6z+10=0.$$

解:二次曲面的矩阵为

$$A=\begin{pmatrix}1&-3&-1&-3\\-3&1&1&3\\-1&1&2&-3\\-3&3&-3&10\end{pmatrix},$$

因为

$$I_1=7, I_2=0, I_3=-36.$$

所以曲面的特征方程为

$$-\lambda^3+7\lambda^2-36=0,$$

即

$$(\lambda-6)(\lambda-3)(\lambda+2)=0,$$

解得特征根

$$\lambda_1=6, \lambda_2=3, \lambda_3=-2.$$

(1)与特征根 $\lambda_1=6$ 对应的主方向 $X:Y:Z$ 由方程组

$$\begin{cases}-5X-3Y-Z=0,\\-3X-5Y+Z=0,\\-X+Y-Z=0\end{cases}$$

决定，所以对应于特征根 $\lambda_1=6$ 的主方向为

$$X:Y:Z=\begin{vmatrix}-3&-1\\-5&1\end{vmatrix}:\begin{vmatrix}-1&-5\\1&-3\end{vmatrix}:\begin{vmatrix}-5&-3\\-3&-5\end{vmatrix}$$
$$=-8:8:16=-1:1:2.$$

与它共轭的主径面为

$$-X+Y+2Z=0.$$

(2)与特征根 $\lambda_2=3$ 对应的主方向 $X:Y:Z$ 由方程组

$$\begin{cases}-2X-3Y-Z=0,\\-3X-2Y+Z=0,\\-X+Y+2Z=0\end{cases}$$

决定，所以对应于特征根 $\lambda_2=3$ 的主方向为

$$X:Y:Z=\begin{vmatrix}-3&-1\\-2&1\end{vmatrix}:\begin{vmatrix}-1&-2\\1&-3\end{vmatrix}:\begin{vmatrix}-2&-3\\-3&-2\end{vmatrix}$$
$$=-5:5:(-5)=1:(-1):1.$$

与它共轭的主径面为

$$X-Y+Z-3=0.$$

(3)与特征根 $\lambda_3=-2$ 对应的主方向 $X:Y:Z$ 由方程组

$$\begin{cases}3X-3Y-Z=0,\\-3X+Y+Z=0,\\-X+Y+7Z=0\end{cases}$$

决定，所以主方向为

$$X:Y:Z=\begin{vmatrix}3 & 1\\ 1 & 7\end{vmatrix}:\begin{vmatrix}1 & -3\\ 7 & -1\end{vmatrix}:\begin{vmatrix}-3 & 3\\ -1 & 1\end{vmatrix}=20:20:0=1:1:0.$$

与它共轭的主径面为

$$X+Y=0.$$

取这三主径面为新坐标平面作坐标变换，得变换公式为

$$\begin{cases}x'=\dfrac{(-x+y+2z)}{\sqrt{6}},\\ y'=\dfrac{(x-y+z-3)}{\sqrt{3}},\\ z'=\dfrac{x+y}{\sqrt{2}}.\end{cases}$$

解出 x,y 与 z 得

$$\begin{cases}x=-\dfrac{\sqrt{6}}{6}x'+\dfrac{\sqrt{3}}{3}y'+\dfrac{\sqrt{2}}{2}z'+1,\\ y=\dfrac{\sqrt{6}}{6}x'-\dfrac{\sqrt{3}}{3}y'+\dfrac{\sqrt{2}}{2}z'-1,\\ z=\dfrac{\sqrt{6}}{3}x'+\dfrac{\sqrt{3}}{3}y'+1,\end{cases}$$

代入原方程得曲面的简化方程为

$$6x'^2+3y'^2-2z'^2+1=0,$$

曲面的标准方程为

$$\frac{x'^2}{\frac{1}{6}}+\frac{y'^2}{\frac{1}{3}}-\frac{z'^2}{\frac{1}{2}}=-1.$$

这是一个双叶双曲面.

由 4.9 节中的定理 4.3 可知，二次曲面 Σ 通过坐标变换总可以化成 5 个简化方程中的一个. 由于二次曲面的类型完全由定理 4.3 的 5 种类型决定，根据不变量的性质，我们可以应用二次曲面的不变量来化简二次曲面.

定理 4.2　如果给出了二次曲面 Σ，那么它为定理 4.3 的 5 种类型之一的充要条件是：

（Ⅰ）$I_3\neq 0$.

（Ⅱ）$I_3=0,I_4\neq 0$.

（Ⅲ）$I_3=0,I_4=0,I_2\neq 0$.

（Ⅳ）$I_3=0,I_4=0,I_2=0,K_2\neq 0$.

（Ⅴ）$I_3=0,I_4=0,I_2=0,K_2=0$.

(1)$I_3\neq 0$,这时二次曲面Σ是第Ⅰ类曲面,它的简化方程为

$$a'_{11}x'^2+a'_{22}y'^2+a'_{33}z'^2+a'_{44}=0,a'_{11}a'_{22}a'_{33}\neq 0,$$

所以

$$I_1=I'_1=a'_{11}+a'_{22}+a'_{33},$$

$$I_2=I'_2=\begin{vmatrix}a'_{11}&0\\0&a'_{22}\end{vmatrix}+\begin{vmatrix}a'_{11}&0\\0&a'_{33}\end{vmatrix}+\begin{vmatrix}a'_{22}&0\\0&a'_{33}\end{vmatrix}$$

$$=a'_{11}a'_{22}+a'_{11}a'_{33}+a'_{22}a'_{33},$$

$$I_3=I'_3=\begin{vmatrix}a'_{11}&0&0\\0&a'_{22}&0\\0&0&a'_{33}\end{vmatrix}=a'_{11}a'_{22}a'_{33}.$$

因为二次曲面Σ的特征方程是

$$-\lambda^3+I_1\lambda^2-I_2\lambda+I_3=0,$$

所以根据根与系数关系立刻知道二次曲面的三个特征根为

$$\lambda_1=a'_{11},\lambda_2=a'_{22},\lambda_3=a'_{33}.$$

又因为

$$I_4=I'_4=\begin{vmatrix}a'_{11}&0&0&0\\0&a'_{22}&0&0\\0&0&a'_{33}&0\\0&0&0&a'_{44}\end{vmatrix}=a'_{11}a'_{22}a'_{33}a'_{44}=I_3a'_{44},$$

所以

$$a'_{44}=\frac{I_4}{I_3},$$

因此,第Ⅰ类曲面的简化方程可以写成

$$\lambda_1x'^2+\lambda_2y'^2+\lambda_3z'^2+\frac{I_4}{I_3}=0.$$

这里$\lambda_1,\lambda_2,\lambda_3$为二次曲面$\Sigma$的三个特征根.

(2)当$I_3=0,I_4\neq 0$,这时二次曲面Σ是第Ⅱ类曲面,它的简化方程为

$$a'_{11}x'^2+a'_{22}y'^2+2a'_{34}z'=0,a'_{11}a'_{22}a'_{34}\neq 0,$$

所以

$$I_1=I'_1=a'_{11}+a'_{22},$$

$$I_2=I'_2=\begin{vmatrix}a'_{11}&0\\0&a'_{22}\end{vmatrix}+\begin{vmatrix}a'_{11}&0\\0&0\end{vmatrix}+\begin{vmatrix}a'_{22}&0\\0&0\end{vmatrix}=a'_{11}a'_{22},$$

$$I_3=0,$$

这时二次曲面Σ的特征方程是

$$-\lambda^3+I_1\lambda^2-I_2\lambda=0,$$

所以

$$\lambda=0 \text{ 或 } \lambda^2-I_1\lambda+I_2=0,$$

从而知二次曲面 Σ 的三个特征根为

$$\lambda_1=a'_{11},\lambda_2=a'_{22},\lambda_3=0.$$

此外,由于

$$I_4=I'_4=\begin{vmatrix} a'_{11} & 0 & 0 & 0 \\ 0 & a'_{22} & 0 & 0 \\ 0 & 0 & 0 & a'_{34} \\ 0 & 0 & a'_{34} & 0 \end{vmatrix}=-a'_{11}a'_{22}a'^2_{34}=-I_2a'^2_{34},$$

所以

$$a'_{34}=\pm\sqrt{\frac{-I_4}{I_2}},$$

因此,第Ⅱ类曲面的简化方程可以写成

$$\lambda_1x'^2+\lambda_2y'^2\pm2\sqrt{\frac{-I_4}{I_2}}z'=0,$$

这里 λ_1,λ_2 为二次曲面 Σ 的两个不为零的特征根.

(3) $I_3=0,I_4=0,I_2\neq0$,这时二次曲面 Σ 是第Ⅲ类曲面,它的简化方程为

$$a'_{11}x'^2+a'_{22}y'^2+a'_{44}=0,a'_{11}a'_{22}\neq0.$$

和情形(2)一样,这里 a'_{11} 与 a'_{22} 分别是二次曲面 Σ 的两个非零的特征根 λ_1 与 λ_2,并且

$$I_2=a'_{11}a'_{22},K_2=a'_{11}a'_{22}a'_{44}=I_2a'_{44},$$

所以

$$a'_{44}=\frac{K_2}{I_2},$$

因此,第Ⅲ类曲面的简化方程可以写成

$$\lambda_1x'^2+\lambda_2y'^2+\frac{K_2}{I_2}=0,$$

这里 λ_1,λ_2 为二次曲面 Σ 的两个不为零的特征根.

(4) $I_3=0,I_4=0,I_2=0,K_2\neq0$,这时二次曲面 Σ 是第Ⅳ类曲面,它的简化方程为

$$a'_{11}x'^2+2a'_{24}y'=0,a'_{11}a'_{24}\neq0.$$

所以

$$I_1=a'_{11},I_2=I_3=0,$$

而特征方程是

$$-\lambda^3+I_1\lambda^2=0,$$

所以特征根为

$$\lambda_1=I_1=a'_{11},\lambda_2=\lambda_3=0,$$

又因为

$$K_2=K'_2=\begin{vmatrix} a'_{11} & 0 & 0 \\ 0 & 0 & a'_{24} \\ 0 & a'_{24} & 0 \end{vmatrix}+\begin{vmatrix} a'_{11} & 0 & 0 \\ 0 & 0 & 0 \\ 0 & 0 & 0 \end{vmatrix}+\begin{vmatrix} 0 & 0 & a'_{24} \\ 0 & 0 & 0 \\ a'_{24} & 0 & 0 \end{vmatrix}$$

$$=-a'_{11}a'^2_{24}=-I_1a'^2_{24},$$

所以

$$a'_{24}=\pm\sqrt{-\frac{K_2}{I_1}},$$

因此,第Ⅳ类曲面的简化方程可以写成

$$\lambda_1x'^2\pm2\sqrt{-\frac{K_2}{I_1}}y'=0.$$

(5)$I_3=0,I_4=0,I_2=0,K_2=0$,这时二次曲面Σ是第V类曲面,它的简化方程为

$$a'_{11}x'^2+a'_{44}=0,a'_{11}\neq0.$$

像情形(4)一样,这时二次曲面Σ有唯一的非零特征根

$$\lambda_1=I_1=a'_{11}.$$

其次又有

$$K_1=\begin{vmatrix} a'_{11} & 0 \\ 0 & a'_{44} \end{vmatrix}+\begin{vmatrix} 0 & 0 \\ 0 & a'_{44} \end{vmatrix}+\begin{vmatrix} 0 & 0 \\ 0 & a'_{44} \end{vmatrix}=a'_{11}a'_{44}=I_1a'_{44}.$$

于是

$$a'_{44}=\frac{K_1}{I_1},$$

因此,第Ⅴ类曲面的简化方程可以写成

$$\lambda_1x'^2+\frac{K_1}{I_1}=0.$$

例 20 利用不变量化简方程

$$x^2+7y^2+z^2+10xy+10yz+2xz+8x+4y+8z-6=0,$$

并指出它是什么曲面.

解:二次曲面的矩阵

$$A=\begin{pmatrix} 1 & 5 & 1 & 4 \\ 5 & 7 & 5 & 2 \\ 1 & 5 & 1 & 4 \\ 4 & 2 & 4 & -6 \end{pmatrix},$$

计算不变量

$$I_1=9, I_2=-36, I_3=I_4=0,$$

$$K_2=\begin{vmatrix}1&5&4\\5&7&2\\4&2&-6\end{vmatrix}+\begin{vmatrix}1&1&4\\1&1&4\\4&4&-6\end{vmatrix}+\begin{vmatrix}7&5&2\\5&1&4\\2&4&-6\end{vmatrix}=144.$$

特征方程为

$$-\lambda^3+9\lambda^2+36\lambda=0$$

特征根为

$$\lambda_1=12, \lambda_2=-3, \lambda_3=0.$$

又

$$\frac{K_2}{I_2}=\frac{144}{-36}=-4,$$

所以曲面的简化方程为

$$12x'^2-3y'^2-4=0,$$

该曲面是双曲柱面.

4.9　二次曲面的分类

定理 4.3　适当选取坐标系，二次曲面的方程总可化为下列五个简化方程中的一个：

(Ⅰ) $a_{11}x^2+a_{22}y^2+a_{33}z^2+a_{44}=0, a_{11}a_{22}a_{33}\neq 0$;

(Ⅱ) $a_{11}x^2+a_{22}y^2+2a_{34}z=0, a_{11}a_{22}a_{34}\neq 0$;

(Ⅲ) $a_{11}x^2+a_{22}y^2+a_{44}=0, a_{11}a_{22}\neq 0$;

(Ⅳ) $a_{11}x^2+2a_{24}y=0, a_{11}a_{24}\neq 0$;

(Ⅴ) $a_{11}x^2+a_{44}=0, a_{11}\neq 0$.

证明：因为二次曲面

$$\Sigma: F(x,y,z)=a_{11}x^2+a_{22}y^2+a_{33}z^2+2a_{12}xy+2a_{13}xz+2a_{23}yz+2a_{14}x+2a_{24}y+2a_{34}z+a_{44}=0$$

至少有一非奇向以及共轭于这个方向的一个主径面，我们就取这个主方向为 x' 轴的方向，而共轭于这个方向的主径面为 $y'O'z'$ 坐标面，建立直角坐标系 $O'\text{-}x'y'z'$. 设在这样的坐标系下，曲面的方程为

$$a'_{11}x'^2+a'_{22}y'^2+a'_{33}z'^2+2a'_{12}x'y'+2a'_{13}x'z'+2a'_{23}y'z'+2a'_{14}x'+2a'_{24}y'+2a'_{34}z'+a'_{44}=0, \tag{4.41}$$

那么在 $O'\text{-}x'y'z'$ 坐标系下，曲面的与 x' 轴方向 $1:0:0$ 共轭的主径面为

$$a'_{11}x'+a'_{12}y'+a'_{13}z'+a'_{14}=0,$$

这个方程表示 $y'O'z'$ 坐标面的充要条件为

$$a'_{11}\neq 0, a'_{12}=a'_{13}=a'_{14}=0,$$

所以曲面在 O'-$x'y'z'$ 坐标系下的方程为

$$\begin{cases} a'_{11}x'^2+a'_{22}y'^2+a'_{33}z'^2+2a'_{23}y'z'+2a'_{24}y'+2a'_{34}z'+a'_{44}=0, \\ a'_{11}\neq 0. \end{cases} \tag{4.42}$$

曲面(4.42)与 $y'O'z'$ 坐标面的交线为

$$\begin{cases} a'_{22}y'^2+a'_{33}z'^2+2a'_{23}y'z'+2a'_{24}y'+2a'_{34}z'+a'_{44}=0, \\ x'=0. \end{cases} \tag{4.43}$$

为了进一步化简二次曲面的方程，把上面交线方程(4.43)中的第一个方程看作 $y'O'z'$ 平面上的曲线方程，然后再利用平面直角坐标变换把它化简. 现在分下面 3 种情形讨论.

(1)$a'_{22}, a'_{33}, a'_{23}$ 中至少有一不为零. 这时曲线(4.43)表示一条二次曲线，那么在平面 $y'O'z'$ 上根据前面分析的二次曲线化简过程可知，总能选取适当的坐标系 $y''O''z''$，也就是进行适当的平面直角坐标变换

$$\begin{cases} y'=y''\cos\alpha-z''\sin\alpha+y_0, \\ z'=y''\sin\alpha+z''\cos\alpha+z_0, \end{cases}$$

使二次曲线(4.43)化成下面三个简化方程中的一个

$$a''_{22}y''^2+a''_{33}z''^2+a''_{44}=0, a''_{22}a''_{33}\neq 0;$$

$$a''_{22}y''^2+2a''_{34}z''=0, a''_{22}a''_{34}\neq 0;$$

$$a''_{22}y''^2+a''_{44}=0, a''_{22}\neq 0.$$

于是在空间，我们只要进行相应的直角坐标变换

$$\begin{cases} x'=x'', \\ y'=y''\cos\alpha-z''\sin\alpha+y_0, \\ z'=y''\sin\alpha+z''\cos\alpha+z_0, \end{cases}$$

就可以把方程(4.42)变为下面的 3 个简化方程(略去撇号)中的一个：

(Ⅰ)$a_{11}x^2+a_{22}y^2+a_{33}z^2+a_{44}=0, a_{11}a_{22}a_{33}\neq 0$;

(Ⅱ)$a_{11}x^2+a_{22}y^2+2a_{34}z=0, a_{11}a_{22}a_{34}\neq 0$;

(Ⅲ)$a_{11}x^2+a_{22}y^2+a_{44}=0, a_{11}a_{22}\neq 0$.

(2)$a'_{22}=a'_{33}=a'_{23}=0$，但 a'_{24}, a'_{34} 不全为零. 这时曲线(4.43)表示一条直线，我们取这条直线作为 z'' 轴，作空间直角坐标变换

$$\begin{cases} x''=x', \\ y''=\dfrac{2a'_{24}y'+2a'_{34}z'+a'_{44}}{2\sqrt{a'^2_{24}+a'^2_{34}}}, \\ z''=\dfrac{-a'_{34}y'+a'_{24}z'}{\sqrt{a'^2_{24}+a'^2_{34}}}. \end{cases}$$

就可以把式(4.42)化成下列形式(略去撇号):

(Ⅳ) $a_{11}x^2+2a_{24}y=0, a_{11}a_{24}\neq 0$.

(3) $a'_{22}=a'_{33}=a'_{23}=a'_{24}=a'_{34}=0$. 这时方程(4.42)已经是下列简化(略去撇号)形式:

(Ⅴ) $a_{11}x^2+a_{44}=0, a_{11}\neq 0$.

因此,二次曲面可以分成 5 类,且根据各类曲面的简化方程系数的不同情况,有 17 种标准方程形式,见表 4.1.

表 4.1　二次曲面分类表

序　号	名　称	标准方程
1	椭球面	$\frac{x^2}{a^2}+\frac{y^2}{b^2}+\frac{z^2}{c^2}=1$
2	虚椭球面	$\frac{x^2}{a^2}+\frac{y^2}{b^2}+\frac{z^2}{c^2}=-1$
3	点或称虚母线二次锥面	$\frac{x^2}{a^2}+\frac{y^2}{b^2}+\frac{z^2}{c^2}=0$
4	单叶双曲面	$\frac{x^2}{a^2}+\frac{y^2}{b^2}-\frac{z^2}{c^2}=1$
5	双叶双曲面	$\frac{x^2}{a^2}+\frac{y^2}{b^2}-\frac{z^2}{c^2}=-1$
6	二次锥面	$\frac{x^2}{a^2}+\frac{y^2}{b^2}-\frac{z^2}{c^2}=0$
7	椭圆抛物面	$\frac{x^2}{a^2}+\frac{y^2}{b^2}=2z$
8	双曲抛物面	$\frac{x^2}{a^2}-\frac{y^2}{b^2}=2z$
9	椭圆柱面	$\frac{x^2}{a^2}+\frac{y^2}{b^2}=1$

续表

序　号	名　称	标准方程
10	虚椭圆柱面	$\frac{x^2}{a^2}+\frac{y^2}{b^2}=-1$
11	交于一条实直线的一对共轭虚平面	$\frac{x^2}{a^2}+\frac{y^2}{b^2}=0$
12	双曲柱面	$\frac{x^2}{a^2}-\frac{y^2}{b^2}=1$
13	一对相交平面	$\frac{x^2}{a^2}-\frac{y^2}{b^2}=0$
14	抛物柱面	$x^2=2py$
15	一对平行平面	$x^2=a^2$
16	一对平行的共轭虚平面	$x^2=-a^2$
17	一对重合平面	$x^2=0$

4.10　空间区域作图

4.10.1　空间图形常用的三种坐标系的画法

要想在纸上画空间曲面的图形，首先要画出坐标系，常用坐标系的画法有 3 种：斜二测法、正等测法和正二测法. 同样的空间图形在不同画法的坐标系中画出的图形会有一些差异，就像从不同的角度去观察同一个空间图形时，图形会随角度的变化而变化.

1. 斜二测法

斜二测法也称斜二等轴测投影法. 在空间确定一点为原点后，以过原点且垂直的直线作为 z 轴(取向上方向为正)，取过原点的水平线以及与水平成$\frac{\pi}{4}$角度的直线作为另外两根轴(x 轴、y 轴)，且 x 轴、y 轴、z 轴的正方向构成右手系. 其中，水平线和垂直线所构成的坐标轴上的单位长度就取原方程的单位长度，但是斜的坐标轴的单位长度取原方程单位长度的一半，如图 4.41 所示. 斜二测法具有简单、易记的特点，因此得到广泛的应用.

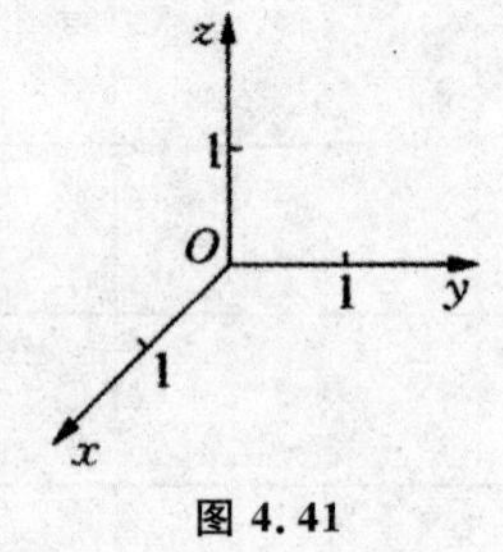

图 4.41

2. 正等测法

正等测法也称正等轴测投影法. 在空间确定一点为原点后,同样以过原点且垂直的直线作为 z 轴(取向上方向为正),过原点与垂直线成 $\frac{\pi}{3}$、$\frac{2\pi}{3}$ 角度作两条直线分别作为 x 轴、y 轴,如图 4.42 所示,且三根轴上的单位长度取为原方程的单位长度.

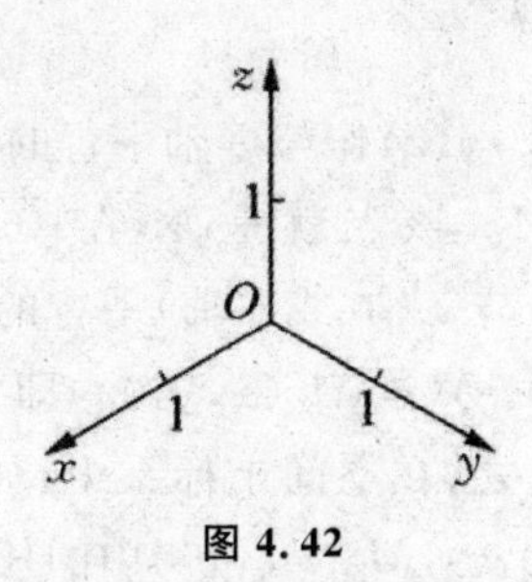

图 4.42

3. 正二测法

正二测法也称正二等轴测投影法. 在空间确定一点为原点后,首先以过原点且垂直的直线作为 z 轴(取向上方向为正),然后取过原点与水平分别成 α,β 角度的直线作为另外两根轴(x 轴、y 轴),其中 $\tan\alpha=\frac{7}{8}$,$\tan\beta=\frac{1}{8}$,且 x 轴、y 轴、z 轴的正方向构成右手系. 其中与水平成 α 角度的轴和 z 轴上的单位长度取原方程的单位长度,而与水平成 $-\beta$ 角度坐标轴的单位长度则要取原方程单位长度的一半,如图 4.43 所示. 正二测法相对比较复杂,但是采用正二测法画出的图形较为逼真.

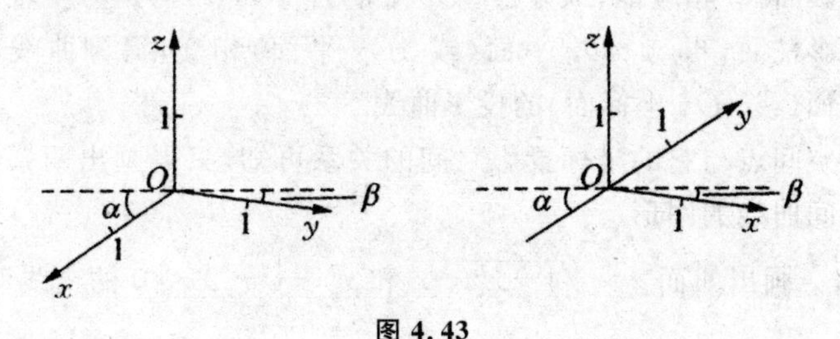

图 4.43

4.10.2　曲面交线的画法

在画空间曲线之前,需要研究空间上任意给定的一点 M 与它在三个坐标面的投影点之间的对应关系,如图 4.44 所示.

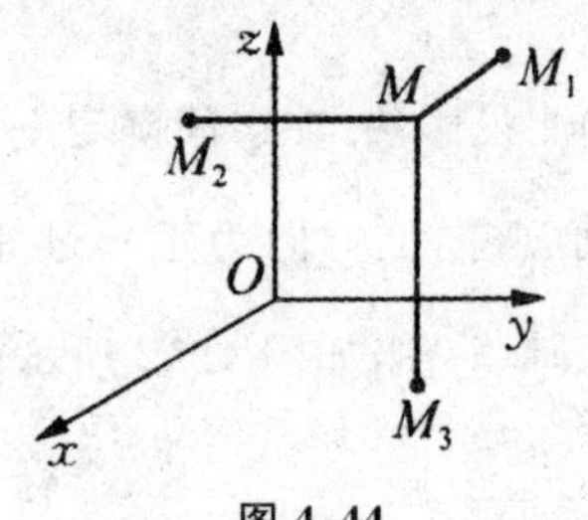

图 4.44

对于空间上的点 $M(x,y,z)$ 作与 x 轴平行的直线，在此直线上距 M 的有向距离为 x 得到点 M_1，该点就是 M 在 yOz 坐标面上的投影 $M_1(0,y,z)$. 类似地，过 M 作与 y 轴(或 z 轴)平行的直线且与 M 的有向距离为 y(或 z)处的点 $M_2(x,0,z)$(或 $M_3(x,y,0)$)即为点 M 在 xOz 坐标面(或 xOy 坐标面)上的投影. 反之，在空间坐标系中，如果给定三个坐标面的投影点 $M_1(0,y,z)$、$M_2(x,0,z)$、$M_3(x,y,0)$ 中的任意两个，则空间上的点 $M(x,y,z)$ 也就给定了. 如从点 M_1 作与 x 轴平行的直线，在直线上取距 M_1 的有向距离为 x 的点就是 M.

要在空间中直接找出曲线

$$\begin{cases} F(x,y,z)=0, \\ G(x,y,z)=0 \end{cases} \tag{4.44}$$

是困难的，但容易画出它在坐标面上的投影. 如果从式(4.44)中消去 x，得到只含有变量 y,z 的方程，该方程表示的是曲线(4.44)所在的母线与 x 轴平行的投影柱面，而投影柱面与 yOz 平面的交线就是曲线(4.44)在 yOz 坐标面的投影曲线. 相应地，从方程 yOz 中消去 y(或 z)得到与 y 轴(或 z 轴)平行的投影柱面，再与 xOz 平面(或 xOy 平面)相交，得到曲线(4.44)在 xOz 坐标面(或 xOy 坐标面)的投影曲线.

根据空间点与它的坐标投影之间的关系可知，只需画出两条投影线就能得到空间曲线的图形.

例 21 画出曲面 $z=\sqrt{4-x^2-y^2}$ 和 $x^2+y^2-2x=0$ 的交线(称为维维安尼曲线).

解：维维安尼曲线是一个球面与圆柱面的交线. 利用球面与圆柱面的取值范围得到：$0\leqslant x\leqslant 2$，$-1\leqslant y\leqslant 1$，$0\leqslant z\leqslant 2$.

首先要在空间直角坐标系下画出两条投影曲线. 由于维维安尼曲线平行于 z 轴、y 轴的投影柱面分别为

$$x^2+y^2-2x=0, z^2=2x+4.$$

因此，维维安尼曲线在 xOy 坐标面、xOz 坐标面上的投影曲线分别为

$$\begin{cases} x^2+y^2-2x=0, \\ z=0, \end{cases} \text{与} \begin{cases} z^2=2x+4, \\ y=0. \end{cases}$$

它们分别是 xOy 坐标面上的圆、xOz 坐标面上的抛物线(在 $0\leqslant x\leqslant 2, z\geqslant 0$ 的一段),如图 4.45 所示.

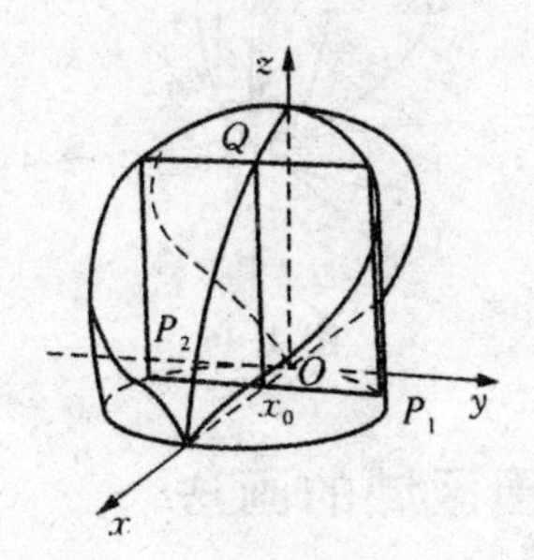

图 4.45

然后,在 x 轴上任意选定 $x_0\in[0,2]$,过 x_0 在 xOy 坐标面上作平行于 y 轴的直线交投影曲线(圆)于点 P_1,P_2;同样过 x_0 在 xOz 坐标面上作平行于 z 轴的直线交投影曲线(抛物线)于点 Q. 再过点 P_1(或 P_2)、点 Q 分别作平行于 z 轴、y 轴的直线,由于所作的直线都在 $x=x_0$ 平面上,因此它们一定相交,其交点就是所找的维维安尼曲线上的点. 从而在空间坐标系中画出维维安尼曲线.

例 22　画出 $2y^2+z^2+4x-4z=0$ 与 $y^2+3z^2-8x-12z=0$ 的交线.

解:所求为两个椭圆抛物面的交线,取值范围为

$$-1\leqslant z\leqslant 0, -2\leqslant y\leqslant 2, 0\leqslant z\leqslant 4.$$

先在空间直角坐标系下画出两条投影曲线. 由于所求的曲线平行于 z 轴、x 轴的投影柱面分别为

$$y^2+4x=0, y^2+(z-2)^2=4.$$

因此曲线在 xOy 坐标面、yOz 坐标面上的投影曲线分别为

$$\begin{cases} y^2+4x=0, \\ z=0, \end{cases} \begin{cases} y^2+(z-2)^2=4, \\ x=0. \end{cases}$$

它们分别是 xOy 坐标面上的一段抛物线、yOz 坐标面上的圆,如图 4.46 所示.

然后,在 y 轴上任意选定 $y_0\in[-2,2]$,过 y_0 在 xOy 坐标面上作平行于 x 轴的直线交投影曲线于点 P;同样过 y_0 在 yOz 坐标面上作平行于 z 轴的直线交投影曲线于点 Q_1,Q_2. 再过点 P、点 Q_1(或 Q_2)分别作平行于 z 轴、x 轴的直线,由于所作的直线都在 $y=y_0$ 平面上,因此它们一定相交,其交点就是所找的曲线上的点. 从而在空间坐标系中画出 $2y^2+z^2+4x-4z=0$ 与 $y^2+3z^2-8x-12z=0$ 的相交曲线.

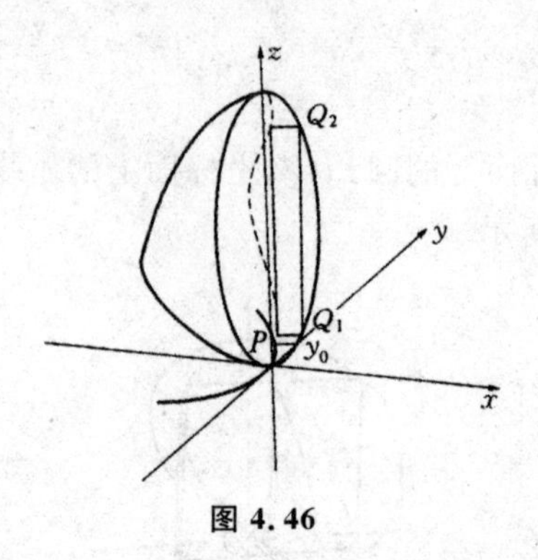

图 4.46

4.10.3 曲面所围区域的画法

几个曲面或平面所围成的空间的区域可用几个不等式联立起来表示.要确定曲面所围的区域,一般要画出曲面间两两相交的曲线以及曲面的轮廓线.对于两个曲面的交线,可以根据前面所述的通过两个坐标面投影曲线的方法来决定曲面相交的曲线,然后依照方程确定曲线所围部分的曲面形状.

例 23 画出由椭圆抛物面 $x^2+y^2=2z$,圆柱面 $x^2+y^2=4x$ 以及坐标面 $z=0$ 围成的区域.

解:考虑到在椭圆抛物面上,$z\geqslant 0$ 且 x,y 可以取任意值,因此所求的区域为圆柱面 $x^2+y^2=4x$ 内部夹在椭圆抛物面 $x^2+y^2=2z$ 和坐标面 $z=0$ 中间的部分,即 $x^2+y^2\leqslant 4x,0\leqslant z\leqslant \frac{x^2+y^2}{2}$.

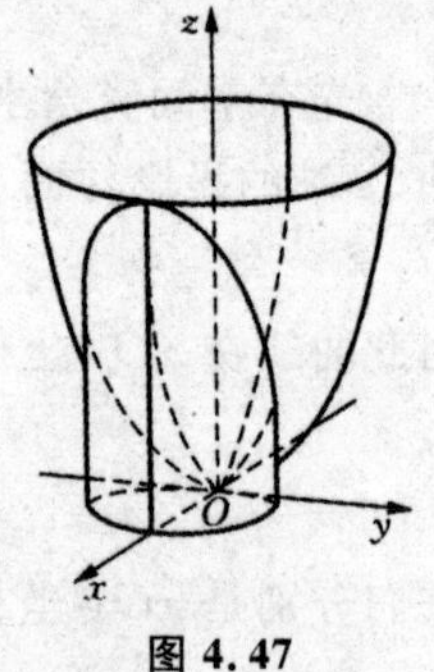

图 4.47

首先画出曲面间的交线,如图 4.47 所示,圆柱面 $x^2+y^2=4x$ 与坐标面 $z=0$ 的交线是 xOy 坐标面上圆心为(2,0,0),半径为 2 的圆;椭圆抛物面 $x^2+y^2=2z$ 与坐标面 $z=0$ 交于原点;椭圆抛物面 $x^2+y^2=2z$ 与圆柱面 $x^2+y^2=4x$ 的交线.然后画出圆柱面 $x^2+y^2=4x$ 夹在椭圆抛物面 $x^2+y^2=2z$ 和坐标面 $z=0$ 中间部分的轮廓.

4.11　二次曲面的应用

4.11.1　直纹曲面、双曲抛物面、单叶双曲面的应用

由于曲面自身形状的特殊性和独到的结构特性，这些曲面在我们的日常生活中有着极为广泛的应用.下面以直纹曲面、双曲抛物面、单叶双曲面为例来简单介绍二次曲面在生活中的广泛应用.

直纹曲面可以由一族或几族直线构成，易于构建，且其形状特殊，集美观与实用于一体，因此，直纹曲面在工农业生产中有着广泛的应用.柱面、锥面的应用案例不胜枚举，从日常生活到航空航天，从微观世界到浩瀚太空，到处可见柱面和锥面的身影.

双曲抛物面型的建筑还有一个显著的优点：具有非常好的抗震能力，这使得这种独特形状的建筑越来越受到人们的青睐.如天津大学体育场有一座颇有名气的椭圆形健身房，椭圆平面 24 m×36 m，形如悬空中吊着一个大元宝，中间没有支柱，却抗过了 1976 年以唐山为中心的大地震，至今仍完好无恙.这座新颖别致的健身房，就是我国著名钢结构及空间网架专家、天津大学博士生导师刘锡良教授 1962 年在国内第一个研究成功的马鞍形双曲抛物面悬索屋盖建筑.刘锡良教授的这一空间结构设计成果，被有关单位所吸取.浙江工业建筑设计院来人参观取经，随后建筑了相同式样的(60 m×80 m)浙江体育馆.

高层建筑物为防止雨水和空气中的灰尘通常会建造一个顶，就可以选为双曲抛物面，即美观又可防尘防雨.由于单叶双曲面和双曲抛物面是直纹曲面，在建筑时，根据直纹曲面有且仅有两族直母线，并且同一族的直母线互不相交的性质，可将编织钢筋网的钢筋取为直材，并配以纬圆，两者的疏密程度可根据强度的要求确定.

在建筑住宅和办公楼时，也常常采用直纹曲面结构.住宅结构主要有以下两种：①薄壳结构.薄壳结构为曲面的薄壁结构，按曲面生成的形式分为筒壳、圆顶薄壳、双曲扁壳和双曲抛物面壳等，材料大多采用钢筋混凝土.壳体能充分利用材料强度，同时又能将承重与围护两种功能融合为一.其中双曲抛物面壳：一竖向抛物线(母线)沿另一凸向与之相反的抛物线(导线)平行移动所形成的曲面.此种曲面与水平面截交的曲线为双曲线，故称为双曲抛物面壳.工程中常见的各种扭壳也是其中一种类型，因其容易制作，稳定

性好,容易适应建筑功能和造型需要,故应用较广泛.②网壳结构.常见形式有圆柱面网壳、圆球网壳和双曲抛物面网壳.网壳的受力性能好,刚度大,自重小,用钢量省,是适用于中、大跨度建筑屋盖的一种较好的结构形式.其中双曲抛物面网壳:将一直线的两端沿两根在空间倾斜的固定导线(直线或曲线)上平行移动而构成.单层网壳常用直梁作杆件,双层网壳采用直线衍架,两向正交而成双曲抛物面网壳.这种网壳大都用于不对称建筑平面,建筑新颖轻巧.

由于双曲抛物面网格结构具有造型美观、形式多变、结构轻盈、整体性好、施工方便等突出优点,不仅可以增大覆盖面积,而且节省钢材,降低造价,特别适用于大、中型体育场看台顶蓬和其他环形建筑,具有非常广阔的应用前景.如1992年在美国建造了世界上最大的索穹顶体育馆——乔治亚穹顶(Georgia Dome).椭圆形平面:240.790 m×192.020 m,它是目前世界上最大的双曲抛物型准张拉整体体系(Tensegrity System).该体系由美国M－Levy开发的一种稳定性好的三角形划分网格穹顶,受力特点是:“连续拉、间断压”,材料强度得到了最充分的发挥.它是1996年亚特兰大奥运会的主体育馆,平面为椭圆形(193 m×240 m),这种双曲抛物面型张拉整体索穹顶的耗钢量少得令人难以置信,还不到30 kg/m。

在天文领域对天体进行观测时一个必不可少的工具就是天文望远镜,望远镜的物镜是反射镜,为了消除像差,一般制成抛物面镜或抛物面镜加双曲面镜组成卡塞格林系统.在这种系统中,天体的光线只受到反射.目前反射望远镜在天文观测中的应用已十分广泛,由于镜面材料在光学性能上没有特殊的要求,且没有色差问题,因此,它与折射系统相比,可以使用大口径材料,也可以使用多镜面拼镶技术等;磨好的反射镜一般在表面镀一层铝膜,铝膜2 000～9 000埃波段范围的反射率都大于80%,因而除光学波段外,反射望远镜还适于对近红外和近紫外波段进行研究,因此较适合于进行恒星物理方面的工作(恒星的测光与分光).目前设计和建造的大口径望远镜都是采用的反射系统,遗憾的是反射望远镜的反射镜面需要定期镀膜,故它在科普望远镜中的应用受到了限制.

水利工程中常用的扭面也是双曲抛物面的一部分,而且常处于非标准的位置.灌溉渠道一般是梯形剖面,闸门则为矩形剖面,为使水流平顺,减少水头损失,闸门进出口与渠道的连接处,通常做成此种曲面.

4.11.2 旋转抛物面的应用

旋转抛物面可将平行于主光轴(对称轴)的光线汇聚于其焦点处;反之,

也可将放置在焦点处的光源产生的光线反射成平行光束并使光度增大，如图 4.48 所示.

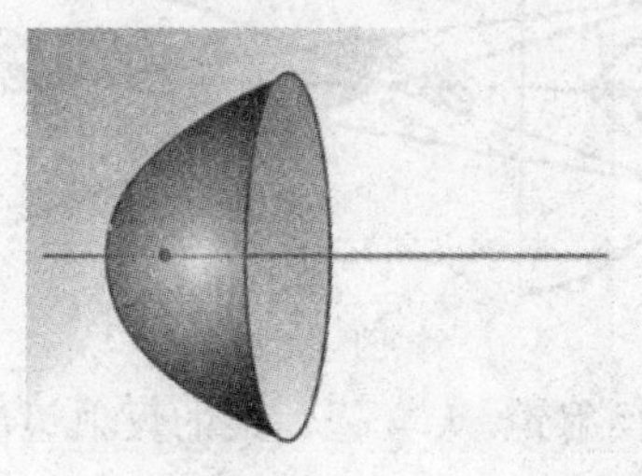

图 4.48

(1)聚光太阳能灶.当太阳光线照射在呈旋转抛物面形状的聚光太阳能灶面上时，太阳的辐射能被聚集在一块小面积的灶具上，在阳光相对充足的天气，灶具内部温度可达 280°以上.

(2)探照灯、汽车车灯的反射镜.汽车灯具中常用的反射镜是抛物面反射镜，如图 4.49 所示.抛物面是以抛物线为母线绕轴旋转 180°而构成，其剖面图如图 4.50 所示.

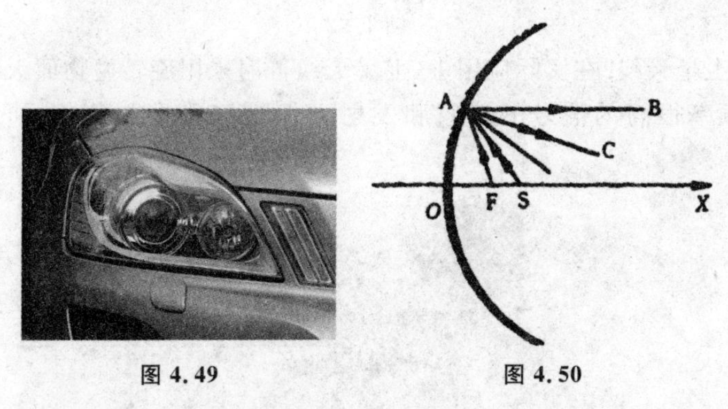

图 4.49　　图 4.50

抛物面反射镜有一个焦点 F，在其焦点 F 上放置一个点光源，则点光源发出的光线经抛物面反射镜反射后，光线将平行 x 轴出射，光线的光路为 FAB，光线非常集中，适宜于远距离照明.远光主灯丝一般都置于抛物面反射镜的焦点附近，由于灯丝有一定大小，虽然置于焦点上，经反射后仍有一个微小的发散角.

如果将点光源从焦点 F 向前移到 S 时，由 S 点发出的光线经反射镜反射后光线光路为 FAC，考虑抛物面绕轴旋转对称性，反射镜上部的反射光照明下方，而反射镜下部的反射光照明上方.如图 4.51 所示为一段圆柱灯丝移到焦点前方的照明情况.

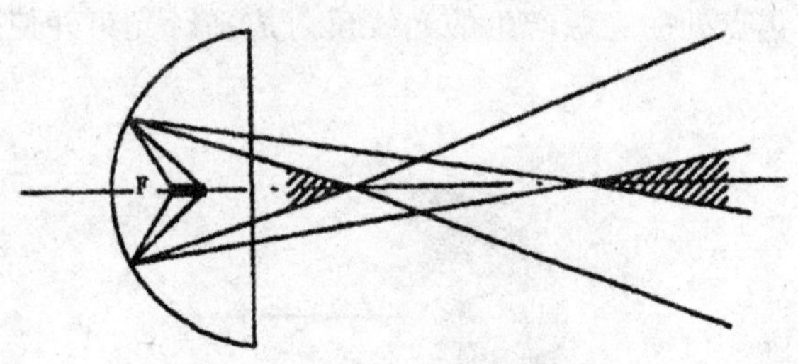

图 4.51

(3)天文望远镜的反射镜.天文望远镜的反射镜能将来自宇宙的光线聚集在其焦点上,用放大镜瞄准此焦点即可得到宇宙的信息,如图 4.52 所示.

图 4.52

(4)卫星天线.在实际应用中,卫星天线普遍采用旋转抛物面天线,这种天线在频率很高的信号的接收和发射方面扮演着重要角色,如图 4.53 所示.

图 4.53

4.11.3 锥面的应用

高等植物的外形、茎干,也有其最佳的形态.许多树的树干都是底部大,上部小,呈圆锥状,如云杉、雪松等,这是一种沉稳的、防倒伏的理想几何形状.类似地,还有许多著名建筑物也呈圆锥状,如北京的天坛、西安的大雁塔、荷兰的 Dlefut 大学图书馆等.

4.11.4　旋转单叶双曲面的应用

如图 4.54 所示，旋转单叶双曲面又称为直纹面，它可由直线绕定轴旋转而成. 其上有且只有两族直母线，同族的两条直母线不相交，不同族的两条直母线必相交.

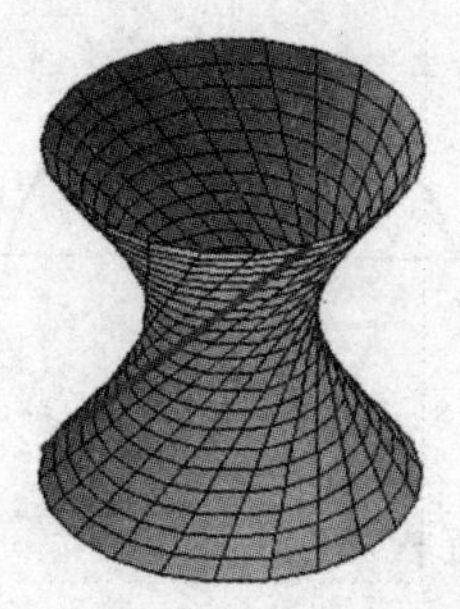

图 4.54

化工厂或热电厂的冷却塔的外形常采用旋转单叶双曲面，其优点是对流快，散热效能好. 此外，利用直纹面的特点，可把编织钢筋网的钢筋取为直材，建造出外形准确、轻巧且非常牢固的冷却塔，如图 4.55 所示.

图 4.55

4.11.5　抛物线的应用

(1)根据我国汽车制造的现实情况，一般卡车高 3 m，宽 1.6 m，现要设计横断面为抛物线型的双向二车道的公路隧道，为保障双向行驶安全，交通管理规定汽车进入隧道后必须保持距中线 0.4 m 的距离行驶. 已知拱口宽 AB 恰好是拱高 OC 的 4 倍，若拱宽为 a m，求能使卡车安全通过的 a 的最小整数值.

分析：根据问题的实际意义，卡车通过隧道时应以卡车沿着距隧道中线

0.4 m 到 2 m 间的道路行驶为最佳路线．因此，卡车能否安全通过，取决于距隧道中线 2 m(即在横断面上距拱口中点 2 m)处隧道的高度是否够 3 m，据此可通过建立坐标系，确定出抛物线的方程后求得．

解：如图 4.56，以拱口 AB 所在直线为 x 轴，以拱高 OC 所在直线为 y 轴建立直角坐标系．

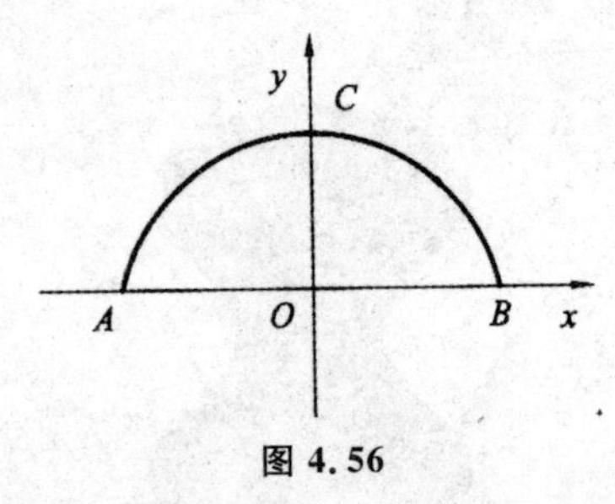

图 4.56

由题意可得抛物线的方程为

$$x^2=-2p\left(y-\frac{a}{4}\right).$$

因为点 $A\left(-\frac{a}{2},0\right)$ 在抛物线上，所以

$$\left(-\frac{a}{2}\right)^2=-2p\left(0-\frac{a}{4}\right),$$

解得

$$p=\frac{a}{2},$$

从而抛物线方程为

$$x^2=-a\left(y-\frac{a}{4}\right).$$

取 $x=1.6+0.4=2$，代入抛物线方程，得

$$2^2=-a\left(y-\frac{a}{4}\right),$$

$$y=\frac{a^2-16}{4a}.$$

由题意，令 $y>3$，得

$$\frac{a^2-16}{4a}>3.$$

由于 $a>0$，所以

$$a^2-12a-16>0,$$

$$a>6+2\sqrt{13}.$$

又因为 $a\in\mathbf{Z}$，a 应取 14，15，16，…

答:满足本题条件使卡车安全通过的 a 的最小正整数为 14 m.

注:本题的解题过程可归纳为两步:一是根据实际问题的意义,确定解题途径,得到距拱口中点 2 m 处 y 的值;二是由 $y>3$ 通过解不等式,结合问题的实际意义和要求得到 a 的值.值得注意的是,这种思路在与最佳方案有关的应用题中是常用的.

(2)A,B,C 是我方三个炮兵阵地,A 在 B 正东 6 km 处,C 在 B 正北偏西 30°处,相距 4 km,P 为敌炮阵地,某时刻 A 处发现敌炮阵地的某种信号,由于 B、C 两地比 A 距 P 地远,因此 4 s 后,B、C 才同时发现这一信号,此信号的传播速度为 1 km/s,A 若炮击 P 地,求炮击的方位角.

解:如图 4.57,以直线 BA 为 x 轴,线段 BA 的中垂线为 y 轴建立坐标系.

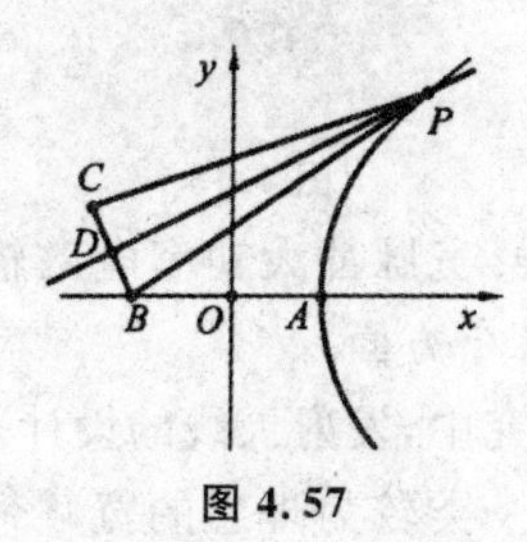

图 4.57

由题意得

$$B(-3,0),A(3,0),C(-5,2\sqrt{3}).$$

因为 $|PB|=|PC|$,所以点 P 在线段 BC 的垂直平分线上.

又因为 $k_{BC}=-\sqrt{3}$,BC 的中点 $D(-4,\sqrt{3})$,所以直线 PD 的方程为

$$y-\sqrt{3}=\frac{1}{\sqrt{3}}(x+4). \tag{4.45}$$

又 $|PB|-|PA|=4$,故 P 在以 A、B 为焦点的双曲线右支上.

设 $P(x,y)$,则双曲线方程为

$$\frac{x^2}{4}-\frac{y^2}{5}=1(x\geqslant 0). \tag{4.46}$$

联立式(4.45)和式(4.46),得 $x=8,y=5\sqrt{3}$,所以 $P(8,5\sqrt{3})$.

因此,$k_{PA}=\dfrac{5\sqrt{3}}{8-3}=\sqrt{3}$.

故炮击的方位角为北偏东 30°.

注:解决圆锥曲线应用问题时,要善于抓住问题的实质,通过建立数学模型,实现应用性问题向数学问题的顺利转化;要注意认真分析数量间的关系,紧扣圆锥曲线的概念,充分利用曲线的几何性质,确定正确的问题解决

途径,灵活运用解析几何的常用数学方法,求得最终完整的解答.

4.11.6 螺旋线的应用

螺旋线在日常生活中有广泛应用.

(1)平头螺丝钉.平头螺丝钉可看作由圆柱螺旋线围绕而成,如图4.58所示.

图 4.58

(2)圆锥对数螺旋天线.宽脉冲大功率电磁辐射技术广泛应用于民用、军事、天文等社会生活的各个方面.

在宽脉冲电磁辐射研究中,发射天线的设计是关键.

圆锥对数螺旋天线是一类较为理想的宽频带天线,适合宽脉冲电磁辐射系统对天线的要求,如图 4.59 所示为天线模型.

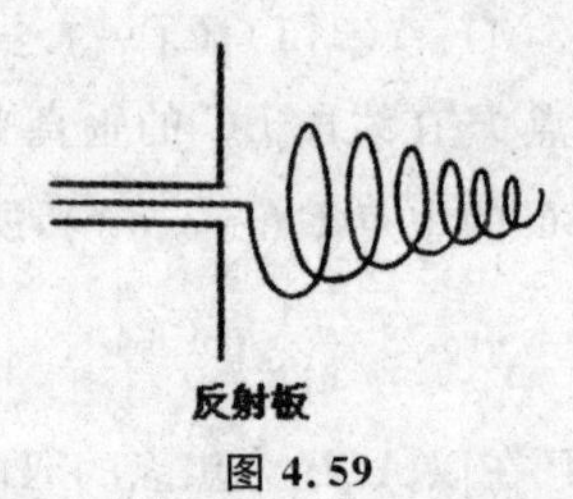

图 4.59

(3)植物中的对数螺旋线现象.向日葵花盘上瘦果的排列、松树球果上果鳞的布局、菠萝果实上的分块等,都是按照对数螺旋线在空间展开的.

向日葵花盘上瘦果的对数螺旋线弧形排列,可使果实排得最紧,数量最多、产生后代的效率也最高,如图 4.60 所示.

图 4.60

第5章　空间几何问题的计算机实现

计算机的出现使得很多原本十分烦琐的工作得以大幅度简化，但是也有一些在人们直观看来很容易的问题却需要拿出一套并不简单的通用解决方案，比如几何问题. 作为计算科学的一个分支，计算几何主要研究解决几何问题的算法. 在现在工程和数学领域，计算几何在图形学、机器人技术、超大规模集成电路设计和统计等诸多领域有着十分重要的应用.

5.1　MATLAB 在空间解析几何中的应用

随着计算机技术的日新月异，线性代数和空间解析几何在科学与技术中的应用日益广泛，其重要性日益显著. 显然，仅仅依靠手算无法解决工程技术中的实际问题，必须将线性代数与空间解析几何的理论与现代科学计算手段相结合，才能解决复杂的实际计算问题，才能在科学与技术的实践中充分发挥线性代数与空间解析几何的作用.

数学软件 MATLAB 提供了大量的函数，具有强大的数值计算和数据图形可视化功能，特别适合于科学研究和工程计算，这些功能与线性代数和空间解析几何中突出数学理论与实际应用相结合的理念高度吻合，可直接应用于控制设计、信号检测、图像处理、金融分析等各领域，且应用范围越来越广泛. 线性代数与空间解析几何中的所有计算问题都可以借助 MATLAB 进行求解，线性代数与空间解析几何中的许多难于理解的问题都可借助 MATLAB 实现可视化. 下面举例说明 MATLAB 在线性代数与空间解析几何中的应用.

MATLAB 中的一些运算符号和命令，在这里仅简单地列出 MATLAB 中的一些运算符号(表 5.1)和命令(表 5.2).

表 5.1

运算符号	=	+	−	*	′	\	/
说明	赋值	加	减	乘	转置	左除 $\boldsymbol{A}\backslash\boldsymbol{B}=\boldsymbol{A}^{-1}\boldsymbol{B}$	右除 $\boldsymbol{B}/\boldsymbol{A}=\boldsymbol{B}\boldsymbol{A}^{-1}$

表 5.2

命令	功能说明
clear	消除工作空间中原有的所有变量，常常写在程序的最前面
[ ]	创建一个矩阵
;	列元素分隔符
,	行元素分隔符
%	注释行
B=rref(A)	对 **A** 做初等行变换，并将 **A** 的行最简形矩阵赋值给 **B**
inv(A)	求 **A** 的逆矩阵
det(A)	求 **A** 的行列式
rank(A)	求 **A** 的秩
eig(A)	求 **A** 的特征值，并以列向量的形式表示出 **A** 的所有特征值
[V,D]=eig(A)	**D** 的对角线元素为 **A** 的特征值，**V** 的列为相应的单位特征向量，使得 **AV**=**VD**
[V,D]=schur(A)	**D** 是以实对称矩阵 **A** 的特征值为对角线元素的对角矩阵，**V** 的列是 **A** 的两两正交的单位特征向量，其排列次序与 **D** 中特征值的排列次序一致
poly(A)	求 **A** 的特征多项式，并以 $n+1$ 维向量的形式表示特征多项式
roots(P)	求多项式 p 的根
X=A\B	解线性方程组 **AX**=**B**
X=B/A	解线性方程组 **XA**=**B**
plot(X)	当 $\boldsymbol{X}=(x_1,x_2,\cdots,x_i,\cdots,x_m)$ 是向量时，绘制的图形是以 **X** 的分量指标 i 为行坐标值，以相应的分量 x_i 为纵坐标值的二维曲线
plot3(X,Y,Z)	其中 **X**,**Y**,**Z** 都是 $m\times n$ 矩阵，绘制的三维图形是 m 条空间曲线，其中的第 i 条线以 **X**,**Y**,**Z** 的第 i 列的三个分量为 x,y,z 轴的坐标值

例 1 设矩阵 $\boldsymbol{A}=\begin{pmatrix}1 & 1 & -5 & 1\\1 & 1 & 0 & -6\\0 & 2 & -1 & 2\\1 & 4 & -1 & 6\end{pmatrix}$，$\boldsymbol{B}=\begin{pmatrix}8\\9\\-1\\1\end{pmatrix}$，求 rank$(A)$，$|\boldsymbol{A}|$，$\boldsymbol{A}^{-1}$，$\boldsymbol{AX}=\boldsymbol{B}$ 的解，**A** 的特征多项式，**A** 的特征值，**A** 的特征向量.

解：MATLAB 程序及运行结果如下：

```
>>clear;
>>A=[1,1,-5,1;1,1,0,-6;0,2,-1,2;1,4,-1,6];B=[8;9;-1;1];
```

```
>>rank(A)
ans=4
>>det(A)
ans=-97
>>inv(A)
ans=
    0.164 9    0.185 6    -1.474 2    0.649 5
    -0.103 1   0.134 2    0.546 4     -0.030 9
    -0.185 6   0.041 2    -0.216 5    0.144 3
    0.010 3    -0.113 5   -0.154 6    -0.103 1
>>X=A\B
X=
    5.113 4
    -0.195 9
    -0.752 6
    -0.680 4
>>p=poly(A)
p=
    1.000 0  -7.000 0  29.000 0  18.000 0  -97.000 0
>>[V,D]=eig(A)
V=
-0.156 3+0.039 3i   -0.156 3-0.039 3i   -0.938 0   -0.871 8
-0.737 7            -0.737 7            0.469 6    0.207 4
0.018 6+0.228 5i    0.018 6-0.228 5i    0.189 4    -0.440 8
0.274 8+0.549 2i    0.274 8-0.549 2i    -0.203 3   0.051 7
D=
3.447 0+4.413 7i    0                   0          0
0                   3.447 0-4.413 7i    0          0
0                   0                   1.812 4    0
0                   0                   0          -1.706 5
```

例 2　用 MATLAB 绘制螺旋线(图 5.1)

$$\begin{cases} x=\cos t, \\ y=\sin t, \\ z=t. \end{cases}$$

解:MATLAB 程序及运行结果如下:

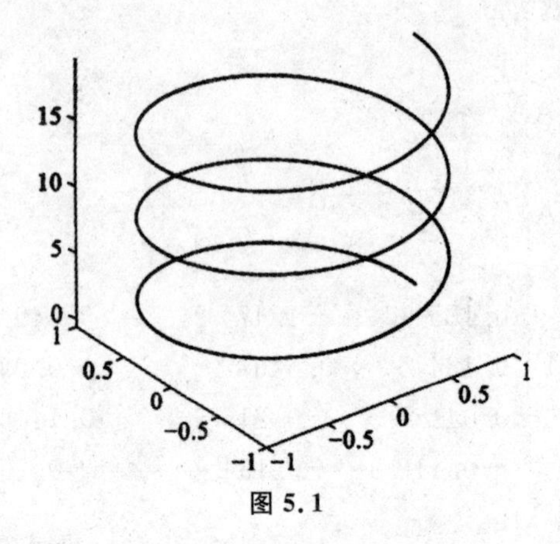

图 5.1

```
>>clear;
>>t=0:pi/30:6*pi;
>>x=cos(t);y=sin(t);z=t;
>>plot3(x,y,z)
```

5.2 向量(数组)的软件实现

MATLAB 中的数组与其他编程语言中的数组区别不大,但其运算却有很大区别,这主要体现在 MATLAB 中的数组与向量是等价的,两者可以互相称呼.因此可以应用于许多向量运算.

5.2.1 向量(数组)的创建

5.2.1.1 直接输入

当向量(数组)中元素的个数比较少时,可以通过直接键入向量(数组)中的每个元素的值来建立,以中括号作为界定符,元素用空格(“ ”)或逗号(“,”)进行分隔.例如,

≫A=[1 2 3 4 5](“≫”为 MATLAB 命令行提示符)

```
A=
    1  2  3  4  5
```

```
>>B=[1,2,3,4,5]
B=
```

1　2　3　4　5

5.2.1.2　冒号法

冒号操作符在 MATLAB 中非常有用，也提供了很大的方便，其基本格式为：

S=初值:增量:终值

产生以初值为第一个元素，以增量为步长，直到不超过终值的所有元素组成的向量(数组)S. 例如

≫E=10:-2:5

E=

　10　8　6

≫F=0:pi/2:2 * pi("pi"为 MATLAB 中定义的常数)

F=

　0　1.570 8　3.141 6　4.712 4　6.283 2

5.2.2　向量(数组)中元素的引用与修改

向量(数组)元素的引用通过其下标进行. MATLAB 中向量(数组)元素下标从 1 开始编号. $\boldsymbol{X}(n)$表示向量(数组)$\boldsymbol{X}$ 的第 n 个元素，利用冒号运算可以同时访问向量(数组)中的多个元素. 例如

≫x=[5 4 3 2 1];

≫x(5)

ans=

　　1

≫x(2:4)

ans=

　　4　3　2

≫x(2)=5

x=

　5　5　3　2　1

另外，可以使用"[]"操作符进行向量(数组)元素的删除. 例如

≫x=[5 4 3 2 1];

≫x(2)=[]

x=

　5　3　2　1(x 的维数同时减 1)

5.2.3 数组运算

MATLAB中的数组运算是数组元素与对应数组元素之间的运算(其中乘运算采用“.*”,除运算又分为“./”或“.\”运算).标量与数组的运算是标量分别与数组中的各个运算进行运算.例如

```
≫a=1:5
a=
   1  2  3  4  5
≫c=3*a(3为常数,标量)
c=
   3  6  9  12  15
≫b=5:-1:1
b=
   5  4  3  2  1
≫a+b
ans=
      6  6  6  6  6
≫a.*b(a,b均为数组,对应元素相乘用“.*”)
ans=
      5  8  9  8  5
≫a./b(表示a中元素除以b中对应元素)
ans=
      0.2000   0.5000   1.0000   2.000   5.000
≫a.\b(表示b中元素除以a中对应元素)
ans=(相当于“b./a”)
      5.000 0   2.000 0   1.000 0   0.500 0   0.200 0
```

5.2.4 数组作为向量运算

数组还可以看成向量,进行向量运算.主要有:向量相乘、向量数量积、向量交叉积等.例如

```
≫a=[1 0 1];b=[0 1 0];
≫a*b'(向量相乘)
ans=
```

```
    0
>>dot(a,b)(向量数量积)
ans=
    0
>>cross(a,b)
ans=
    -1  0  1(向量交叉积)
```

例 3　求向量 $\boldsymbol{a}=(1,2,-3,4)$，$\boldsymbol{b}=(2,3,4,5)$ 的内积、夹角.

解：

```
>>a=[1 2 -3 4];
    b=[2 3 4 5]';        %将向量 b 写成列向量
    p=a*b
    thita=acos((a*b)/(norm(a)*norm(b)))        %norm 用于求出向量的模
    p=
        16
    thita=
            1.1620
```

5.2.5　向量组的极大线性无关组和秩

在 MATLAB 中，使用函数命令 rref 或 rrefmovie 可以把矩阵化为最简形，格式有下面几种.

R=rref(A)：给出矩阵 $\boldsymbol{A}$ 的行最简形 $\boldsymbol{R}$.

[R,ip]=rref(A)：给出矩阵 $\boldsymbol{A}$ 的行最简形 $\boldsymbol{R}$，ip 是一向量，r=length(ip)给出矩阵 $\boldsymbol{A}$ 的秩，A(:,ip)给出矩阵 $\boldsymbol{A}$ 的一个列向量基，ip 表示列向量基所在的列数.

rrefmovie(A)：给出求矩阵 $\boldsymbol{A}$ 的行最简形计算的每一步骤.

例 4　求向量组 $\boldsymbol{a}=(1,-1,2,4)$，$\boldsymbol{b}=(0,3,1,2)$，$\boldsymbol{c}=(-3,3,7,14)$，$\boldsymbol{d}=(4,-1,9,18)$ 的秩以及以及一个极大线性无关组.

解：

```
>>a=[1 -1 2 4]';b=[0 3 1 2]';c=[-3 3 7 14]';d=[4 -1 9 18]';
    A=[a,b,c,d]   %将向量组拼成一个矩阵
    [R,ip]=rref(A)
R=
   1  0  0  4
   0  1  0  1
```

```
    0  0  1  0
    0  0  0  0
ip=
    1  2  3
≫A(:,ip)   %给出向量矩阵A的一个列向量基
  length(ip)   %给出矩阵A的秩,也可用rank(A)求矩阵A的秩
ans=
     1     0     -3
    -1     3      3
     2     1      7
     4     2     14
ans=
     3
```

5.3 MATLAB绘图

5.3.1 绘制二维图形

5.3.1.1 plot 函数

plot 函数用于绘制二维平面上的不同曲线,其基本调用格式为

plot(x,y)

其中,**x**,**y** 为维数相同的向量,分别存储 x 轴坐标和 y 轴坐标的数据. 例如

```
≫x=[1 2;3 4;5 6];y=[2 -3;4 -5;6 -7];
≫plot(x,y)
```

输出的图形如图 5.2 所示.

MATLAB 提供了一些绘图选项,用于确定所绘曲线的线型、颜色和数据点的标记符号,这些参数可以组合使用,如用 r 表示红色虚线,用 b—o 表示蓝色实线并用圆圈标记数据点. 含选项的 plot 函数的调用格式为

plot(x,y,选项)

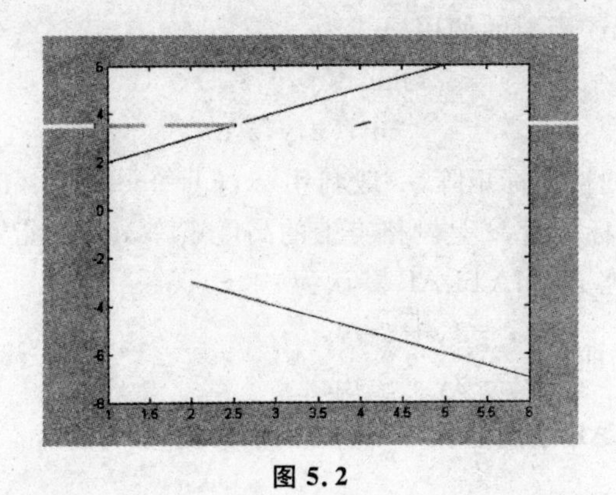

图 5.2

5.3.1.2　polar 函数

polar 函数用来绘制极坐标图,其基本调用格式为

polar(theta,rho,选项)

其中,theta 为极角,rho 为极径,选项与 plot 函数类似.

5.3.1.3　其他图形

MATLAB 还提供了其他的绘图函数,如饼图、复数的向量图等,其命令如下:

pie(X):根据向量 **X** 的数据绘制一个饼图.

compass(U,V):**U** 与 **V** 同是 n 维向量,则命令显示 n 个箭头,起点为原点,终点为[U(i),V(i)].

5.3.2　绘制三维图形

5.3.2.1　plot3 函数

plot3 函数的用法与 plot 类似,其调用格式为

plot3(x,y,z)

其中 **x**,**y**,**z** 是维数相同的向量,分别存储 x,y,z 轴坐标.

5.3.2.2　mesh 函数和 surf 函数

mesh 函数和 surf 函数可用来绘制三维曲面图. 其中,mesh 函数绘制三维网格图,而 surf 函数绘制三维曲面图时,各线条间的面用颜色填充.

mesh 函数和 surf 函数的调用格式为

mesh(x,y,z,c)

surf(x,y,z,c)

其中,[**x**,**y**]是网格坐标矩阵,一般利用[x,y]=meshgrid(u,v)来生成,**u**、**v** 分别为横、纵坐标向量,z 是网格点上的高度矩阵,c 用于指定不同高度下的颜色范围,c 省略时,MATLAB 默认为 $c=z$.

例 5 绘制曲面 $\begin{cases} x-2y+z=0, \\ x-2y-z=0. \end{cases}$

解:MATLAB 绘制过程如下(取 x,y 变化区间为$[-3,3]$,离散点步长为 0.1):

```
≫x=-3:0.1:3;y=-3:0.1:3;
≫[X Y]=meshgrid(x,y);
≫Z=-X+2*Y;
≫Z1=-X-2*Y;
≫mesh(X,Y,Z)
≫hold on
≫mesh(X,Y,Z1)
```

所绘制的曲面图形如图 5.3 所示.

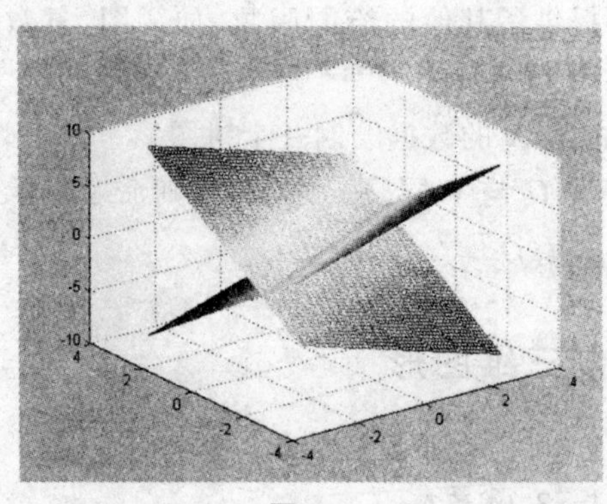

图 5.3

5.4 二次型与二次曲面及其图形问题

前面我们讲的二次曲面,它们的方程都是特殊形式,称为二次曲面的标准方程,而二次曲面的一般方程为

$$a_{11}x^2+a_{22}y^2+a_{33}z^2+2a_{12}xy+2a_{13}xz+2a_{23}yz+b_1x+b_2y+b_3z+c=0, \tag{5.1}$$

其中，$a_{ij}, b_i, c(i,j=1,2,3)$都是实数．我们记

$$\boldsymbol{x}=(x,y,z)^{\mathrm{T}}, \boldsymbol{b}=(b_1,b_2,b_3)^{\mathrm{T}}, \boldsymbol{A}=\begin{pmatrix} a_{11} & a_{12} & a_{13} \\ a_{21} & a_{22} & a_{23} \\ a_{31} & a_{32} & a_{33} \end{pmatrix},$$

其中，$a_{ij}=a_{ji}$．利用二次型的表示方法，方程(5.1)可表示成下列形式：

$$\boldsymbol{x}^{\mathrm{T}}\boldsymbol{A}\boldsymbol{x}+\boldsymbol{b}^{\mathrm{T}}\boldsymbol{x}+c=0.$$

为了研究一般二次曲面的性态，我们需要将二次曲面的一般方程转化为标准方程，为此我们将分两步进行.

(1)利用正交变换 $\boldsymbol{x}=\boldsymbol{P}\boldsymbol{y}$ 将方程(5.1)左边的二次型 $\boldsymbol{x}^{\mathrm{T}}\boldsymbol{A}\boldsymbol{x}$ 的部分化成标准形

$$\boldsymbol{x}^{\mathrm{T}}\boldsymbol{A}\boldsymbol{x}=\lambda_1x_1^2+\lambda_2y_1^2+\lambda_3z_1^2,$$

其中，$\boldsymbol{P}$ 为正交矩阵，$y=(x_1,y_1,z_1)^T$，相应地有

$$\boldsymbol{b}^{\mathrm{T}}\boldsymbol{x}=\boldsymbol{b}^{\mathrm{T}}\boldsymbol{P}\boldsymbol{y}=(\boldsymbol{b}^{\mathrm{T}}\boldsymbol{P})y=k_1x_1+k_2y_1+k_3z_1,$$

于是方程(5.1)可化为

$$\lambda_1x_1^2+\lambda_2y_1^2+\lambda_3z_1^2+k_1x_1+k_2y_1+k_3z_1+c=0. \tag{5.2}$$

(2)作平移变换 $\tilde{y}=y+y_0$，把方程(5.2)化为标准方程，其中 $\tilde{\boldsymbol{y}}=(\tilde{x},\tilde{y},\tilde{z})$，这里只要用配方法就能找到所用的平移变换．以下对 $\lambda_1,\lambda_2,\lambda_3$ 是否为零进行讨论.

当 $\lambda_1\lambda_2\lambda_3\neq0$ 时，用配方法把方程(5.2)化为标准方程

$$\lambda_1\tilde{x}^2+\lambda_2\tilde{y}^2+\lambda_3\tilde{z}^2=d. \tag{5.3}$$

根据 $\lambda_1,\lambda_2,\lambda_3$ 与 d 的正负，可以具体确定方程(5.3)表示什么曲面，例如 $\lambda_1,\lambda_2,\lambda_3$ 与 d 同号，则方程(5.3)表示椭球面.

当 $\lambda_1,\lambda_2,\lambda_3$ 中有一个为 0，不妨设 $\lambda_3=0$，方程(5.4)可化为

$$\lambda_1\tilde{x}^2+\lambda_2\tilde{y}^2=k_3\tilde{z}(k_3\neq0), \tag{5.4}$$

$$\lambda_1\tilde{x}^2+\lambda_2\tilde{y}^2=d(k_3=0). \tag{5.5}$$

根据 λ_1,λ_2 与 d 的正负，可具体确定方程(5.4)、(5.5)表示什么曲面．例如，当 λ_1,λ_2 同号时，方程(5.4)表示椭圆抛物面；当 λ_1,λ_2 异号时，方程(5.4)表示双曲抛物面，方程(5.5)表示柱面．

当 $\lambda_1,\lambda_2,\lambda_3$ 中有两个为 0，不妨设 $\lambda_2=\lambda_3=0$，方程(5.4.2)可化为下列情况之一.

①$\lambda_1\tilde{x}^2+p\tilde{y}+q\tilde{z}=0(p,q\neq0)$，此时再作新的坐标变换

$$x'=\tilde{x}, y'=\frac{p\tilde{y}+q\tilde{z}}{\sqrt{p^2+q^2}}, z'=\frac{q\tilde{y}-p\tilde{z}}{\sqrt{p^2+q^2}},$$

实际上是绕 $\tilde{x}$ 轴的旋转变换，方程可化为

$$\lambda_1 x'^2+\sqrt{p^2+q^2}\,y'=0,$$

此时曲面表示抛物柱面.

②$\lambda_1\tilde{x}^2+p\tilde{y}=0(p\neq 0)$表示抛物柱面.

③$\lambda_1\tilde{x}^2+p\tilde{z}=0(q\neq 0)$表示抛物柱面.

④$\lambda_1\tilde{x}^2+d=0$. 如果 λ_1，d 异号，表示两个平行平面；如果 λ_1，d 同号，图形无实点；如果 $d=0$，表示 yOz 坐标面.

例 6 用 MATLAB 画出二次型 $f=5x_1^2-4x_1x_2+5x_2^2$ 的图形.

解：二次型 $f=5x_1^2-4x_1x_2+5x_2^2=(x_1,x_2)\begin{pmatrix}5 & -2\\ -2 & 5\end{pmatrix}\begin{pmatrix}x_1\\ x_2\end{pmatrix}$，对于 $f=1$，可求出长轴与椭圆的交点坐标为$\left(-\frac{\sqrt{6}}{6},-\frac{\sqrt{6}}{6}\right)$，$\left(\frac{\sqrt{6}}{6},\frac{\sqrt{6}}{6}\right)$.

MATLAB 命令：

```
clear
ezplot('3*x^2+7*y^2=1',[-1,1]);
axis on
hold on
x=-sqrt(6)/6:0.001:sqrt(6)/6;
y=x;
plot(x,y)
```

利用上面的 MATLAB 命令可直接画出其在平面上的图形，是一个椭圆，如图 5.4 所示.

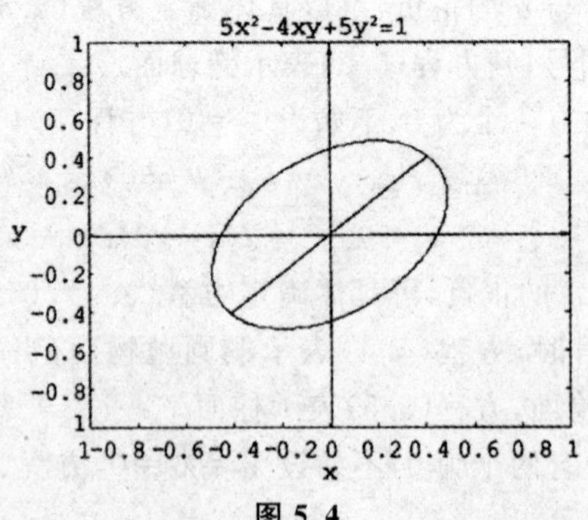

图 5.4

此时椭圆的主轴与坐标轴的方向不一致，如果作一个旋转变换，让坐标轴旋转 45°，这时椭圆的主轴就与新的坐标轴的方向相同，其方程将变为椭圆方程 $3y_1^2+7y_2^2=1$.

MATLAB 命令如下：

```
ezplot('3 * x^2+7 * y^2=1',[-1,1]);
axis on
```

利用 MATLAB 命令可直接画出其在平面上的图形，如图 5.5 所示.

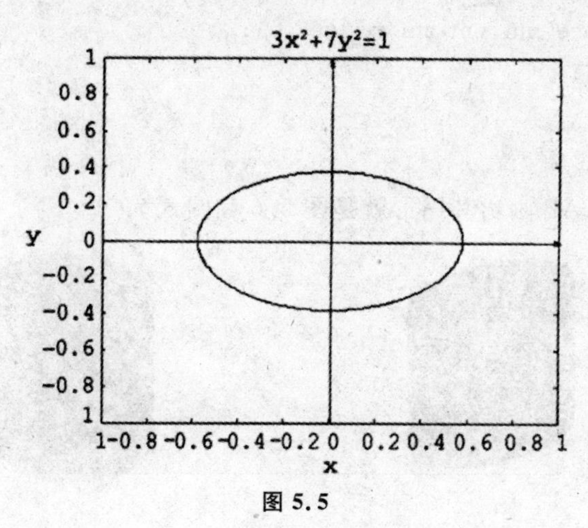

图 5.5

这实际上就是作了一个正交变换 $\boldsymbol{x}=\boldsymbol{R}\boldsymbol{y}$，其中 $\boldsymbol{R}=\begin{pmatrix}\cos\theta & -\sin\theta\\ \sin\theta & \cos\theta\end{pmatrix}$ 是一个正交矩阵，如果取 $\theta=45^\circ$，则

$$\boldsymbol{R}=\begin{pmatrix}0.7071 & -0.7071\\ 0.7071 & 0.7071\end{pmatrix},$$

$$\boldsymbol{R}^{-1}=\begin{pmatrix}0.7071 & 0.7071\\ -0.7071 & 0.7071\end{pmatrix},$$

此时，

$$\begin{aligned} f &= \boldsymbol{x}^T\boldsymbol{A}\boldsymbol{x}=y^T\boldsymbol{R}^T\boldsymbol{A}\boldsymbol{R}\boldsymbol{y}\\ &=(y_1,y_2)\boldsymbol{R}^{-1}\boldsymbol{A}\boldsymbol{R}\begin{pmatrix}y_1\\ y_2\end{pmatrix}=(y_1,y_2)\begin{pmatrix}3 & 0\\ 0 & 7\end{pmatrix}\begin{pmatrix}y_1\\ y_2\end{pmatrix}\\ &=3y_1^2+7y_2^2\\ &=1.\end{aligned}$$

如果在空间中考虑 $5x_1^2-4x_1x_2+5x_2^2=1$ 和 $3y_1^2+7y_2^2=1$ 就是椭圆柱面.

MATLAB 命令：

```
f=inline('3 * x ^2+7 * y^2-1');
fvector=vectorize(f);
x=linespace(-1,1);
```

```
y=x;
z=x;
[xm,ym,zm]=meshgrid(x,y,z);
fvalues=feval(fvector,xm,ym);
%isosurface(xm,ym,zm,fvalues,0);
xlabel('x')
ylabel('y')
zlabel('z')
```

用 MATLAB 画出其图形就是图 5.6 和图 5.7.

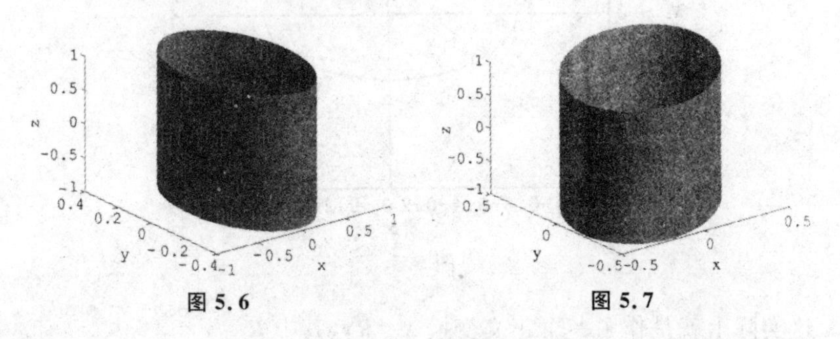

图 5.6　　　　图 5.7

5.5　机器人与几何学

5.5.1　几何代数在机器人发展中的作用

从近期发表的文献来看,研究人员不仅运用传统数学工具解决机构的设计和分析问题,而且开始在机器人感知以及控制领域将几何代数方法的优势不断体现出来.

Wang 等①对串联和并联机构的拓扑性及其拓扑图进行研究,首次将拓扑用于描述机构且不需要任何度量,该方法对于平面机构没有任何问题,但对于空间机构,尤其是空间并联机构,因为这类机构的性能(如自由度)与机构的度量紧密相连.为了实现运动学综合,作者将基本约束引入到拓扑概念,提出了适合于机构的拓扑表示和拓扑综合,同时提高了机构综合方法的有效性.

① Wang X Y, Baron L, Cloutics G. Topology of serial and parallel manipulators and topological diagrams[J]Mech. Mach. Theory, 2008, 43:754-770.

2005年，Bayro Corrochanoa 等①提出了几何前馈神经网络和 Clifford 支持向量机视觉学习的几何方法. 作者将前馈神经网络和支持向量机用于无坐标依赖的 Clifford 几何代数系统，并将 McCulloch-Pitts 神经元与几何神经元进行比较，有趣的是几何神经元即共形神经元，可以作为 RBF 网络和 SVM. 其主要贡献为将实数和复数多类分类器推广至 Clifford 值域的多类分类器. 随后他们又提出了全视觉图元的投影重构，由多幅未标定静态场景图像同时进行摄像机、点、线、退化立方体和非退化立方体的重构②，算法结合束调整成本函数使三维重构有效保持了立方体正确的拓扑结构. 2007年，Bayro Corrochanoa 等将李代数方法应用于单目立体视觉，通过估计图像仿射变换参数实现 3D 运动估计和跟踪，其优点为李代数方法保证了跟踪路径最优.

Banks 等学者③将李代数方法与 Takagi-Sugeno 模糊系统结合设计机器人控制器. 主要工作可以分为两项内容. 其一是基于传统的李理论 T-S 型模糊控制系统稳定性研究. T-S 模糊系统作为一系列规则被应用于形如 $\dot{x}(t)=Ax(t)+Bu(t)$ 的非线性系统的建模. 作者将由 T-S 模糊规则子系统矩阵 A 生成的李代数应用于 T-S 模糊模型，其中，每个子系统对应规则基中的一个规则，在可交换代数的情况下，通过计算连续状态矩阵 A 的变换矩阵进行稳定性分析. 其二是将结果拓展到非交换代数的情形. 其基本思想是由可交换李代数来近似不可交换李代数，且使其误差最小. 利用李代数的 Levi 分解该近似方法取得的结果能推广到一般的情况. 最后将弹性关节机械臂控制看成一个 T-S 模糊系统，结果证明了李代数控制器的稳定性.

同时，近几年作为一个新的几何表示和计算系统，共形几何代数可以用来进行极其复杂的符号几何计算，已经成为机器人和机器视觉领域又一新的发展机遇.

综上所述，几何代数方法在机器人各个分支的研究都得到了应用. 具有模型紧凑的几何代数方法，可以揭示机构的内在特性，是机构分析与综合的有力工具. 由于其模型的简洁性，进而能够提高计算的快速性，尤其在复杂的并联机构场合. 几何代数方法的高度抽象能力也可以在特征识别、环境感

---

① Bayro Corrochanoa E, Vallejob R, Arana Daniel N. Geometric preprocessing, geometric feedforward neural networks and Clifford support vector machines for visual learning[J]. Neurocomputing, 2005, 67: 54-05.

② Reyes L, Bayro Corrochano E. Projective reconstruction of all visual primitives [J]. Pattem Recognition, 2005, 38: 2301-2313.

③ Banks S P, Gurkan E, Erkmen I. Stable controller design for T-S fuzzy systems based on Lie algebras. Fuzzy Sets and Systems, 2006, 156: 226-248.

知等研究中表现出一定的优势.

5.5.2　机构几何代数模型与机器人控制

机构的数学特性是机器人领域的重要研究课题之一,主要包括机构特性的数学描述、机构位姿的检测和机构运动的控制,以便于计算机指令和控制算法的高效实现.随着机构的复杂化、机构的应用领域多样化和计算机工具的进步,这一机构系统的数学描述和新算法的设计对机构数学模型提出更高的要求.

近年来,人类的活动领域不断扩大,机器人应用也从制造领域向非制造领域发展.与制造业相比,像海洋开发、宇宙探测、采掘、建筑、医疗、农林业、服务、娱乐等行业的主要特点是工作环境的非结控位塑不确定性,因而对机器人的要求更高,需要机器人具有行走功能、对外感知能力,以及局部的自主规划能力等.这些要求使得机器人向集成化、模块化、智能化和多感知系统发展,同时这些性能的实现与机器人自身性能的模块化表示紧密相关,因此几何代数方法是机器人机构数学建模的有力工具,是机器人实现自主化的重要途径.

由于机器人是一个非常复杂的系统,其中包括机械系统、机电驱动系统、计算机控制系统、信息采集与反馈系统,同时需要将计算机控制与机电驱动装置和传感器结合起来,这一综合性的任务已超出了工程师的能力.该领域的任何理论都要经得起实际机械装置的考验.因此几何代数方法也是机器人学的重要分支之一.

几何代数是由 Hestenes 定义的带有几何释义的多线性代数.Hestenes 的本意是通过几何代数建立物理学中统一的符号运算专有术语,事实上由于历史的原因,今天有多个领域基于不同的形式都在使用这些术语,如张量(tensors)、矩阵(matrices)、扭矩(torques)、矢量(vector)、旋量(spinors)、四元数(quaternions)等,而这些由 Henestes 命名的术语恰恰是 Clifford 想赋予 Clifford 代数的.

已经证明几何代数对于一些物理问题的解决非常便利,如涉及旋转、相位角的问题等.同时几何代数在量子力学、经典力学、电磁学以及相对论等领域都表现出其结构紧凑、直观的特点.目前几何代数的应用已经拓展到机器视觉、生物力学、机器人学以及太空飞行动力学等领域.

Sophus Lie 的李群、李代数是几何代数在机器人学中的一个重要分支.Sophus Lie 的主要成就是发现了连续变换群,在他去世后才被命名为李群.李代数可以理解为是李群的线性化和生成的相应向量场,或叫作无穷小生成元,且被表示为群的线性化形式.

从 19 世纪末诞生到现在,李群李代数经历了一个多世纪的发展.从研究晶体排列到研究刚体的运动分析,均获得了广泛应用.旋量作为李代数的一个元素,其研究早于李群、李代数的出现,现在已经是一个比较成熟的理论工具.旋量理论与李群、李代数在机构学中的应用,大大地丰富了机构学的研究手段,推动了当代机构学的研究和发展.

机器人机构构型理论的研究具有十分重要的理论和实际意义,是目前国际学术界和工业界广泛关注的热点和前沿.

机器人机构的构型理论首先要建立在对其末端运动特征和末端运动约束特征的准确描述上.一个机构由一系列刚体及运动副连接构成.机构分析的基本问题是找到连接刚体的任意运动副的合适数学表示,已经证明该问题通过两种途径得以解决,即机构连接的并和交运算并运算对应串联机构,交运算则对应并联机构.该方法的有效性已经在三自由度并联机构的设计中得到验证.连接基座与动平台的三个支链产生纯平移运动,每个支链的位移子集是一个子李群.三个子集的交仍然是由空间平移构成的子李群.伺服电机与基座相连,这使得它的体积和重量不受太多限制,进而驱动非常大的负载.另外三个支链为重量较轻而运动灵活的桁架结构,从而使这类并联机构实现高速度、高加速度的精准定位.

近年来,关于并联机器人的研究发展很快,并且涉及范围很广.由于造价低廉,旋转关节并联机器人研究逐渐受到重视,典型的有三自由度 R-CUBE 全旋转关节解耦并联执行机构以及著名的三自由度 Delta 机器人.

由于高自由度的大部分并联机构的末端操作器存在位姿运动的耦合,为简化控制环节,近期并联机构研究倾向于将末端操作器的运动进行解耦设计,尽量避免复杂的多自由度关节,但这会使机构设计受到限制;同时,由于并联机构的复杂性,一般较难设计出结构解耦的高自由度的空间机构,尤其是能够实现末端操作器旋转运动的解耦机构.因此并联机器人的解耦设计及功能实现往往存在很多矛盾,因此控制问题的解决不能完全依赖机构自身的解耦.

传统的数学工具常常使从事机构设计的工程师感到困惑,但刚体系统位移的李代数结构仍然是机构设计的理论基础.根据连续群李理论,一个微小位移由一个作用于三维欧氏空间的仿射点的算子来表示,该算子一般被称作反对称向量场、螺丝或旋量.一个这样的反对称向量场集合也叫反对称向量场系统或旋量系统,它具有李代数结构,且可以将指数函数作用于这些反对称向量场,得到表达机构所在的位姿的所有无穷小位移的算子集合,这一集合具有李群结构,确切地讲,它是一个六维位移群的子群.同时还能得到与之对应的子李代数.

5.5.3 新型解耦机构构型和机器人自主化设计研究

在未来的研究中,机器人构型尤其是并联机器人构型、运动控制和实际应用的研究将会更加成熟和完善,以下几个方面将继续成为并联机器人研究的热点.

进一步加强对少自由度并联机器人的开发和研究.少自由度并联机器人一般是指自由度小于6的并联机器人,其结构简单,制造成本低,易于控制,是机器人机构学新兴的研究热点.

并联机器人的动力学及弹性动力学的理论和试验研究至今还有许多值得研究的问题,特别是构建弹性动力学的理论研究和科学实验,并推导并联机器人可控性和可观性的理论结果.而这些问题的解决将很好地应用于并联机器人,多传感器信息融合技术也将更多地在并联机器人中得到应用.

机器人的应用研究将进一步深化,研制机器人的最终目的是面向应用,人们已经开始了并联机器人在许多领域的应用研究,但目前大多处于实验研究阶段,未来十几年这些应用研究将取得很大进展,将在许多领域得到实际应用,而且其应几何代数方法是机构构型以及运动学的基础,在此基础上可派生出一些新的构型方法.为了适应机器人模块化的发展方向以及复杂的机器人系统,计算机、电子系统以及软件的模块化已经产业化,而机器人的模块化也有成功的例子,但只有较少的商业化产品,距离产业化还有相当长的路要走.其原因除了性能和精度较低、模块化系统的初期投入较高外,最重要的原因还是缺少自主结构设计、建模以及机构构型与综合的系统、高效的方法.而大量的现有的机构建模的方法很难直接应用于模块化设计和建模,因为这些方法是针对某一具体结构实现的,当机构发生变化时,方法也会失效,因此基于CAD的机构运动学和动力学自主建模是未来机器人模块化的重要途径.机器人结构学、运动学、机械设计方法、机构性能、控制理论、轨迹规划等理论的通用化研究具有很高的价值;而适用于串联或具有树形结构机器堂方法,不能直接应用于具有闭环结构的并联机器人,这种情况下必须考虑闭环运动链之间的相互约束,整个机构的解由于大量中间变量的存在变得较为复杂.

5.5.4 机器人多元感知与多信息融合

多传感系统在机器人中的应用是近年来机器人研究的又一热点.为进一步提高机器人的智能和适应性,多种传感器的使用是其问题解决的关键.

其研究热点在于有效可行的多传感器融合算法，特别是在非线性及非平稳、非正态分布的情形下的多传感器融合算法.

体现多传感器性能最好的载体是智能机器人，目前智能机器人发展遇到的最大的障碍无外乎是对外部环境的感知程度和执行能力，而后者是在前者的基础上完成的.因此机器人对环境的感知是其能力的重要体现.如果将人的五种感知能力（视觉、听觉、触觉、嗅觉和味觉）赋予机器人，而机器人感知环境的主要渠道也应该为机器视觉.目前的机器视觉经过多领域专家的长时间努力，已经在诸多行业达到了产业化的水平，尤其是在工业产品质量检测和安全监控等领域取得了骄人的成绩.但是基于机器视觉的计算机控制仍然发展速度相对较慢，其主要制约因素为目前图像处理的方法仍然大多是基于统计理论形成的，机器对图像的理解仍然是在逻辑推理的基础上实现的，而人类对图像的抽象能力在机器视觉领域仍然很少体现，因此当机器人置身于非结构化环境中或者需要进行超快速反应的场合还是有些力不从心，难以较好地完成非结构环境的突发情况的任务.

此外，基于多源视觉的环境三维重构也是智能机器人的一个重要课题.这直接与虚拟机器人技术密切相关.虚拟机器人技术是未来机器人发展的又一重要方向，它基于多传感器、多媒体、虚拟现实以及临场感技术实现机器人的虚拟遥操作和人机交互.

5.5.5　机器人自主化对控制方法的需求

机器人现代控制方法主要体现在网络化、智能化和集成化三个方面.具体描述如下.

网络技术为实现机器人遥控及监控奠定了基础，其应用越来越广泛.但网络的延迟和拥塞为机器人网络控制提出了更高要求，因此有必要研究高效、高性能的控制方法来适应机器人网络控制.多机器人和操作者之间的协调控制，通过移动网络建立大范围的机器人遥控系统，建立时延情况下的机器人网络预警机制，结合多信息感知好融合技术实现机器人半自主和自主化控制.机器人自身的集成化和控制的集成化相结合，二者正朝着一体化方向发展.

多智能体（multi agent）协调控制技术是目前机器人研究的一个崭新领域.主要对多智能体的群体体系结构、相互间的通信与磋商机理、感知与学习方法、建模和规划、群体行为控制等方面进行研究.它将智能技术与传感技术以及机器人自身模型相结合，使新的智能理论得到应用，同时也会促进智能理论和相关传感技术的发展.

机器人的集成化主要体现为微型和微小机器人技术(micro/miniature robotics),它是机器人研究的又一个新的领域和重点发展方向.随着机器人集成化程度的提高以及技术发展的需求,工业机器人时代在该领域的研究几乎空白,当新材料技术和生物技术快速发展,该领域研究的进展将会引起机器人技术的一场革命,并且对社会进步和人类活动的各个方面产生不可估量的影响.机器人体积的减小,将使原有传统的机器人技术面临革新,因此微小型机器人的系统结构、运动方式、控制方法、传感技术、通信技术以及行走技术等方面都将成为新的研究课题.

软机器人技术(soft robotics)是近几年随着服务机器人市场的需求而提出的一个新课题.主要用于医疗、护理、休闲和娱乐场合.传统机器人源于工业机器人,其设计未考虑与人紧密共处,因此其结构材料多为金属或硬性材料.软机器人技术要求其结构、控制方式和所用传感系统在机器人意外地与环境或人碰撞时是安全的.该领域与仿人和仿生机器人密切相关,这是机器人技术发展的最高境界,目前仅在某些方面进行一些基础研究.

5.5.6 机器人视觉检测的几何方法与视觉伺服控制

5.5.6.1 基于矩形不变量的并联机构位姿估计算法设计

本节讲述三维空间点的位置确定.采用全透视投影下的针孔摄像机模型,在该摄像机模型下,3D 空间坐标点 A.经过投影后其图像坐标点为 $a_{n,t}$则

$$\lambda a_{n,t}=KA_{n,t}$$

其中,λ 为尺度因子;K 为内部参数矩阵,有

$$k=\begin{bmatrix} f & S & u_0 \\ 0 & \alpha f & v_0 \\ 0 & 0 & 1 \end{bmatrix}.$$

这里,f 是焦距;α 是图像横、纵坐标的比例系数;$p=(u_0 \quad v_0 \quad 1)^{\mathrm{T}}$ 为图像坐标系原点;s 用来描述图像两坐标轴的参数.

摄像机内部参数矩阵可由摄像机标定获得,根据 K 的可逆性,得

$$\tilde{a}_{n,t}=K^{-1}a_{n,t}, \tag{5.6}$$

从而 3D 坐标点 $A_{n,t}$可以表示为

$$A_{n,t}=\lambda K^{-1}a_{n,t}=\lambda\tilde{a}_{n,t}. \tag{5.7}$$

已知并联机构末端操作器上矩形结构的 4 个顶点集合$\{A_{n,t}\}$投影在图像平面的二维图像点集合为$(a_{n,t})$,则在摄像机坐标系下由式(5.7)知

$$A_{cn,t}=\lambda_n K^{-1}a_{cn,t}=\lambda_n\tilde{a}_{cn,t},n=1,2,3,4 \tag{5.8}$$

令

$$A_{cn,t}=x_n,n=1,2,3,4$$
$$x=[x_1,x_2,x_3],$$

则有

$$\begin{aligned}x&=(x_1,x_2,x_3)=(A_{c1,t},A_{c2,t},A_{c3,t})\\&=(\tilde{a}_{c1,t},\tilde{a}_{c2,t},\tilde{a}_{c3,t})\cdot diag(\lambda_1,\lambda_2,\lambda_3)\\&=M\cdot \mathrm{diag}(\lambda_1,\lambda_2,\lambda_3),\end{aligned} \tag{5.9}$$

其中

$$M=(\tilde{a}_{c1,t},\tilde{a}_{c2,t},\tilde{a}_{c3,t}).$$

由于摄像机与并联机构末端操作器的矩形结构不共面，因此矩阵 M 是可逆的，由式(5.8)和式(5.9)得

$$\begin{aligned}x^{-1}x_4&=\mathrm{diag}^{-1}(\lambda_1,\lambda_2,\lambda_3)M^{-1}(\lambda_4,\tilde{a}_{c4,t})\\&=\mathrm{diag}\left(\frac{\lambda_4}{\lambda_1},\frac{\lambda_4}{\lambda_2},\frac{\lambda_4}{\lambda_3}\right)M^{-1}(\lambda_4,\tilde{a}_{c4,t}).\end{aligned} \tag{5.10}$$

又因为

$$\begin{aligned}M^{-1}(\lambda_4,\tilde{a}_{c4,t})&=\mathrm{diag}(-1,1,1)[M\cdot \mathrm{diag}(-1,1,1)]^{-1}\tilde{a}_{c4,t}\\&=\mathrm{diag}(-1,1,1)[-\tilde{a}_{c1,t}\tilde{a}_{c2,t}\tilde{a}_{c3,t}]^{-1}\tilde{a}_{c4,t}\\&=[-g_1,g_2,g_3]^{\mathrm{T}},\end{aligned} \tag{5.11}$$

可得

$$x^{-1}x_4=\left(-\frac{\lambda_4 g_1}{\lambda_1},\frac{\lambda_4 g_2}{\lambda_2},\frac{\lambda_4 g_3}{\lambda_3}\right)^{\mathrm{T}}=(A_{c1,t},A_{c2,t},A_{c3,t})^{-1}A_{c4,t}. \tag{5.12}$$

根据式(5.12)得

$$\left(-\frac{\lambda_4 g_1}{\lambda_1},\frac{\lambda_4 g_2}{\lambda_2},\frac{\lambda_4 g_3}{\lambda_3}\right)^{\mathrm{T}}=(-r,r,1)^{\mathrm{T}}, \tag{5.13}$$

即 $\lambda_n(n=1,2,3,4)$ 可被推算为

$$\begin{aligned}\lambda_n&=\lambda_4 r^{-1}g_n,n=1,2\\\lambda_n&=\lambda_4 g_n,n=3,4\end{aligned} \tag{5.14}$$

最后可以在摄像机坐标系下得

$$\begin{aligned}x_n&=A_{cn,t}=\lambda_4 r^{-1}g_n\tilde{a}_{cn,t},n=1,2\\x_n&=A_{cn,t}=\lambda_4 g_n\tilde{a}_{cn,t},n=3,4\end{aligned} \tag{5.15}$$

并联机构执行器上矩形结构的两条对边的欧氏距离 d_{12} 和 d_{34} 在摄像机坐标系下分别为

$$d_{12}=\|A_{c2,t}-A_{c1,t}\|,$$
$$d_{34}=\|A_{c4,t}-A_{c3,t}\|,$$

则根据式(5.15)可得

$$d_{34}=\|A_{c4,t}-A_{c3,t}\|=\lambda_4\|g_4\tilde{a}_{c4,t}-g_3\tilde{a}_{c3,t}\|, \tag{5.16}$$

即

$$\lambda_4=\frac{d_{34}}{g_4\widetilde{m}_4-g_3\widetilde{m}_3}$$

由

$$r=\frac{d_{34}}{d_{12}}=\frac{\|A_{c4,t}-A_{c3,t}\|}{\|A_{c2,t}-A_{c1,t}\|}$$

得到并联机构末端操作器上矩形结构的顶点在摄像机坐标系下的三维空间位置,即

$$A_{cn,t}=\frac{d_{12}g_n}{\|g_4\tilde{a}_{c4,t}-g_3\tilde{a}_{c3,t}\|}\tilde{a}_{cn,t},n=1,2$$

$$A_{cn,t}=\frac{d_{34}g_n}{\|g_4\tilde{a}_{c4,t}-g_3\tilde{a}_{c3,t}\|}\tilde{a}_{cn,t},n=3,4 \tag{5.17}$$

若并联机构末端操作器上矩形结构所在平面为 H,则根据几何原理,在摄像机坐标系下矩形结构的顶点$\{A_{cn,t}\}(n=1,2,3,4)$与平面Ⅱ存在如下关系:

$$A_{cn,t}^{\mathrm{T}}\prod=1, \tag{5.18}$$

则对任意顶点 $A_{cn,t}$存在

$$A_{cn,t}A_{cn,t}^{\mathrm{T}}\prod=A_{cn,t}, \tag{5.19}$$

即

$$\left(\sum_{n=1}^{4}A_{cn,t}A_{cn,t}^{\mathrm{T}}\right)\prod=\sum_{n=1}^{4}A_{cn,t}. \tag{5.20}$$

因此并联机构末端操作器上矩形结构所在平面Ⅱ为

$$\prod=\left(\sum_{n=1}^{4}A_{cn,t}A_{cn,t}^{\mathrm{T}}\right)^{-1}\sum_{n=1}^{4}A_{cn,t}. \tag{5.21}$$

将式(5.17)代入式(5.21)得

$$\begin{aligned}\prod&=\left(\frac{d_{12}^2\sum\limits_{n=1}^{4}(g_n^2\overline{a_{n,t}}\,a^{\mathrm{T}}\overline{{}_{n,t}})}{\|g_4\overline{a_{4,t}}-g_3\overline{a_{3,t}}\|^2}\right)^{-1}\cdot\frac{d_{12}\sum\limits_{n=1}^{4}(g_n a^{\mathrm{T}}\overline{{}_{n,t}})}{\|g_4\overline{a_{4,t}}-g_3\overline{a_{3,t}}\|}\\&=\left(\frac{d_{12}^2\sum\limits_{n=1}^{4}(q_n^2\overline{a_{n,t}}\,a^{\mathrm{T}}\overline{{}_{n,t}})}{\|q_4\overline{a_{4,t}}-q_3\overline{a_{3,t}}\|^2}\right)^{-1}\cdot\left(d_{12}\sum_{n=1}^{4}(q_n a^{\mathrm{T}}\overline{{}_{n,t}})\right)\\&=M_{\Pi}^{-1}b_{\Pi}.\end{aligned}$$

其中

$$M_{\mathrm{II}} = \frac{d_{12}^2 \sum_{n=1}^{4} (g_n^2 \bar{a}_{n,t} \bar{a}_{n,t}^{\mathrm{T}})}{\| g_4 \bar{a}_{4,t} - g_3 \bar{a}_{3,t} \|^2},$$

$$b_{\mathrm{II}} = d_{12} \sum_{n=1}^{4} (g_n \bar{a}_{n,t}^{\mathrm{T}}).$$

5.5.6.2　基于点相关位姿估计算法的位姿描述

在基于点相关的位姿估计问题中，首先给定运动目标在 t 运动时刻的一个三维模型点集合 $\{A_{cn,t}\}$ $(n=1,2,3,4)$，其中

$$A_{cn,t} = (x_{on,t}, y_{on,t}, z_{on,t})^{\mathrm{T}}$$

为模型点在目标坐标系下的坐标；N 为三维模型点集合 $\{A_{cn,t}\}$ 中模型点的个数.

然后对该模型点集合进行刚性变换，产生一个模型点集合 $\{A_{cn,t}\}$ 投影到图像平面的投影点集合

$$\{a_{cn,t}\} = (u_{n,t}, v_{n,t})^{\mathrm{T}}$$

和它在摄像机坐标系下的坐标

$$A_{cn,t} = (x_{cn,t}, y_{cn,t}, z_{cn,t})^{\mathrm{T}},$$

因此，我们可以获得旋转矩阵 $\boldsymbol{R}$、平移矩阵 $\boldsymbol{T}$、各个模型点所对应的投影方向向量 $\{a_{n,t}, f\}$，投影深度 $\{L_{n,t}\}$ 为摄像机的焦距，$\{L_{n,t}\}$ 决定了在三维空间中特征点沿射线投影的实际位置.

本节采用基于针孔摄像机模型的全景透视，沿用图 5.8 所定义的摄像机坐标系、图像坐标系和目标坐标系，并定义 H 为摄像机光点到并联机构末端操作器平面的距离. 选择并联机器人末端操作器上矩形结构的 4 个顶点作为特征点集合 $\{A_{cn,t}\}$ $(n=1,2,3,4)$. $\{L_{n,t}\}$ 为各特征点在摄像机坐标系下的投影深度；$\{a_{n,t}, f\}$ 为各特征点的投影方向向量. 即

$$\{a_{cn,t}, f\} = (u_{n,t} v_{n,t} f),$$

根据本章中图 5.8 的定义，光点到并联机构末端操作器平面的距离 H 为

$$H = (A_{c1,t} \cdot e_z).$$

为了减少高斯迭代过程中的变量个数，我们定义了两个方向向量 r_1 和 r_2，如图 5.8 所示. 其中

$$r_1 = \overrightarrow{A_{2,t} A_{1,t}},$$

$$r_2 = \overrightarrow{A_{4,t} A_{2,t}},$$

$$r_1 = (d_3 \times d_4) \times (d_1 \times d_2), \tag{5.22}$$

$$r_2 = (d_1 \times d_3) \times (d_2 \times d_4). \tag{5.23}$$

则并联机构末端操作器所在平面的法向量 G 可由向量 r_1 和 r_2 计算，即

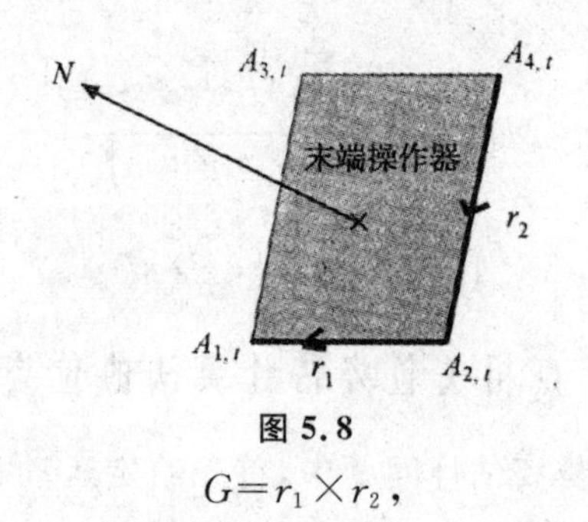

图 5.8

$$G = r_1 \times r_2,$$

所以各个特征点的投影深度集合$\{L_{n,t}\}$可由 H、G 和$\{a_{n,t}, f\}$来估计，即

$$L_{n,t} = H * \frac{\|(a_{n,t}, f)\| * \|G\|}{\|(a_{n,t}, f) \cdot G\|}, n=1,2,3,4.$$

模型点的三维坐标 $A_{n,t}$ 为

$$A_{n,t} = d_n * L_{n,t}, n=1,2,3,4.$$

5.5.6.3 基于双目立体视觉的运动平台位姿检测算法设计

利用双目立体视觉系统采集的并联机器人的运动序列图像来检测并联机器人末端操作器的位姿，首先建立如图 5.9 所示的汇聚式双目立体摄像系统，其系统框图如图 5.10 所示.

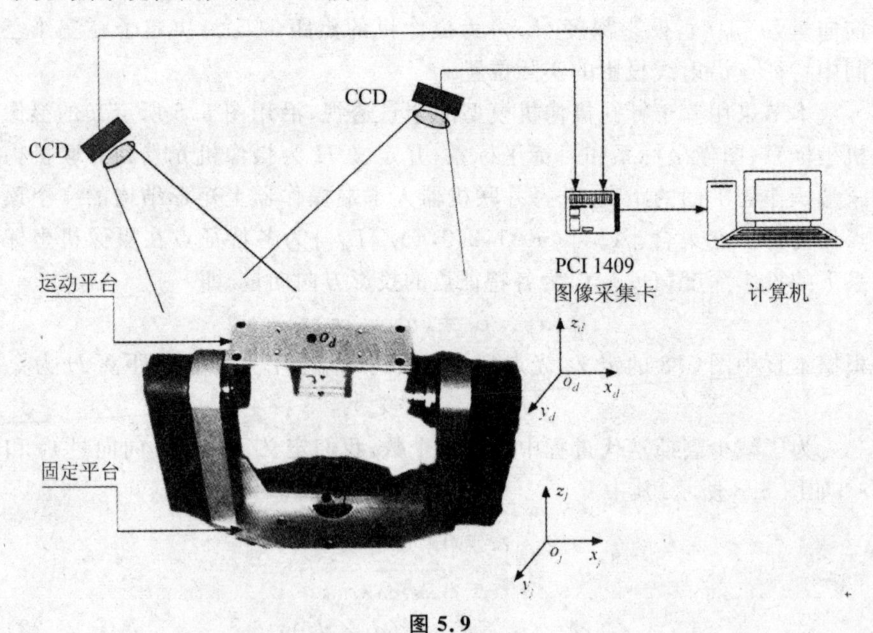

图 5.9

该系统的检测过程分解为以下几个步骤.

(1)并联机器人末端操作器的运动序列图像采集和传输.

(2)双目系统中的摄像机标定.

(3)并联机器人末端操作器的特征匹配及跟踪模型建立.

(4)并联机器人末端操作器的三维重建及在运动中的瞬时位姿检测.

由于图像采集和传输、摄像机标定在许多文献中有详细介绍,我们主要对步骤(3)和步骤(4)的算法设计予以详细阐述.

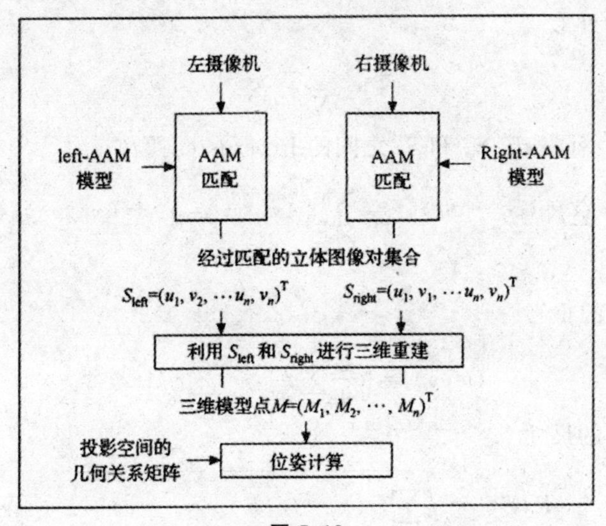

图 5.10

1)基于 AAM 的双目视觉位姿检测算法设计框架

在双目视觉系统中,运用 AAM 算法进行位姿测量的主要思想是:建立两个 AAM 模型,分别对左右两个摄像机所采集的并联机器人运动图像序列进行 AAM 匹配;利用匹配过的立体图像对和摄像机标定的投影空间中几何关系变换矩阵来计算并联机器人末端操作器的空间位姿.该算法的结构框图如图 5.10 所示.

2)并联机器人的特征点匹配及跟踪模型建立

(1)建立末端操作器的 AAM 模型.

AAM 模型的建立需要两个步骤:手工标记训练样本中的特征点;建立形状模型、纹理模型和表观模型.

形状建模,实现步骤如下:

①选择 N 幅并联机器人的运动图像来构建训练集合,手工标记训练集合中每个学习样本的 n 个特征点,则并联机器人末端操作器的外形向量 S 可以用一个 $2n$ 维的向量表示,即

$$S=(u_1, v_1, u_2, v_2, \cdots, u_n, v_n),$$

训练集合中 N 个并联机器人的学习样本就可以用 N 个向量表示,即

$$X=(S_1, S_2, \cdots, S_N).$$

②对外形进行归一化，即在不改变形状的前提下，通过平移、旋转、缩放操作使两幅末端操作器图像的样本外形尽量接近. 采用 Procrustes Analysis 方法来实现外形的归一化，即通过使每个外形和平均外形之间的误差平方和($D=\sum|(S_i-\overline{S})|$)最小化来实现归一化. 为此，我们定义如下几个外形的几何度量.

A. 平均外形

$$\overline{S}=\frac{1}{N}\sum_{i=1}^{N}S_i. \tag{5.24}$$

B. 两个不同外形 S_p 和 S_q 之间的 Procrustes 距离

$$P_{\mathrm{d}}^2=\sum_{j=1}^{n}|(S_p-S_q)^2|=\sum_{j=1}^{n}|(x_{jp}-x_{jq})^2+(y_{jp}-y_{jq})^2|. \tag{5.25}$$

C. 外形的重心

$$(\overline{x},\overline{y})=\left(\frac{1}{n}\sum_{j=}^{n}x_j,\frac{1}{n}\sum_{j=}^{n}y_j\right). \tag{5.26}$$

D. 外形的尺寸

$$R(S)=\sqrt{\sum_{j=1}^{n}[(x_j-\overline{x})^2+(y_j-\overline{y})^2]}. \tag{5.27}$$

对于训练集中的所有末端操作器样本，整个外形归一化过程为如下的迭代过程：

a. 计算每个样本外形的重心，并将其平移至坐标原点.

b. 令 $R(S)=1$，完成对第一个样本外形的缩放，并将其作为平均外形的初始估计 S.

c. 计算训练集合中每个样本外形同当前平均外形之间的 Procrustes 距离，通过缩放和旋转使该 Procrustes 距离达到最小，即每个样本外形同当前平均外形对齐.

d. 重新计算所有对齐后的样本的平均外形.

e. 估算当前平均外形和上次平均外形的差异，若两个平均外形的差异小于设定的误差阈值 ε，则认为收敛，迭代结束；否则，跳转到步骤 c.

③对归一化的末端操作器形状进行主成分分析(PCA).

经 PCA 方法降维后，得到外形 S 的协方差矩阵的前 t 个特征值 λ_{si} ($i=0,1,\cdots,t-1$)、λ_{si} 所对应的特征向量构成的矩阵 P_s 和外形参数 b_s.

④任意末端操作器的外形 s 可以用线性方程进行表达，即

$$S=\overline{S}+P_s b_s, \tag{5.28}$$

这样就完成了对末端操作器外形的建模.

纹理建模的实现步骤如下：

①将平均外形 $\overline{S}$ 和训练集中末端操作器的样本外形分别进行 Delaunay 三角剖分.

②末端操作器的纹理归一化. 设 p_u 是末端操作器的实际纹理样本，它由 n 个像素构成，p_i 表示第 i 个像素；p_u 是归一化后的末端操作器的纹理样本，则末端操作器的归一化可描述为

$$p_u=\frac{p_s-\overline{p}}{\sigma}. \tag{5.29}$$

其中，$\overline{p}$ 为 p_s 中所有像素灰度值的平均值；σ 为其方差，即

$$\overline{p}=\frac{1}{n}\sum_{i=1}^{n}p_i, \tag{5.30}$$

$$\sigma^2=\frac{1}{n}\sum_{i=1}^{n}(p_i-\overline{p})^2. \tag{5.31}$$

对于训练集中的所有末端操作器样本，整个纹理的归一化过程可由如下的迭代过程来实现：

A. 选择一个机器人末端操作器纹理样本作为初始的平均纹理 $\overline{g}$，并对它进行标准的归一化.

B. 按照式(5.29)对每一个末端操作器的纹理样本进行归一化.

C. 重新计算平均纹理，同上一次的平均纹理比较. 若两个平均纹理的差异小于设定的误差阈值 ε_p，则认为收敛，迭代结束；否则跳转到步骤 B.

③对归一化的纹理信息进行主成分分析(PCA)，得到纹理 p 的协方差矩阵的前 t 个特征值 $\lambda_{pi}\ (i=0,1,\cdots,t-1)$、$\lambda_{pi}$ 所对应的特征向量构成的矩阵 P_p 和外形参数 b_p.

④任一末端操作器的纹理信息可以用线性表达式表示，即

$$p=\overline{p}+P_p b_p, \tag{5.32}$$

这样就完成了对末端操作器纹理的建模.

表观模型是进一步将式(5.28)和式(5.32)定义的末端操作器的外形模型和纹理模型融合起来. 即通过引入矢量 B，将 b_s 和 b_p 联系起来

$$B=\begin{bmatrix}\omega_s b_s\\ b_p\end{bmatrix}, \tag{5.33}$$

其中，对角阵列 ω_s 用来调整 b_s 和 b_p 二者之间纲量的不同. 在此，ω_s 表示为

$$\omega_s=\begin{bmatrix}r & & 0\\ & \ddots & \\ 0 & & r\end{bmatrix}, \tag{5.34}$$

这里

$$r=\sqrt{\frac{r_p}{r_s}}, r_p=\sum_{i=1}^{t} r_{pi}, r_s=\sum_{i=1}^{t} r_{si}.$$

对得到的 B 进行 PCA 处理，进一步消除外形和纹理之间的相关性，从而得到表观模型

$$B=\bar{B}+P_b c, \tag{5.35}$$

其中，$\bar{B}$ 为平均表观向量，可以证明 $\bar{B}$ 为 0；P_b 为表观 B 的协方差矩阵的特征值所对应特征向量构成的表观特征矩阵；c 为控制表观变化的表观模型参数. 外形模型和纹理模型可以由外观模型参数 c 表示为

$$S=\bar{S}+P_s\omega_s^{-1}P_{cs}c=\bar{S}+Q_s c,$$
$$p=\bar{p}+P_p P_{cp}c=\bar{p}+Q_p c. \tag{5.36}$$

这样只要变化外观模型的参数 c 即可同时改变外形与纹理.

(2) AAM 模型的匹配过程与跟踪模型建立.

AAM 对目标图像进行匹配的思想是通过调整模型参数 c、姿态参数 t，使合成的图像与搜索到的图像之间的灰度差别最小，即使下式的误差最小化：

$$\Delta=\|\delta p\|^2=\|p_s-p_m\|^2 \tag{5.37}$$

其中，p_s 为实际图像采样纹理归一化后的值；p_m 通过模型公式(5.32)计算得到.

AAM 对目标图像进行匹配的本质是一个优化问题. 尽管我们通过 PCA 分析已经极大地降低了参数 c 的维数，但 c 的维数依然很高，为此 Cootes 等提出一种学习算法来调整 c. 假设 δc 和 δp 之间存在一定的线性关系，即

$$\delta c=R_c\delta p, \tag{5.38}$$

同样有

$$\delta t=R_t\delta p, \tag{5.39}$$

事先准备好一些已匹配的样本和它们所对应的模型参数，通过人为干扰的方式把模型参数 c 调整为 δc，把姿态参数 t 调整为 δt，然后利用线性回归进行参数预测，可以得到 R_c 和 R_t.

AAM 的搜索流程如下：

①给出模型的初始值 c_0 和 t_0，根据式(5.37)计算模型合成的外形 S 和纹理 p_m；对 S 所覆盖的区域采样，并归一化为 p_s.

②计算误差

$$E_0=\|\delta p\|^2=\|p_s-p_m\|^2.$$

③利用式(5.38)和式(5.39)计算预测模型参数和姿态参数的调整 δc 和 δt.

④设置 $k=1.5$，并更新模型参数和姿态参数

$$c=c_0-k\delta c, t=t_0-\delta t.$$

⑤重复步骤①、②和③，计算新的误差 E.

⑥如果 $E>E_0$，尝试利用 $k=1, 0.5, 0.25, 0.125$ 重复步骤④和⑤；若 E 和 E_0 的差异足够小，则匹配结束.

在本章所建立的位姿检测系统中，由左右两个摄像机从不同的视角分别采集并联机器人的运动序列图像，因此我们在实际位姿检测前需要建立分别针对左、右运动序列图像的两个 AAM 模型，并分别完成以上的匹配过程. 由此，获得匹配后的并联机器人的特征点对，即

$$S_{\text{left}}=(u_1, v_1, \cdots, u_n, v_n),$$
$$S_{\text{right}}=(u_1, v_1, \cdots, u_n, v_n).$$

3)并联机器人的三维重建及位姿检测

并联机器人具有被两个以上独立运动链所连接的运动平台(末端操作器)和固定平台. 本节在双目视觉系统中建立坐标系时，首先在并联机构的固定平台上建立一个世界坐标系 $o_w-x_w y_w z_w$；然后在其末端操作器上建立一个目标坐标系 $o_d-x_d y_d z_d$. 检测并联机器人的运动位姿也就是检测末端操作器上目标坐标系原点 o_d 在世界坐标系下的位置(x, y, z)和目标坐标系沿世界坐标系三个坐标轴方向的旋转姿态变化(θ, ψ, φ)，即并联机器人的运动位姿可以描述为

$$P_{\text{end}}=(x, y, z, \theta, \psi, \varphi).$$

(1)末端操作器特征点的三维重建.

在汇聚式双目视觉成像模型中，假设左右 CCD 的坐标系分别为 o_1-$x_{c1} y_{c1} z_{c1}$ 和 o_r-$x_{cr} y_{cr} z_{cr}$，其中原点 o_1 和 o_r 分别为两摄像机的光心. 点 M 为并联机器人末端操作器上的一个空间点，它在左右两个 CCD 的成像平面上的像点分别为 m_1 和 m_2，点 M 的三维坐标可以通过两个 CCD 的投影矩阵 p_1 和 p_2 计算得到，即

$$z_d \begin{pmatrix} u_1 \\ v_1 \\ 1 \end{pmatrix} = P_l \begin{pmatrix} x_w \\ y_w \\ z_w \\ 1 \end{pmatrix} = \begin{pmatrix} p_{l11} & p_{l12} & p_{l13} & p_{l11} \\ p_{l21} & p_{l22} & p_{l23} & p_{l11} \\ p_{l31} & p_{l32} & p_{l33} & p_{l11} \end{pmatrix} \begin{pmatrix} x_w \\ y_w \\ z_w \\ 1 \end{pmatrix}, \tag{5.40}$$

$$z_{cr} \begin{pmatrix} u_r \\ v_r \\ 1 \end{pmatrix} = P_r \begin{pmatrix} x_w \\ y_w \\ z_w \\ 1 \end{pmatrix} = \begin{pmatrix} \text{r11} & \text{r12} & \text{r13} & \text{r11} \\ \text{r21} & \text{r22} & \text{r23} & \text{r11} \\ \text{r31} & \text{r32} & \text{r33} & \text{r11} \end{pmatrix} \begin{pmatrix} x_w \\ y_w \\ z_w \\ 1 \end{pmatrix}. \tag{5.41}$$

联立式(5.40)和式(5.41)，消去 z_{cl} 和 z_{cr} 之后，得到关于 x_w、y_w、z_w 的 4

个线性方程：

$$\begin{cases}(u_l p_{l31}-p_{l11})x_w+(u_l p_{l32}-p_{l12})y_w+(u_l p_{l33}-p_{l13})z_w=p_{l14}-u_l p_{l34},\\(v_l p_{l31}-p_{l21})x_w+(v_l p_{l32}-p_{l22})y_w+(v_l p_{l33}-p_{l23})z_w=p_{l24}-u_l p_{l34},\end{cases}\tag{5.42}$$

$$\begin{cases}(u_r p_{r31}-p_{r11})x_w+(u_r p_{r32}-{}_{r12})y_w+(u_r p_{r33}-p_{r13})z_w=p_{r14}-u_r p_{r34},\\(v_r p_{r31}-p_{r21})x_w+(v_r p_{r32}-{}_{r22})y_w+(v_r p_{r33}-p_{r23})z_w=p_{r24}-u_r p_{r34}.\end{cases}\tag{5.43}$$

式(5.42)和式(5.43)是分别过 $O_l m_l$ 和 $O_r m_r$ 的直线，二者相交于空间点 $M(x_w,y_w,x_w)$，它必然同时满足式(5.42)和式(5.43). 因此，上面两式联立即可求出空间点 M 的坐标(x_w,y_w,x_w).

经 AAM 匹配后，获得并联机器人的特征点对

$$S_{\text{left}}=(u_1,v_1,\cdots,u_n,v_n),S_{right}=(u_1,v_1,\cdots,u_n,v_n),$$

即末端操作器上 n 个空间点$(M_1,M_2,\cdots,M_n)$的对应点$[(m_{l1},m_{r1}),(m_{l2},m_{r2}),\cdots,(m_{ln},m_{rn})]$为已知. 按照本节的三维重建方法对 n 个空间点$(M_1,M_2,\cdots,M_n)$进行三维重建，获得空间点$(M_1,M_2,\cdots,M_n)$在世界坐标系中的坐标 $M_1^w,M_2^w,\cdots,M_n^w$.

(2)末端操作器的位姿计算.

根据刚体理论，物体从三维世界坐标(x_w,y_w,x_w)到三维目标坐标 x_d，y_d，z_d 的三维空间刚体位置变换，可由齐次旋转矩阵 R_h 和平移矢量 t 实现，即

$$\begin{pmatrix}x_d\\y_d\\z_d\\1\end{pmatrix}=R_h(\theta,X)R_h(\psi,Y)R_h(\varphi,Z)T(x,y,z)\begin{pmatrix}x_w\\y_w\\z_w\\1,\end{pmatrix}\tag{5.44}$$

$$R_h(\theta,X)=\begin{pmatrix}R_h(\theta,X)&0\\0&1\end{pmatrix},R_h(\psi,Y)=\begin{pmatrix}R_h(\psi,Y)&0\\0&1\end{pmatrix},$$

$$R_h(\varphi,Z)=\begin{pmatrix}R_h(\varphi,Z)&0\\0&1\end{pmatrix},T(x,y,z)=\begin{pmatrix}I&t\\0&1\end{pmatrix}.$$

$(x,y,z,\theta,\psi,\varphi)$组成被测物体相对于世界坐标的六自由度位姿，其中，$R(\theta,X)R(\psi,Y)R(\varphi,Z)$为欧拉角，它确定了末端操作器相对于世界坐标系的方向；$t=(xyz)^T$ 为旋转后目标坐标系原点在世界坐标系中的新坐标，即为目标坐标系相对于世界坐标系的平移矢量. 它为 3×1 的平移矢量，确定了末端操作器相对于世界坐标系的位置.

若已知末端操作器上两个空间点 $M_1=(x_{d1},y_{d1},z_{d1})$ 和 $M_2=(x_{d2},y_{d2},z_{d2})$经过刚体旋转平移后，在世界坐标系下的新坐标分别为 $M_1^w=$

$(x_{d1}^{w},y_{d1}^{w},z_{d1}^{w})$和$M_2^w=(x_{d2}^{w},y_{d2}^{w},z_{d2}^{w})$,则

$$\begin{bmatrix} M_1^w \\ 1 \end{bmatrix}=\begin{pmatrix} R(\theta,X)R(\psi,Y)R(\varphi,Z) & t \\ 0 & 1 \end{pmatrix}\begin{pmatrix} M_1 \\ 1 \end{pmatrix}=\begin{pmatrix} R(\theta,X)R(\psi,Y)R(\varphi,Z)M_1+t \\ 1 \end{pmatrix}, \tag{5.45}$$

$$\begin{bmatrix} M_2^w \\ 1 \end{bmatrix}=\begin{pmatrix} R(\theta,X)R(\psi,Y)R(\varphi,Z) \\ 0 \end{pmatrix}\begin{pmatrix} M_1 \\ 1 \end{pmatrix}=\begin{pmatrix} R(\theta,X)R(\psi,Y)R(\varphi,Z)M_2+t \\ 1 \end{pmatrix}, \tag{5.46}$$

由式(5.45)、式(5.46)得

$$M_1^w=RM_1+t,M_2^w=RM_2+t, \tag{5.47}$$

即

$$M_1^w-M_2^w=R(M_1-M_2). \tag{5.48}$$

$(M_1^w-M_2^w)$和(M_1-M_2)为已知的三维矢量,由此求得R的 3 个独立变量(θ,ψ,φ). 将(θ,ψ,φ)的值代入式(5.45)或者式(5.46),计算$t=(x,y,z)^T$,即确定并联机器人末端操作器此时刻的位姿为

$$P_{end}=(x,y,z,\theta,\psi,\varphi).$$

5.5.6.4　并联机器人位姿立体视觉检测的几何方法

假设初始时,世界坐标系和末端操作器坐标系重合,得到机器人操作器若干特征点

$$M_1=(x_{d1},y_{d1},z_{d1}),$$
$$M_2=(x_{d2},y_{d2},z_{d2}).$$

由基于 SIFT 的立体视觉方案重建得到末端操作器所有特征点的坐标是其在世界坐标系下的坐标

$$M_1^w=(x_{d1}^w,y_{d1}^w,z_{d1}^w),$$
$$M_2^w=(x_{d2}^w,y_{d2}^w,z_{d2}^w).$$

通过多个特征点组合便可由逆运动力学方法计算并联机器人末端操作器位姿

$$P_{end}=(x,y,z,\theta,\psi,\varphi).$$

(1)求解旋转角θ,ψ,φ. 在末端操作器上取两个特征点,由式(5.44)得

$$\begin{bmatrix} x_{d1}-x_{d2} \\ y_{d1}-y_{d2} \\ z_{d1}-z_{d2} \end{bmatrix}=R(\theta,X)R(\psi,Y)R(\varphi,Z)\begin{bmatrix} x_{d1}^w-x_{d2}^w \\ y_{d1}^w-y_{d2}^w \\ z_{d1}^w-z_{d2}^w \end{bmatrix}. \tag{5.49}$$

将几何不变量方法应用于视觉检测,并设

$$M_{1i}=\begin{pmatrix}x_{d1}-x_{di}\\y_{d1}-y_{di}\\z_{d1}-z_{di}\end{pmatrix},M_{1i}^{w}=\begin{pmatrix}x_{d1}^{w}-x_{di}^{w}\\y_{d1}^{w}-y_{di}^{w}\\z_{d1}^{w}-z_{di}^{w}\end{pmatrix},$$

$$R=R(\theta,X)R(\psi,Y)R(\varphi,Z)$$

下标 i 代表了除第一个特征点以外的其他特征点，设最少有 4 个特征点 $i=2,\cdots,5$，则由式(5.49)可得

$$M_{1i}=R(\theta,X)R(\psi,Y)R(\varphi,Z)M_{1i}^{w},$$

进而有

$$R^{T}(\theta,X)M_{1i}=R(\psi,Y)R(\varphi,Z)M_{1i}^{w},\tag{5.50}$$

$$(Y|R^{T}(\theta,X)M_{1i})=(Y|R(\varphi,Z)M_{1i}^{w}).\tag{5.51}$$

将 Olinder-Rodrigues 算子代入上式，便可得到关于 θ 和 φ 的关系式

$$\sin\theta([X,M_{1i}]|Y)+\cos\theta(X,[X,M_{1i}]|Y)$$
$$+\sin\varphi([X,M_{1i}^{w}]|Y)-\cos\varphi(X,[X,M_{1i}^{w}]|Y),$$

于是，当取 4 个特征点即 $i=2,\cdots,5$ 时，便得到关于 θ 和 φ 的线性解：

$$\begin{pmatrix}([X,M_{12}]|Y) & -(M_{12}|Y)\\([X,M_{13}]|Y) & -(M_{13}|Y)\\([X,M_{14}]|Y) & -(M_{14}|Y)\\([X,M_{15}]|Y) & -(M_{15}|Y)\end{pmatrix}\begin{pmatrix}\sin\theta\\\cos\theta\\\sin\varphi\\\cos\varphi\end{pmatrix}$$
$$=\begin{pmatrix}(Y-X|M_{12}-M_{12}^{w})\\(Y-X|M_{13}-M_{12}^{w})\\(Y-X|M_{14}-M_{12}^{w})\\(Y-X|M_{15}-M^{w}_{-}12)\end{pmatrix}.\tag{5.52}$$

当选取的 4 个特征点满足非奇异关系 $\det(D)\neq0$ 时，则得到下式

$$\begin{pmatrix}\sin\theta\\\cos\theta\\\sin\varphi\\\cos\varphi\end{pmatrix}=D^{-1}\begin{pmatrix}(Y-X|M_{12}-M_{12}^{w})\\(Y-X|M_{13}-M_{12}^{w})\\(Y-X|M_{14}-M_{12}^{w})\\(Y-X|M_{15}-M_{12}^{w})\end{pmatrix}.\tag{5.53}$$

而 φ 能通过式(5.52)和(5.53)求解. 与求解 $t=(x,y,z)^{T}$ 的过程相同，即由式(5.50)计算得到.

为了提高系统精度，还可以利用粒子群寻优算法求解，转化为一个多目标优化问题，θ,ψ,φ 为自变量，将式(5.49)表示为式(5.54)，那么优化目标函数表示为(5.55)

$$\begin{cases}f_1(\theta,\psi,\varphi)=0,\\f_2(\theta,\psi,\varphi)=0,\\f_3(\theta,\psi,\varphi)=0,\end{cases}\tag{5.54}$$

$$\min(\max(|f_1(\theta,\psi,\varphi)|,|f_2(\theta,\psi,\varphi)|,|f_3(\theta,\psi,\varphi)|))$$

$$\text{S.T.}: 0<\theta<2\pi, 0<\varphi<2\pi, 0<\psi<2\pi \tag{5.55}$$

(2)求平移变量 $t=(x,y,z)^{\mathrm{T}}$

$$\begin{bmatrix} x_{\mathrm{d}} \\ y_{\mathrm{d}} \\ z_{\mathrm{d}} \\ 1 \end{bmatrix} = \begin{bmatrix} & & t_1 \\ R(\theta,X)R(\psi,Y)R(\varphi,Z) & & t_2 \\ & & t_3 \\ 0 & & 1 \end{bmatrix} \begin{bmatrix} X_w \\ Y_w \\ Z_w \\ 1 \end{bmatrix}. \tag{5.56}$$

求出 θ,ψ,φ,代入(5.56),得到一组线性方程,即可求出参数 t_1、t_2、t_3 还满足

$$t_1 = x\cos\psi\cos\varphi - y\cos\psi\sin\varphi + z\sin\psi,$$

$$t_2 = x(\sin\theta\sin\psi\cos\varphi + \cos\theta\sin\varphi) +$$

$$y(-\sin\theta\sin\psi\sin\varphi + \cos\theta\sin\varphi) - z\sin\theta\cos\psi,$$

$$t_3 = x(-\cos\theta\sin\psi\cos\varphi + \sin\theta\sin\varphi) +$$

$$y(\cos\theta\sin\psi\sin\varphi + \sin\theta\cos\varphi) + z\cos\theta\cos\psi$$

因此通过求解线性方程组即可获得 $t=(x,y,z)^{\mathrm{T}}$.

利用多组特征点求解获得的物体位姿求取平均值,得到末端操作器当前时刻的位姿 $(x,y,z,\theta,\psi,\varphi)$.

5.5.6.5　动力学视觉伺服系统的实现

通过检测位置和接触力,以机器人动力学模型作为前馈输入,这种控制策略依赖于动力学模型的精确性.约束空间中的阻抗力矩控制,通过改变阻抗参数达到控制接触力大小的目的.

假设 $\dot{J}\dot{q}=0, h(q,\dot{q})=0$,可以得机器人的静力学关系式,则得力矩型阻抗控制器的输出为

$$\tau = J^T \cdot F_E = J^T \cdot K_P \cdot (q_{\mathrm{d}} - q). \tag{5.57}$$

力矩型阻抗控制依赖精确的机器人动力学模型,但是即使机器人的各项结构参数已知,由于黏滞阻力等,模型参数仍存在一定的误差.而一般的动力学参数估计法是先得到机器人各连杆的动力学参数,这些量在机器人运动中为常量.然后根据机器人的各项系数与动力学参数之间的关系,计算出各项系数,从而得出机器人的动力学方程.

由于机器人动力学模型本身的不精确,控制系统的鲁棒性差,视觉阻抗控制量的适应性差,所以需要对控制算法进行改进.

(1)位置型视觉阻抗控制器.基于视觉阻抗补偿的运动目标捕捉系统框图如图 5.11 所示,它根据视觉阻抗反馈控制机器人快速接近运动目标,并实现运动目标的捕捉.

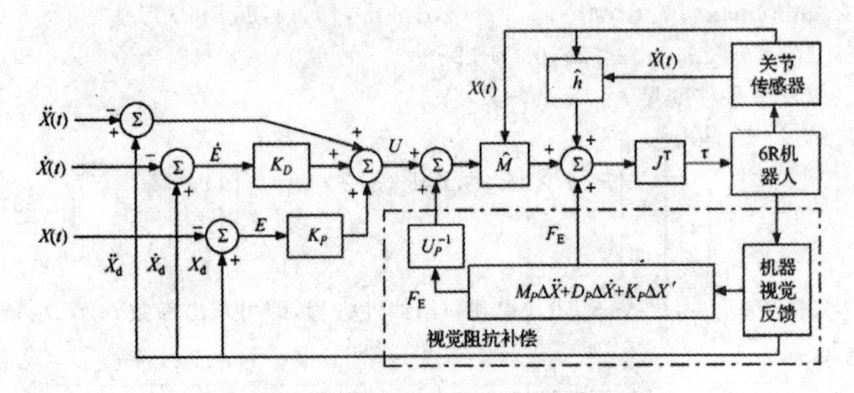

图 5.11　位置型视觉阻抗控制系统结构

在该位置型视觉阻抗控制器中，控制器的输出为

$$U=\ddot{X}_d+D_P(\dot{X}_d-\dot{X})+K_I(X_d-X). \tag{5.58}$$

图中

$$U=M_P^{-1}F_E;D_P=M_P^{-1}K_D;K_I=M_P^{-1}K_P$$

$$\tau=J^T(\hat{M}(U+F_EM_P^{-1})+\hat{h}+F_E)=J^T(\alpha U+\hat{h}+F^v) \tag{5.59}$$

$$F^v=\hat{M}F_EM_P^{-1}+F_E \tag{5.60}$$

式(5.59)和式(5.60)中，F^v 包含了机器人的末端操作器到运动目标之间的视觉阻抗力对运动目标捕捉的约束，直接对机器人动态输出控制量进行补偿，能提高机器人的动力学性能.

基于位置的机器人视觉伺服控制方式的一个很大的优点是将视觉处理过程与机器人手臂的控制分开，可以直观地在直角坐标空间中描述期望的相对轨迹. 因此可以将视觉伺服系统中视觉重构问题与机器人控制问题分别来考虑.

位置型视觉阻抗控制方法以精确地分解运动加速度控制为基础，通过关节传感器反馈和视觉信息反馈计算控制量. 在该阻抗控制器中，由于阻抗参数难以准确获取，以及视觉反馈系统的标定误差和图像处理的滞后影响，将引起一系列的误差，可以借助 CMAC 网络动力学进行补偿优化.

(2)基于 CMAC 网络动力学补偿优化. 基于 CMAC 网络的视觉阻抗反馈补偿，能根据视觉反馈误差，对位置控制器的输出进行补偿，确保得到平稳柔顺的期望阻抗.

小脑模型神经网络是 1972 年由 Albus 提出的，本质上可看成是一种用于表示复杂非线性函数的查表结构. CMAC 网络对多维输入/输出信号能够近似它们之间复杂的非线性函数关系，它是通过对输入/输出样本的训练来学习这种函数关系的，不需要有关函数形式的任何先验知识. CMAC 方法比其他神经网络方法收敛快，学习精度高，具有很强的泛化能力，适于在线学习控制，在控制领域得到了广泛的应用. 在国内外的文献中，也不断地有关于 CMAC 的研究与应用成果的报告. 图 5.12 为位置型视觉阻抗控制系统结构.

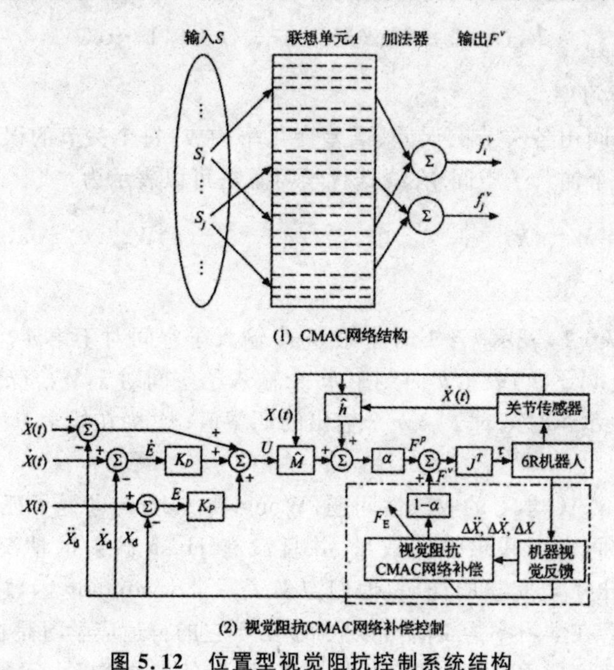

图 5.12　位置型视觉阻抗控制系统结构

Hash 映射将几个联想单元和一个物理存储位置相对应，Hash 单元中存储联想强度，而此时的联想单元与超立方体一一对应，是虚拟的存储空间，只存储 Hash 单元的散列地址编码.

采用 Hash 映射的 CMAC 网络结构，CMAC 网络的输出为

$$F^v=(f_0^v,\cdots,f_5^v),$$

则第 s 个状态对应的输出为

$$F_s^v=A_s^{\mathrm{T}}W=C_s^{\mathrm{T}}H_aW,\tag{5.61}$$

其中，C_s 是存储单元激活向量；H_a 是 Hash 矩阵；W 是 CMAC 网络的权向量. CMAC 网络输入 $S=[\Delta\ddot{X},\Delta\dot{X},\Delta X]$是笛卡尔坐标系下的末端操作器和运动目标间的位置差，也可以是图像坐标系的视觉差. 以视觉反馈信息作为 CMAC 网络在线学习的误差训练信号，定义在线学习目标函数为视觉阻抗的二次型，即

$$J_{\mathrm{on}}=\frac{1}{2}F_{\mathrm{E}}^{\mathrm{T}}F_{\mathrm{E}}.\tag{5.62}$$

不断更新权值的规则，使 J_{on} 最小，即通过最小化视觉阻抗 F_E 实现机器人末端柔顺地靠近运动目标. 输入向量 S 的维数为 6，可以根据式(5.60)计算

$\frac{\partial J_{\text{on}}}{\partial F_n^v}$，$F_n^v$ 为 F^v 相对于向量 S 的第 n 维输入的输出，则在第 $k+1$ 时刻的输出期望值为

$$\hat{F}_n^v(k+1)=F_n^v(k)-\eta\frac{J_{\text{on}}}{F_n^v},n=0,1,\cdots,5 \tag{5.63}$$

其中，η 为学习率.

输入空间由各关节的误差、误差变化率构成，每个关节的误差、误差变化率则是一个输入子空间. 在线迭代学习算法可以表示为

$$W_{mn}(k+1)=W_{mn}(k)+\frac{a_{mn}}{N_{\text{e}}}A_{mn}(k)\left[\hat{f}_n^v(k)-A_{mn}^{\text{T}}(k)W_{mn}(k)\right],m,n=0,1,\cdots,5 \tag{5.64}$$

其中，$W_{mn}(k+1)$ 表示 $k+1$ 时刻第 m 个输入子空间对于第 n 个输出的联想强度向量；$A_{mn}(k)$ 表示 k 时刻第 m 个输入子空间对于 $W_{mn}(k)$ 的激活向量；$\hat{f}_n^v(k)$ 表示 k 时刻对于第 n 个输出的期望值；a_{mn} 为在线学习率；N_{e} 为存储单元数量.

关于 CMAC 学习的收敛性问题，Wong 和 Sideris 进行了证明，但只局限于存储空间大于联想强度数量，并且没有 Hash 映射的情况. Parks 和 Miltizer 给出了较完整的证明，他们定义了一个 Lyapunov 函数，并用它证明了 CMAC 在学习率为 1 时可以收敛. 由于它的自适应学习是在线性映射部分，收敛速度比 BP 神经网络显著加快，且不存在局部极小问题.

定义补偿控制因子

$$\alpha=\frac{\|X(t)-X_{\text{d}}(t)\|}{X_0(t)-X_{\text{d}}(t)},\alpha\in(0,1) \tag{5.65}$$

在开始运动时，CMAC 还未得到训练，置 $W_{mn}(0)=0$，补偿作用小；随着末端操作器接近运动目标，增大 CMAC 网络的补偿作用，逐渐从反馈过程过渡到前馈过程，改善了控制性能. 补偿后机器人的控制输入量为

$$\tau=\alpha F^p+(1-\alpha)F^v=J^{\text{T}}(\alpha\hat{M}U+\alpha\hat{h}+(1-\alpha)F^v) \tag{5.66}$$

其中，F^p 为位置控制器的输出；F^v 是视觉阻抗反馈的输出量. 为了保证系统的稳定性，神经网络权值采用离线训练方式获得，并用于在线控制. 训练样本按以下方式获得：让目标在工作空间内以不同的起始点和初速度做匀速直线运动，其轨迹尽可能布满机器人的整个工作范围. 例如，取末端操作器直线轨迹始末端点为$(x=0,y=734,z=340)$，$(x=0,y=734,z=340)\sim(x=300,y=300,z=200)$，转换为关节空间下的轨迹$(q_1,q_2,q_3,q_4,q_5,q_6)$，$(63.16,-4.39,-101.78,-60.29,60.15,44.1)\sim(-130.14,4.42,103.89,113.6,-54.57,-122.72)$. 一种特殊情况是让目标速度为零，即目标静止，这更易于实际操作.

第 6 章　空间解析几何的工程应用

几何的研究对象为点、线、面、体，而工程中，如高科技领域的空间对接、空间俘获它物、飞行器能源的应用镜面，研究的起点也都是空间解析几何的知识. 人们天天碰面的机械，包括计算机，都有形体组合的问题，只要有形就涉及几何学. 用几何学的知识解决相关的问题有时是求解的起点，有时是求解的关键步骤. 可以说，几何的工程应用无处不在. 这里选取了六个简单的和一个相对复杂的工程应用进行叙述，其目的就是突出几何学的应用价值，表明数学在工程领域中的重要作用.

6.1　地形测量中点的位置的确定问题

在陆地或海底地形测量等实际问题中，往往需要确定满足某些性质的点的位置. 已知三点 $A(0,0,0)$，$B(1,0,0)$ 与 $C(0,1,1)$，在由三点 A，B，C 所决定的平面 π 上求到这三点距离相等的点 M 的坐标.

解：设点 M 的坐标为 (x,y,z). 因为 M 在平面 π 上，向量 $\overrightarrow{AM}$，$\overrightarrow{AB}$ 与 $\overrightarrow{AC}$ 共面，故

$$\begin{vmatrix} x & y & z \\ 1 & 0 & 0 \\ 0 & 1 & 1 \end{vmatrix}=0,$$

即

$$y-z=0.$$

又因为点 M 到这三点的距离相等，故

$$x^2+y^2+z^2=(x-1)^2+y^2+z^2.$$

$$x^2+y^2+z^2=x^2+(y-1)^2+(z-1)^2.$$

解由上述三个方程组成的方程组，可得

$$x=y=z=\frac{1}{2}.$$

所以点 M 的坐标为 $\left(\frac{1}{2},\frac{1}{2},\frac{1}{2}\right)$.

6.2 激光测量中的直线与平面问题

由激光知识可知,若图 6.1 中光轴为 z 轴,则由点 P 的激光在平面 π 上点 $P_i(x_i,y_i,z_i)(i=1,\cdots,n)$ 的光强为

$$E_i=E_p\left(z_i^*,\sqrt{x_i^2+y_i^2}\right). \tag{6.1}$$

注意这里的坐标分量 z_i^* 与 z_i 存在下述的关系

$$z^*=z_0-z_i. \tag{6.2}$$

式中,z_0 为点 P 在假设的图 6.1 坐标系下关于 z 轴的坐标分量.

由于平面 π 在图 6.1 所示坐标系下过原点,所以其方程可记为

$$Ax+By+z=0. \tag{6.3}$$

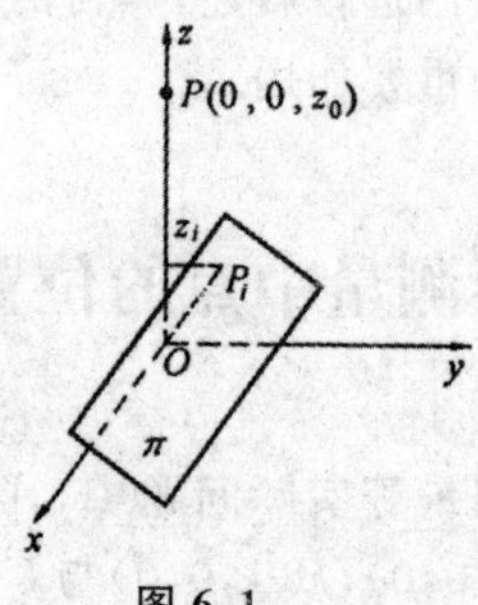

图 6.1

显然点 P_i 均在平面上,因此坐标必满足式(6.3).

为使点 P_i 在选取时方便计算,可取如图 6.2 结构的边长为 R 的组合等边三角形.

相邻两点的连线数为

$$1+2(n-2)=2n-3,n\geqslant 2 \tag{6.4}$$

考虑所选择坐标系(见图 6.1)$\{O;x,y,z\}$下前述参数 A,B,z_0,x_i,y_i,z_i 未知,对 n 个点来说,则共有 $3n+3$ 个未知数.而 n 个点又满足式(6.1)和式(6.3),已有 $2n$ 个,故有

$$2n-3=n+3,$$

由此可知 $n=6$.这样可通过解下述方程组

$$\begin{cases}Ax_i+By_i+z_i=0,\\ z_i=E\left(z_i^*,\sqrt{x_i^2+y_i^2}\right),\\ (x_i-x_j)^2+(y_i-y_j)^2=R^2.\end{cases} \tag{6.5}$$

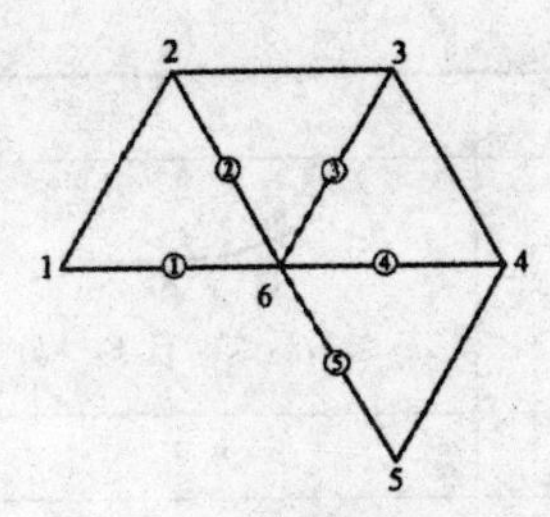

图 6.2

式(6.5)中前两式 $i=1,\cdots,6$;第三式中 $i=6$ 时 $j=1,\cdots,4$;$i\neq 6$ 时 $j=i+1$.解此 21 个方程组成的方程组易得 A,B,z_0 和 x_i,y_i,z,则平面 π 与 z 轴夹角为

$$\alpha=\arccos\left(1/\sqrt{A^2+B^2+1}\right),$$

而 $O(0,0,0)$ 为激光中心线与平面 π 的交点.

6.3　输油管道中工程中的空间解析几何问题

弯管是采用成套模具进行弯曲的,分为冷煨与热推两种工艺.工程中常说的弯管角度是弯管一边的延长线与弯管另外一边的夹角,弯管的角度为 $\angle\theta$。根据工程实际弯管分为两类:平面弯管和空间弯管,现分别对这两类弯管建立模型.

6.3.1　建立模型

6.3.1.1　平面角

平面角是指管道只在同一平面中转变方向,平面中常见的弯管模型如表 6.1 所示.

表 6.1

模型	一	二	三
示意图	k_1 k_2 $k_1>0,k_2>0$,且 $k_2>k_1$	k_1 k_2 $k_1>0,k_2>0$,且 $k_2<k_1$	k_1 k_2 $k_1>0,k_2\leqslant 0$

续表

模型	四	五	六
示意图	$k_1\leqslant 0,k_2\leqslant 0$,且 $k_2<k_1$	$k_1\leqslant 0,k_2\leqslant 0$,且 $k_2>k_1$	$k_1\leqslant 0,k_2\geqslant 0$
模型	七	八	九
示意图	$k_1>0,k_2=\infty$	$k_1=0,k_2=\infty$	$k_1<0,k_2=\infty$
模型	十	十一	十二
示意图	$k_1<0,k_2=\infty$	$k_1=0,k_2=\infty$	$k_1>0,k_2=\infty$

注:k 代表斜率,下同。

6.3.1.2 空间角

当管道在水平面与纵断面上均有转角时,这个转角在工程上习惯称为空间角(叠加角),如图 6.3 所示.管道在水平面 α 发生转角,同时在平面 β 里发生转角。

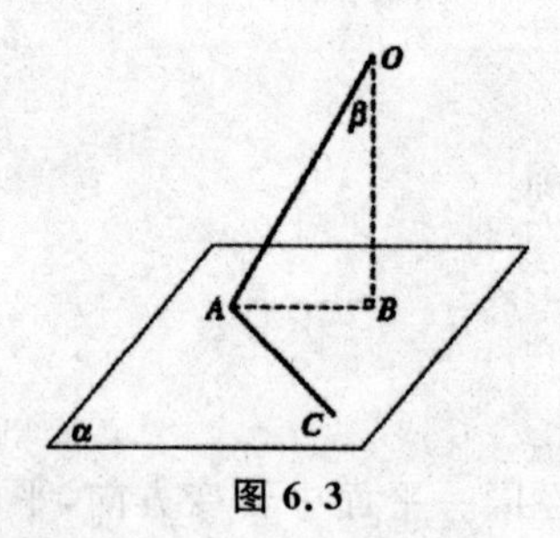

图 6.3

6.3.2 模型分析

6.3.2.1 平面角公式推导[①]

根据弯管角度定义,对平面角的模型作辅助线,则$\angle\theta$为所求弯管角

① 江孔军、王文博:《空间双向弯管的几何计算》,《中国农村水利水电》1998 年第 4 期。

度，如表 6.2 所示.

表 6.2

模型	一	二	三
示意图	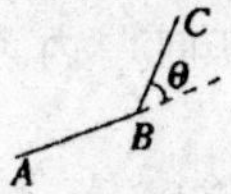 $k_1\geqslant 0, k_2\geqslant 0$，且 $k_2>k_1$	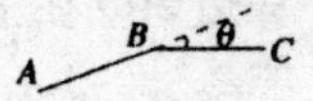 $k_1\geqslant 0, k_2\geqslant 0$，且 $k_2<k_1$	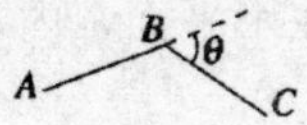 $k_1\geqslant 0, k_2\leqslant 0$
模型	四	五	六
示意图	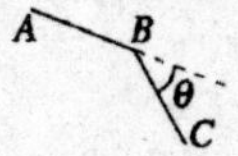 $k_1\leqslant 0, k_2\leqslant 0$，且 $k_2<k_1$	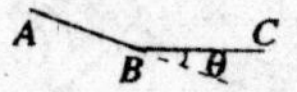 $k_1\leqslant 0, k_2\leqslant 0$，且 $k_2>k_1$	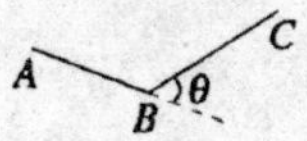 $k_1\leqslant 0, k_2\geqslant 0$
模型	七	八	九
示意图	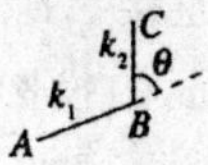 $k_1>0, k_2=\infty$	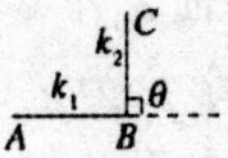 $k_1=0, k_2=\infty$	 $k_1<0, k_2=\infty$
模型	十	十一	十二
示意图	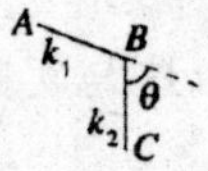 $k_1<0, k_2=\infty$	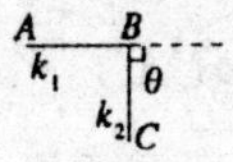 $k_1=0, k_2=\infty$	 $k_1>0, k_2=\infty$

定义弯管一边 AB 的斜率为 k_1，定义另一边 BC 的斜率为 k_2. 因为边 AB 与边 BC 在同一平面中，根据到角公式：

$$\theta=\arctan[(k_2-k_1)/(1+k_1\times k_2)],$$

则弯管角度$\angle\theta$：

$$\theta=|\arctan[(k_2-k_1)/(1+k_1\times k_2)]|.$$

斜率 k 通过经纬仪等仪器计算测量得到，而到角公式具有方向性，使计算结果具有通用性. 在模型七到模型十二中，斜率 $k_2=\infty$，当出现这种情况时，模型七和模型十的弯管角度$\angle\theta=90°-|\arctan(k_1)|$，模型八和模型十一的弯管角度 $\angle\theta=90°$，模型九和模型十二弯管角度 $\angle\theta=90°+|\arctan(k_1)|$. 模型九和模型十二的弯管角度在长输管道实际工程中是通过一个 90°的弯管与一个角度为$|\arctan(k_1)|$弯管组合而成.

6.3.2.2 空间角公式推导①

在图 6.4 中，弯管 DAO 的弯管角度为$\angle CAO$，由于空间角在水平面与纵断面均发生转角，因此构造成 2 个垂直平面，弯管一边 DA 及其延长线 AC 在水平面 α 内，弯管另外一边 AO 在垂直面(纵断面)β 内.

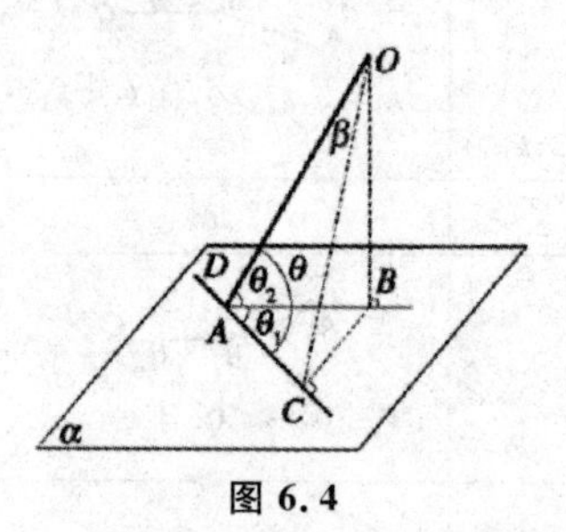

图 6.4

在平面 β 中，从 O 点向平面 α 作垂线 OB，然后连接 AB、BC、CO，则弯管角度$\angle CAO$ 在水平面的投影角为$\angle CAB$，在纵断面的投影角为$\angle BAO$。复杂的空间角$\angle CAO$ 分解成水平角$\angle CAB$ 和垂直角$\angle BAO$，根据三余弦定理可知：

$$\cos\angle CAO=\cos\angle CAB\times\cos\angle BAO$$

三余弦定理使用前提为$\angle CAB$、$\angle BAO$ 为锐角，这与实际工程中弯管角度相符.

6.3.3 典型实例计算

本工程在穿越某河流时，由于地方规划调整需要对前期批复路由进行变更，造成穿越点位置发生变化，现场需统计出穿越河流的材料，其中最重要的就是所需要弯管规格尺寸.

结合图 6.5 可以看出，在图 6.56 断面中，$\angle EFG$、$\angle FGH$、$\angle GHM$ 为平面角，而$\angle HMN^1$ 为空间角(M 点实际中既发生了水平方向的转角$\angle CDE'$，又发生了纵断面的$\angle HMN$ 转角). 现场实际测量 $k_1=k_4=0$，$k_2=-1.73$，$k_3=1.33$，$\angle CDE'$的水平转角为 61.30°.

① 侯明辉:《三弦定理的若干应用》,《中学数学教学》2004 年第 1 期.

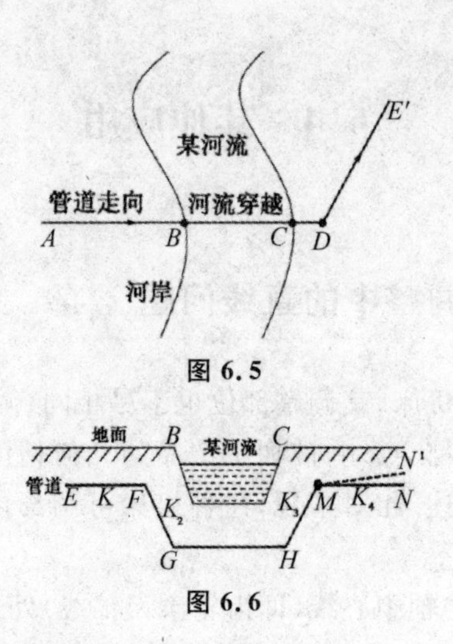

图 6.5

图 6.6

6.3.3.1　平面角计算

弯管 $EFG=|\arctan[(k_2-k_1)/(1+k_1\times k_2)]|$

$=|\arctan\{(-1.73-0)/[1+0\times(-1.73)]\}|=59.97^\circ.$

弯管 $FGH=$弯管 $EFG=59.97^\circ.$

弯管 $HMN=|\arctan[(k_4-k_3)/(1+k_3\times k_4)]|$

$=|\arctan[(0-1.33)/(1+1.33\times 0)]|=53.06^\circ.$

弯管 $GHM=$弯管 $HMN=53.06^\circ.$

6.3.3.2　空间角计算

$\angle HMN^1=\cos(53.06)\times\cos(61.30)=0.6\times 0.48=0.29.$

弯管 $HMN^1=\arccos(0.29)=73.14^\circ.$

以上即为工程实际穿越某河流时的工况及弯管计算结果.根据此计算结果,本工程在施工过程中迅速采购了这几种弯管并完成了安装,安装结果证明该计算结果符合现场实际需求.

传统计算弯管角度的方式为通过建立三角形模型进行计算,这种模型对于平面角计算有一定的优势,但是对于空间角计算则较为复杂.这里的计算方法结合天津港—华北石化原油管道工程在施工变更中的各种弯管所需角度的要求,通过利用斜率法及空间几何法进行分析,实现各种形式弯管角度的计算并在本工程中得到了广泛的应用.实践证明,此种方法快速、高效、准确,值得在类似工程中推广使用.

6.4 其他应用

6.4.1 机床调整中的直线问题

对于各种不同的机床，其调整部位也不尽相同，调整部位的选择是否恰当及调整质量的好坏都会影响被加工产品的几何精度. 今以铲磨齿轮滚刀的铲齿机为例进行论述. 相对来说，这种机床可调部位较多，可供调整其他机床时参考.

初始状态，机床主轴中心线(即齿轮滚刀轴线)处于水平位置，磨头座上砂轮轴亦处于同一水平面，且与齿轮滚刀轴线平行(见图 6.7). 图中 z 轴为滚刀轴，z_1 轴为砂轮轴，上图为主视图，下图为俯视图. 砂轮轴可进行下述 3 种调整：

(1)绕磨头座的水平轴逆转 γ 角，见图 6.8.

(2)绕磨头座的垂直轴逆转 τ 角，见图 6.9. 图中所示是在绕水平轴逆转 τ 角的情形.

(3)随磨头座下降距离 B.

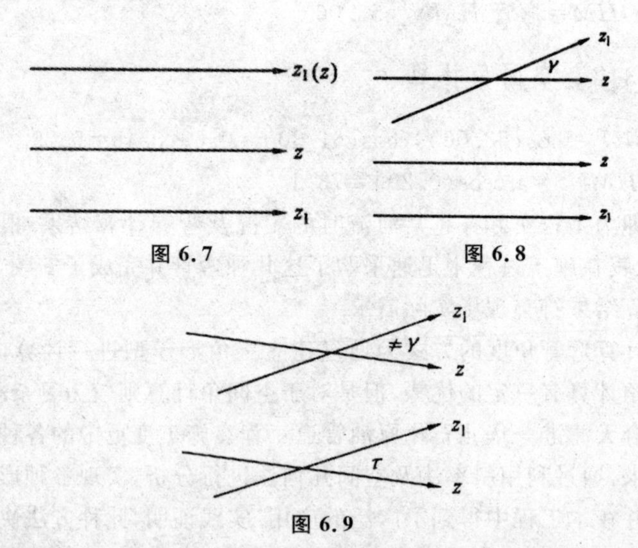

图 6.7 图 6.8

图 6.9

在考虑铲磨机上铲磨齿轮滚刀的侧面时，建立经上述 3 种调整后的相应计算公式是必不可少的，即计算 z, z_1 两轴的夹角口，两轴公法线与水平面的夹角 ψ，砂轮大端中心 Q(到砂轮轴与水平轴交点距离为 L)与 z 轴所在

水平面的距离 h 的公式.

首先取一个临时坐标系，取 z 轴所在水平面上与 z 轴垂直的直线(指向操作-工人为正向)为 y 轴，再依右手直角坐标系原则取 x 轴(指向水平面的上方)，则对应图 6.7 所示初始位置，z,z_1 轴的方向数相等，且为

$$z=z_1=(0,0,1),$$

对应图 6.8，实施调整(1)后的 z,z_1 轴方向数化为

$$z=(0,0,1),z_1=(\sin\gamma,-\sin\tau\cos\gamma,\cos\tau\cos\gamma),$$

对应图 6.9，连续实施调整(1)，(2)后的 z,z_1 轴方向数为

$$z=(0,0,1),z_1=(\sin\gamma,0,\cos\gamma).$$

由于上述两矢量 z,z_1 均为单位矢量，故其夹角公式为

$$\alpha=arc\cos(z,z_1)=\arccos(\cos\tau\cos\gamma).$$

因为 z 与 z_1 两轴公法线的方向矢量为

$$\boldsymbol{n}=z\times z_1=(0,0,1)\times(\sin\gamma,-\cos\gamma\sin\tau,\cos\gamma\cos\tau),$$

而水平面的法矢 $\boldsymbol{n}_1$ 为

$$\boldsymbol{n}_1=(1,0,0).$$

注意到 $\boldsymbol{n}$ 不是单位矢量，公法线与水平面夹角和水平面法线与公法线夹角互为余角，故有

$$\psi=\arcsin\left(\frac{\boldsymbol{n}_1\cdot\boldsymbol{n}}{|n|}\right)=\arcsin\left(\frac{\cos\gamma\sin\tau}{\sqrt{\cos^2\gamma\sin^2\tau+\sin^2\gamma}}\right)=\arcsin\left(\frac{\sin\tau}{\sqrt{\sin^2\tau+\tan^2\gamma}}\right).$$

由于上述 Q 点到机床主轴所在水平面的距离 h 仅与下降距离 B 和逆转角 γ 相关，故有

$$h=B+L\sin\gamma.$$

6.4.2　圆的渐伸线与齿轮

6.4.2.1　圆的渐伸线的应用

动直线 l 沿着一个定圆 $O(R)$(称为基圆)的圆周无滑动地滚动，动直线 l 上一点 M 的轨迹称为圆的渐伸线或渐开线. 换句话说，把一条没有弹性的细绳绕在一个固定的圆盘的侧面上，将笔系在绳的外端，把绳拉紧逐渐地展开(这个绳的拉直部分和圆保持相切)，笔尖所画出的曲线就是圆的渐伸线，根据渐伸线产生的方法，容易看出它有下列性质：

(1)基圆以内无渐伸线.

(2)同大的基圆，其所有的渐伸线完全相同；而不同大小的基圆的渐伸线则否. 基圆愈大，其渐伸线愈平直.

(3)渐伸线上任一点 M 处的法线就是基圆的切线 CM(图 6.10);点 M 处的曲率半径为 $|CM|$,且 $|CM|=\overset{\frown}{AC}$.

下面来求圆的渐伸线的方程.

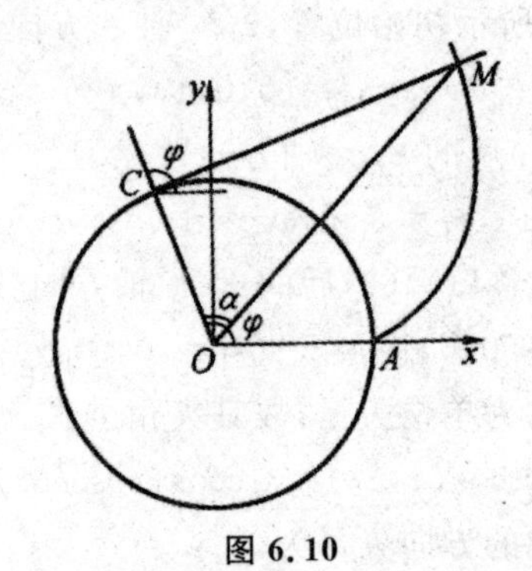

图 6.10

建立如图 6.10 所示的直角坐标系 xOy. 设动直线 CM 与基圆 O 的切点 C 的坐标为$(R\cos\varphi,R\sin\varphi)$,则

$$|CM|=R\varphi,\overrightarrow{CM}=R\varphi\left[\cos\left(\varphi-\frac{\pi}{2}\right),\sin\left(\varphi-\frac{\pi}{2}\right)\right].$$

因$\overrightarrow{OM}=\overrightarrow{OC}+\overrightarrow{CM}$. 故

$$\begin{cases}x=R\cos\varphi+R\varphi\sin\varphi,\\ y=R\sin\varphi-R\varphi\cos\varphi,\end{cases}$$

这就是所求圆的渐伸线的参数方程.

如果采用极坐标系,设点 M 的极坐标为(ρ,θ),取$\angle MOC=\alpha$ 为参数,则

$$|CM|=\overset{\frown}{AC}=R(\theta+\alpha),\tan\theta=\frac{|CM|}{|OC|}=\theta+\alpha,\cos\alpha=\frac{|OC|}{|OM|}=\frac{R}{\rho}.$$

于是圆的渐伸线的极坐标参数方程为

$$\begin{cases}\rho=\dfrac{R}{\cos\alpha},\\ \theta=\tan\alpha-\alpha.\end{cases}$$

其中,α 称为压力角,函数 $\theta=\tan\alpha-\alpha$ 称为角 α 的渐伸线函数. 工程上常用 $inv\,\alpha$ 来表示它.

6.4.2.2 圆的渐伸线在齿轮上的应用.

齿轮是机械传动的一个重要组成部分. 机械传动常见的有皮带传动、链条传动、摩擦传动、齿轮传动等. 当需要传递的动力较大,且速比必须恒定时,通常采用齿轮传动. 因为如果采用皮带传动或摩擦传动,会有打滑的现象,即传动速比不是常数,传动不平稳会产生振动、噪音. 采用齿轮传动,不论齿廓的形状如何，齿轮传动的转数之比保持不变，与两轮的齿数成反比.如果主动轮匀速转动，要被动轮也匀速转动，则齿轮的齿廓必须采用一定形状的曲线或曲面才行.17 世纪，人们开始用摆线作为齿轮的齿廓曲线（这种齿轮最早用在机械时钟上，比较耐磨），到 1765 年欧拉建议用渐伸线作为齿轮的齿廓（图 6.11）.为什么用它可以保证齿轮的传动瞬时速比为常数呢？

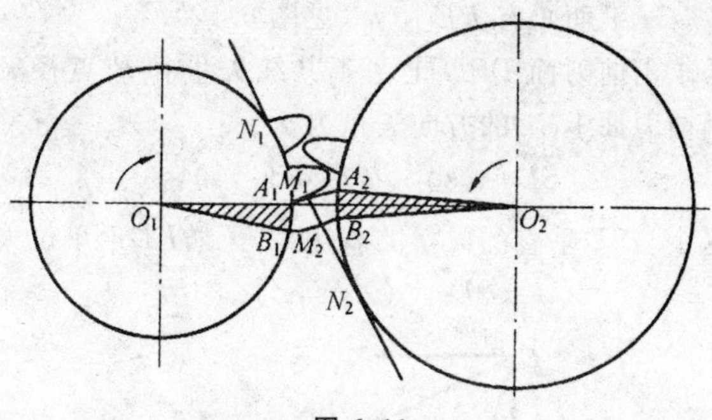

图 6.11

因为两齿奔在啮合点处相切，它们的公法线恰巧是两轮基圆的内公切线 N_1N_2.公法线与连心线 O_1O_2 的交点 P 是定点，当主动轮从 O_1A_1 转到 O_1B_1 时，被动轮从 O_2A_2 转到 O_2B_2，在同一时间内，两轮转过的基圆弧长相等，因为$\overset{\frown}{A_1B_1}=\overset{\frown}{N_1B_1}-\overset{\frown}{N_1A_1}=|N_1M_2|-|M_1M_2|$，同理$\overset{\frown}{A_2B_2}=|M_1M_2|$，故$\overset{\frown}{A_1B_1}=\overset{\frown}{A_2B_2}$.因此瞬时转速比与两轮的基圆半径成反比，是个定值.所以采用圆的渐伸线作为齿轮的齿廓曲线，可以传动平稳，适于高速传动，不仅如此，渐伸线齿轮加工方便，精度高，成本低，两轮中心距略有改变也不影响传动质量，易装配，所以我们看到的齿轮绝大多数都是渐伸线齿轮.

6.4.3　硬纸合金格利森铣刀盘中的平面问题

格利森铣刀盘是加工弧齿锥齿轮的专用刀具.硬质合金格利森铣刀盘的设计自然是要求其切削刀形成的切削表面如一般格利森铣刀盘一样，且为圆锥面.对于一般格利森铣刀盘，切削刃为过圆锥面对称轴线的平面上的一条直线；对于硬质合金格利森铣刀盘，其切削刃只能是上述圆锥面与由负前角决定的前刀面的交线.因为锥面方程易得，求切削刃的关键就在于求前刀面的方程.

工程上一般给定圆锥面的半顶角 α_0，前刀面与水平面的夹角 γ_N 和前刀面根的水平线与过顶刃点 P 的直母线、圆锥轴决定的平面对应的水平线交角 γ_T 由具体设计优化给定，实际上求前刀面的方程是在这一条件下进行的. 为了讨论方便,取圆锥顶 C 为原点,圆锥对称轴 CO 为 z 轴,yCz 平面过刀齿刃口顶点 P,依右手系取定 x 轴,便有右手直角坐标系 $\sigma=(C;x,y,z)$. 显然$\angle OCP=\alpha_0$;设前刀面与刀齿底平面交于 SD,yCz 平面与刀齿底平面交于 OS,则$\angle OSD=\gamma_T$;过 P 作平面 π 垂直于 SD 交 SD 于 D,交 OS 于 E,则$\angle PDE=\gamma_N$,注意到 CD 和平面 π 均垂直于刀齿底平面,故 $PE/\!/CO$(同在 yCz 平面),有 $PE\perp OS$(见图 6.12).

显然,只需求出前刀面 PSD 上两不共线矢量和 P 点径矢便可求出前刀面的方程. 而前刀面上$\overrightarrow{SD}$的方向矢量为

$$\overrightarrow{SD}=(\sin\gamma_T,-\cos\gamma_T,0),$$

故只需求$\overrightarrow{PD}$这个与$\overrightarrow{SD}$垂直的矢量的表达式,无妨$\overrightarrow{PD}$上单位矢量为

$$\overrightarrow{PD_1}=(X,Y,Z).$$

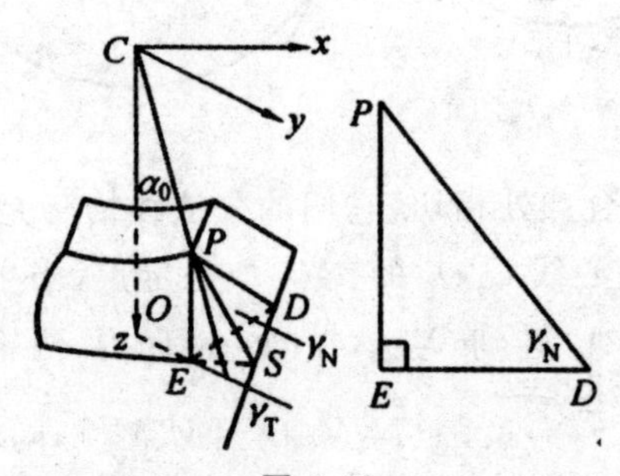

图 6.12

在 ΔPED 中,$\angle PDE=\gamma_N$,$\angle PED=\frac{\pi}{2}$,故 ED,pe 上单位矢量为

$$\overrightarrow{E_1D}=(\cos\gamma_T,\sin\gamma_T,0),\overrightarrow{P_1E}=(0,0,1).$$

注意:$ED\perp SD$ 时,方有上述第一式. 于是根据

$$\overrightarrow{PD_1}\cdot\overrightarrow{E_1D}=X\cos\gamma_T+Y\sin\gamma_T=\cos\gamma_N,\tag{6.6}$$

$$\overrightarrow{PD_1}\cdot\overrightarrow{P_1E}=Z=\sin\gamma_N.\tag{6.7}$$

由式(6.6)有

$$X=\frac{\cos\gamma_N-Y\sin\gamma_T}{\cos\gamma_T}\tag{6.8}$$

而$\overrightarrow{PD_1}$为单位矢量,应有

$$X^2+Y^2+Z^2=1,$$

将式(6.7),式(6.8)代入上式便有

$$Y=\cos\gamma_N\sin\gamma_T,$$

再代入式(6.8),就有

$$X=\cos\gamma_N\cos\gamma_T,$$

从而

$$\overrightarrow{PD_1}=(\cos\gamma_N\cos\gamma_T,\cos\gamma_N\sin\gamma_T,\sin\gamma_N),\tag{6.9}$$

则前刀面的法线矢量可由两矢量$\overrightarrow{SD_1}$，$\overrightarrow{PD_1}$的矢性积获得，且为

$$\boldsymbol{n}=\overrightarrow{PD_1}\times\overrightarrow{SD_1}=(A,B,C)=(\sin\gamma_N\cos\gamma_T,\sin\gamma_N\sin\gamma_T,-\cos\gamma_N).\tag{6.10}$$

若设 P 点到 z 轴距离为 r，则 P 点在坐标系 σ 下径矢为

$$\boldsymbol{r}_P=(0,r,r\cot\alpha_0),\tag{6.11}$$

又设 $\boldsymbol{r}$ 为前刀面上任一点径矢，则前刀面的方程为

$$\boldsymbol{n}\cdot(\boldsymbol{r}-\mathrm{r}_P)=0.\tag{6.12}$$

在前述坐标系 σ 下，切削表面，即圆锥面方程显然为

$$\boldsymbol{r}=(u\cos\theta,u\sin\theta,u\cot\theta,)\tag{6.13}$$

将式(6.10)，式(6.11)及式(6.13)代入式(6.12)就有

$$u=u(\theta)=\frac{Br+Cr\cot\alpha_0}{A\cos\theta+B\sin\theta+C\cot\alpha_0},\tag{6.14}$$

将上式代入式(6.13)，便可得到硬质合金格利森铣刀盘的切削刃方程为

$$r=u(\theta)(\cos\theta,\sin\theta,\cot\alpha_0),\tag{6.15}$$

如果令曲线(6.15)做螺旋运动，便可得到硬质合金格利森铣刀盘刀齿的侧刃后刀面的方程为

$$r_1=(u(\theta)\cos(\theta+\psi),u(\theta)\sin(\theta+\psi),u(\theta)\cot\alpha_0+b\psi).$$

式中，b 为螺旋参数，θ,ψ 为曲面参变量.

由上述讨论易见，工程问题与几何概念紧密对应，但往往又比简单的几何概念要复杂些，但思路还是几何学的思路，关键在于沿着几何思路逐一解决遇到的具体问题，便可化工程问题为几何模型.

6.4.4　摆线的等时性

摆线是有尖点的旋轮线. 它是平面上一个动圆(称为母圆)沿着一条定直线(称为基线)无滑动地滚动时，动圆周上一点的轨迹.

建立如图 6.13 所示的直角坐标系 xOy，设半径为 r 的动圆 O'沿 x 轴作无滑动地滚动，与 x 轴相切于点 C，圆心 O'和动点 M 初始位置分别在点 O_0 和点 O，$\angle MO'C=\varphi$ 取作参数，则 $O'M$ 幅角为$\frac{3\pi}{2}-\varphi$，$OC=\overset{\frown}{MC}=r\varphi$，$O'(r\varphi,r)$，$\overrightarrow{O'M}=\left(r\cos\left(\frac{3\pi}{2}-\varphi\right),r\sin\left(\frac{3\pi}{2}-\varphi\right)\right)$，$\overrightarrow{OM}=\overrightarrow{OO'}+\overrightarrow{O'M}$，因此动点 M 的坐标为

$$\begin{cases}x=r\varphi-r\sin\varphi,\\y=r-r\cos\varphi.\end{cases}$$

这就是摆线的参数方程. $\varphi=\pi$ 对应着摆线上的一个最高点 $V(\pi r,2r)$.

容易证明,过摆线上点 M 处的法线必过点 $C(R\varphi,0)$.

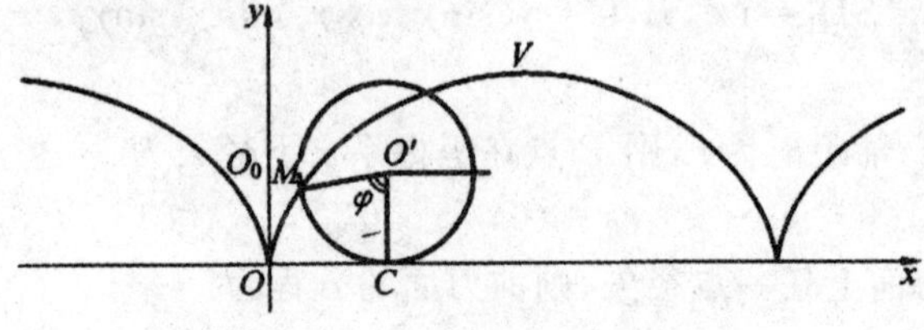

图 6.13

旋轮线之所以又称为摆线是与时钟的钟摆有关系. 普通的单摆摆动周期与摆动幅度不是没有关系的,仅当振幅较小时,才仅与摆长有关. 为了克服振幅大小对周期的影响,可以在摆动的平面内做两块边缘为旋轮线形状的挡板(图 6.14 中的$\overset{\frown}{OV}$和$\overset{\frown}{OV'}$). 将摆长等于$\overset{\frown}{OV}$的小球 P 悬挂在点 O,则点 P 在重力作用下运动的轨迹仍然是一条旋轮线,这种摆称为惠更斯摆,它的摆动周期与摆动幅度无关(等时性).

下面我们先来证明摆线 $x=r\varphi-r\sin\varphi, y=r-r\cos\varphi$ 上过点 $V(\pi r,2r)$ 的渐伸线仍然是摆线(图 6.15).

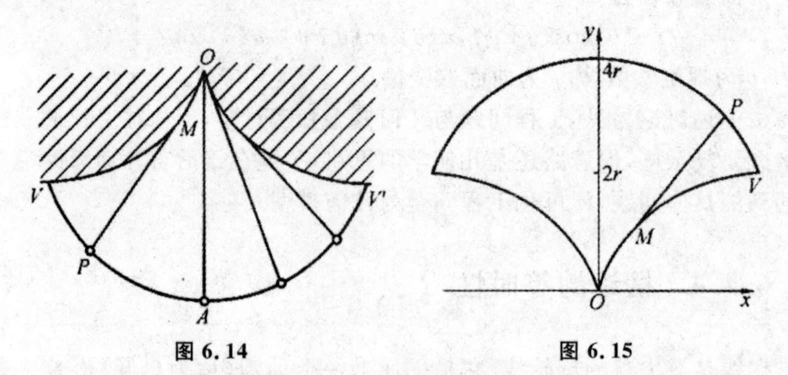

图 6.14　　　　图 6.15

首先计算摆线上点 M 到点 V 的弧长. 因为

$$\mathrm{d}x=(r-r\cos\varphi)\mathrm{d}\varphi, \mathrm{d}y=(r\sin\varphi)\mathrm{d}\varphi,$$

$$\begin{aligned}\mathrm{d}s&=\sqrt{(\mathrm{d}x)^2+(\mathrm{d}y)^2}\\&=\sqrt{(r-r\cos\varphi)^2+(r\sin\varphi)^2}\,\mathrm{d}\varphi\\&=2r\sqrt{\frac{1-\cos\varphi}{2}}\,\mathrm{d}\varphi\\&=2r\sin\frac{\varphi}{2}\mathrm{d}\varphi.\end{aligned}$$

MV 的弧长 $s=\int_{\varphi}^{\pi}2r\sin\frac{\varphi}{2}\mathrm{d}\varphi=4r\cos\frac{\varphi}{2}$.

摆长 $l=OA=\overset{\frown}{OV}=4r$，$MP=\overset{\frown}{MV}=s$，因此点 P 的坐标为

$$\begin{cases} x'=x(\varphi)+s\dfrac{\mathrm{d}x}{\sqrt{(\mathrm{d}x)^2+(\mathrm{d}y)^2}}, \\ y'=y(\varphi)+s\dfrac{\mathrm{d}y}{\sqrt{(\mathrm{d}x)^2+(\mathrm{d}y)^2}}, \end{cases}$$

即

$$\begin{cases} x'=r\varphi-r\sin\varphi+4r\cos\dfrac{\varphi}{2}\cdot\dfrac{r-r\cos\varphi}{2r\sin\dfrac{\varphi}{2}}, \\ y'=r-r\cos\varphi+4r\cos\dfrac{\varphi}{2}\cdot\dfrac{r\sin\varphi}{2r\sin\dfrac{\varphi}{2}}, \end{cases}$$

$$\begin{cases} x'=r\varphi+r\sin\varphi, \\ y'=3r+r\cos\varphi. \end{cases}$$

令 $\varphi=\theta-\pi$，则此方程可改记为

$$\begin{cases} x=(r\theta-r\sin\theta)-\pi r, \\ y=(r-r\cos\theta)+2r. \end{cases}$$

由此方程可知点 P 的轨迹是与挡板形状全等的旋轮线.

下面再证明惠更斯摆的摆动周期与振幅无关. 由于已经证明了摆球运动的轨迹是摆线，所以取此摆线的顶点 V 为坐标原点 O' 建立如图 6.16 所示的左手系，这样摆球的轨迹方程仍然是

$$\begin{cases} x=r\varphi-r\sin\varphi, \\ y=r-r\cos\varphi. \end{cases}$$

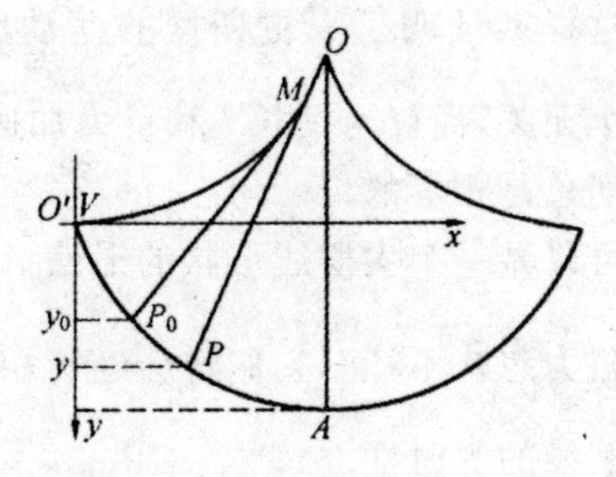

图 6.16

设质量为 m 的摆球受重力作用(空气阻力忽略不计)从点 $P_0(\varphi_0)$ 处开始运动，经过时间 t 运动到点 $P(x,y)$ 处时的速度为 $v=\dfrac{\mathrm{d}s}{\mathrm{d}t}$，由机械能守恒知势能 $mg(y-y_0)$ 转化为动能 $\dfrac{1}{2}mv^2$(其中 g 是重力加速度)应有

$$mg(y-y_0)=\frac{1}{2}m\left(\frac{\mathrm{d}s}{\mathrm{d}t}\right)^2,$$

将 $y=r-r\cos\varphi, y_0=r-\cos\varphi_0, \mathrm{d}s=2r\sin\frac{\varphi}{2}\mathrm{d}\varphi$ 代入，得

$$\mathrm{d}t=\frac{2r\sin\frac{\varphi}{2}\mathrm{d}\varphi}{\sqrt{2gr(\cos\varphi_0-\cos\varphi)}},$$

因此

$$t=2\sqrt{\frac{r}{g}}\int_{\varphi_0}^{\varphi}\frac{-\mathrm{d}\left(\cos\frac{\varphi}{2}\right)}{\sqrt{\cos^2\frac{\varphi_0}{2}-\cos^2\frac{\varphi}{2}}}$$

$$=2\sqrt{\frac{r}{g}}\arccos\frac{\cos\frac{\varphi}{2}}{\cos\frac{\varphi_0}{2}}.$$

摆球从点 P_0 运动到最低点 $A(\varphi=\pi)$ 处所需要的时间是摆动周期 T 的四分之一，故

$$\frac{1}{4}T=2\sqrt{\frac{r}{g}}\arccos\frac{\cos\frac{\varphi}{2}}{\cos\frac{\varphi_0}{2}}=\pi\sqrt{\frac{r}{g}},$$

得

$$T=4\pi\sqrt{\frac{r}{g}}=2\pi\sqrt{\frac{r}{g}}=2\pi\sqrt{\frac{l}{g}}.$$

其中，$l=4r$ 是摆长. 这样就证明了惠更斯摆的摆动周期 $T=2\pi\sqrt{\frac{l}{g}}$ 与 φ_0 无关，即与振幅的大小无关，而仅与摆长 l 和重力加速度 g 有关. 因此，不管振幅大小，摆动的周期总是相等的.

根据这个性质，可以做一个尖摆线形状的滑槽，让小球沿着滑槽从不同高度自由滚下(摩擦阻力忽略不计)，它们将会经历相等的时间($\pi\sqrt{\frac{r}{g}}$)，滚到最低点 A，这就是摆线的等时性.

最后，比较一下小球从点 O 到点 A 沿直线形滑槽滚动，与沿尖旋轮线滑槽滚动(图 6.17)，所需要的时间哪个少？

由于小球沿直线形滑槽滚动时是作匀加速运动，初速度 $v_0=0$，末速度 v_A 可由机械能守恒的关系

$$mg\cdot 2r=\frac{1}{2}mv_A^2,$$

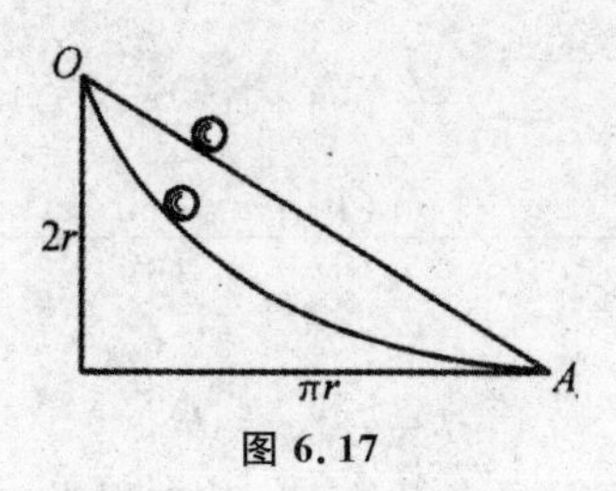

图 6.17

而求得

$$v_A=2\sqrt{gr}.$$

因此，从点 O 到点 A 所需的时间

$$t=\frac{2s}{v_0+v_A}=\frac{2\sqrt{(2r)^2+(\pi r)^2}}{0+2\sqrt{gr}}=\sqrt{4+\pi^2}\sqrt{\frac{r}{g}}.$$

显然，它比沿尖旋轮线滑槽滚动所需的时间 $\pi\sqrt{\frac{r}{g}}$ 长.

6.4.5　外缘质量评定中的几何模型

6.4.5.1　最小平行六面体的求解模型

目前评价直线度、平面度的工作比较成熟，寻求最小外包容平行六面体的工作亦有不少方法和对应模型，且均是在评价直线度、平面度基础上展开的. 考虑读者的方便，本节将寻求最小平行六面体的参考中心轴线的方法进行介绍.

(1)工程背景法. 实际测量时，为了便于后续计算与分析，均取了坐标系，一般用右手直角坐标系中点列 $\{P_i\}(x_i,y_i,z_i)(i=1,\cdots,n)$ 来表述测量所得到的信息. 对于平行六面体、锥面、柱面都会遇到对称轴问题，且一般希望测量时假定的 z 轴非常逼近真正的对称轴，因此需要求最小外包容平行六面体的对称轴线. 不妨先设其参考轴线的方程为

$$\frac{x}{0}=\frac{y}{0}=\frac{z}{1}. \tag{6.16}$$

然后用后续的最小二乘法、控制线法、修正控制线法去求最小外包容平行六面体的轴线.

(2) 最小二乘法. 将点列 $\{P_i\}$ 投影到 xOz 和 yOz 平面得点列 $\{P'_i\}(x_i,0,z_i)$ 及 $\{P''_i\}(0,y_i,z_i)$，现以点列 $\{P'_i\}$ 求在 xOz 平面投影的参考轴线. 由最小二乘法

$$\sum_{i=1}^{n}(z_i - ax_i + b) = 0,$$

$$\sum_{i=1}^{n}\frac{2x_i(ax_i - z_i - b)(1+a^2) - a(z_i - ax_i + b)^2}{(1+a^2)^2}.$$

先求出 a 和 b,再代入

$$l = a^{-1}x_0 = bl,$$

便可得到 xOz 平面上投影参考轴线 L',其方程为

$$z = \frac{x - x_0}{l}. \tag{6.17}$$

同理,可求出 yOz 平面上投影参考轴线 L'',其方程为

$$z = \frac{y - y_0}{m}. \tag{6.18}$$

对三维空间,式(6.17)和式(6.18)各代表一个平面,其交线可作为平行六面体的参考轴线,其方程为

$$\frac{x - x_0}{l} = \frac{y - y_0}{m} = z. \tag{6.19}$$

(3)控制线法.用最小二乘法求出的参考轴线方程式(6.17)和式(6.18),很容易得到 xOz 和 yOz 投影平面上外包容点列的平行线.以式(6.17)为例,参阅图 6.18,先求$\{P'_i\}$中点 P_i 对式(6.19)所示直线的残差

$$\Delta z_i = z_i - (x_i - x_0)/l,$$

并令

$$\max\{\Delta z_i\} = \Delta z_1 \min\{\Delta z_i\} = \Delta z_2.$$

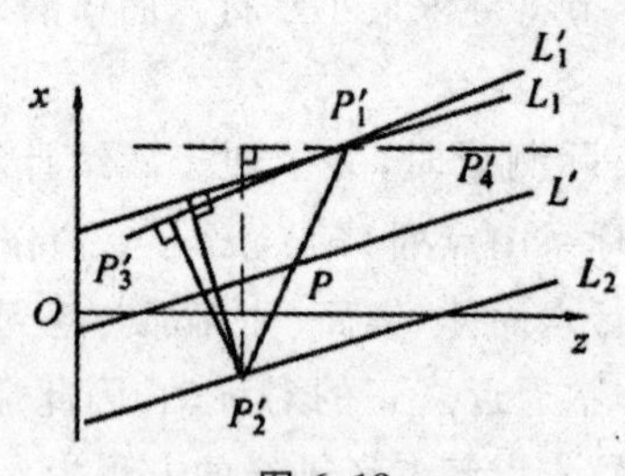

图 6.18

若记取得 Δz_1 和 Δz_2 的点依次为 P'_1 和 P'_2,则过 P'_1 和 P'_2 做 L_1 和 L_2 平行于 L',此时 L_1 和 L_2 就外包容了点列$\{P'_i\}$.

控制线法或称最小区域法是在此基础上寻求除 P'_1 和 P'_2 这两个控制点外的点 P'_3,P'_3 为$\{P'_i\}$中点,且无妨设其在 L' 上方,则过 P'_1 和 P'_3 的直线 L'_1,与过 P'_2 的平行于 L'_1 的直线 L'_2,不但要外包容点列$\{P'_i\}$,而且 L'_1 与 L'的距离比 L_1 与 L_2 的距离要小.由图 6.18 和图 6.19 易见,P'_3 只有落在 $P'_1P'_2$ 与 L_1、L_2 所围的非钝角区域内,才能确保比 L_1 和 L_2 之间的

距离小. 证明从略.

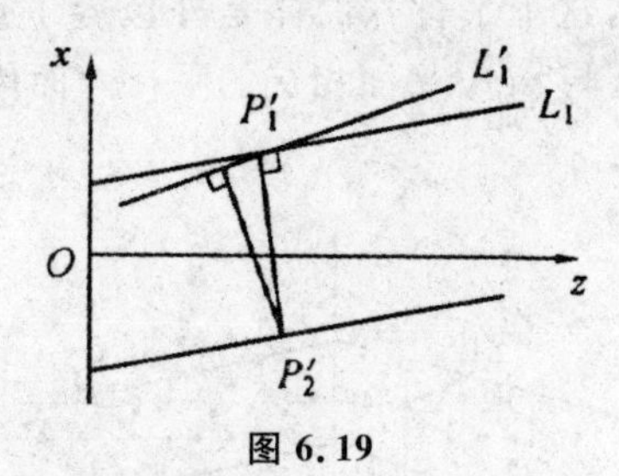

图 6.19

求满足上述条件的第三个控制点 P'_3. 见图 6.20,若记 L_1 到 L'_1 的距离为 s_1,P'_i 到 P'_1 的距离为 $e_{1i}$$P'_i$ 到直线 L'的距离为 q_{1i}则绕 P'_1,点旋转 θ_{1i}角使 L_1 的新位置 L'_1 过 P'_1 和 P'_i,则有

$$\theta_{1i}=\arcsin\frac{s_1-q_{1i}}{e_{1i}}.$$

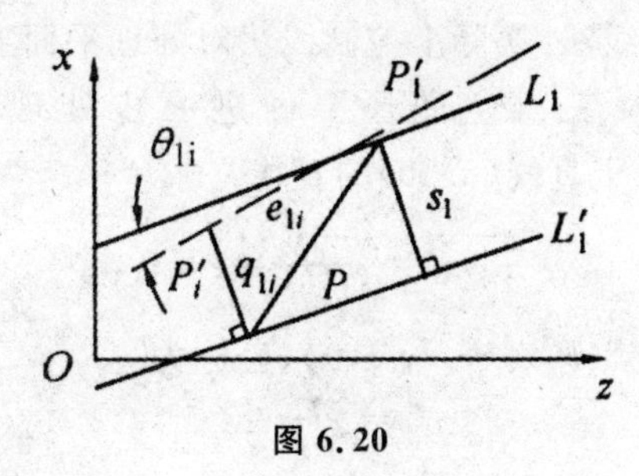

图 6.20

同理对 L'_2 对应有

$$\theta_{2i}=\arcsin\frac{s_2-q_{2i}}{e_{2i}},$$

若取

$$\theta=\min\{\theta_{1i},\theta_{2i}\}.$$

对应点为 P'_3,无妨设此点为图 6.18 中的 P'_3,则过 $P'_1P'_3$ 的直线 L'_1 与过 P'_2 且平行于 L'_1 的直线 L'_2 为外包容点列$\{P'_i\}$的距离最小的两平行线. 应当指出的是,图 6.19 的情形是有关文献不曾考虑的,因而在本节中这方面内容更为严密,且更简明.

取到 L'_1、L'_2 距离相等的直线,记为 L_x,同理可求出 yOz 平面上投影点列$\{P''_i\}$的对应直线 L_y,且无妨记两直线方程依次为

$$\frac{x-x'_0}{l'}=z,\frac{y-y'_0}{m'}=z,$$

在三维空间,上述方程为两平面,其交线为

$$\frac{x-x'_0}{l'}=\frac{y-y'_0}{m'}=z.$$

自然可作为平行六面体的参考轴线.若以所得四条控制线在空间的对应四平面构成平行六面体,这个平行六面体是外包容了点列$\{P_i\}$,但有时并不最小.从图 6.21 易见,与 xOy 平面相交的平行六面体的底面四边形并不一定是最小平行四边形.

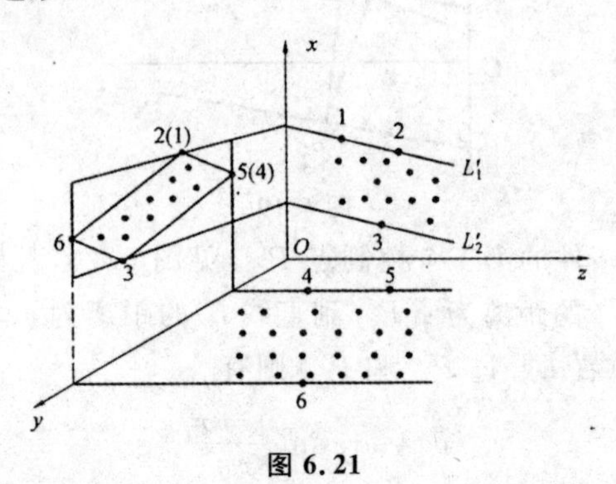

图 6.21

(4)修正的控制线法.实际上控制线法对处理平面上点列的最小外包容问题是可靠的,但在三维空间还要做进一步处理.其方法是求出过 $P_i(x_i,y_i,z_i)$且平行于直线(6.20)的直线

$$\frac{x-x_i}{l'}=\frac{y-y_i}{m'}=z-z_i, \tag{6.20}$$

与 $z=0$ 平面上的交点 $P''_i(x'''_i,y'''_i,0)$,坐标为

$$x'''_i=x_i-l'z_i,$$

$$y'''_i=y_i-m'z_i.$$

仿前述控制线方法求出最小外包容平行四边形,若为方柄,无非是最小外包容矩形.

综上所述,可以求出一个最小的外包容平行六面体.

6.4.5.2 最小外包容圆柱的求解模型

若以图 6.21 所求的最小外包容平行六面体的轴线为点列$\{P_i\}$的最小外包容圆柱的轴线,则问题极为简单,只需求 P_i 到此轴线的距离,其最大者为外包容圆柱的半径.但很可惜,点列$\{P_i\}$的这两个最小外包容面的轴线之间存在重合、相交和异面 3 种可能,且很接近.因此点列$\{P_i\}$的最小外包容平行六面体的轴线若依旧记为式(6.20),则式(6.20)可作为最小外包容点列$\{P_i\}$的圆柱的参考轴线.使其更精确的方法简介如下.

求点列$\{P_i\}$中各点到直线(6.21)的距离,其公式为

$$d_i=\frac{\left\|\begin{matrix}\boldsymbol{i} & \boldsymbol{j} & \boldsymbol{k}\\ x_i-x'_0 & y-y'_0 & z\\ l' & m' & 1\end{matrix}\right\|}{\sqrt{l'^2+m'^2+1}}. \tag{6.21}$$

式中，‖　‖表示先求出其矢量，再求出其模，取其最大者 5 个 d_j $[j=1,\cdots,5]$. 设其对应点为 P_j，则 $P_j\in\{P_i\}$，若这 5 点在最小外包容圆柱上，此圆柱轴线方程为

$$\frac{x-a}{A}=\frac{y-b}{B}=z,$$

则有

$$d_j=\frac{\left\|\begin{matrix}\boldsymbol{i} & \boldsymbol{j} & \boldsymbol{k}\\ x_j-a & y_j-b & z_j\\ A & B & 1\end{matrix}\right\|}{\sqrt{A^2+B^2+1}}=d_0, j=1,\cdots,5.$$

若所有 P_i 到直线(6.22)距离

$$d_i\leqslant d_0, \tag{6.22}$$

则以式(6.21)为轴线，而为半径的圆柱为外包容点列$\{P_i\}$的最小圆柱. 否则，再取到式(6.21)距离最大的 5 点重复前述运算，直至满足式(6.4.18).

应当指出的是，参考轴线中 L',m',x'_0、y'_0 可作为方程组 $d_j=d_0$ 求解的初值，即依次为 A,B,a,b 的初值，这样求解便很快捷，故定名为参考轴线.

6.4.5.3　最小外包容圆锥的求解模型

以锥柄为装夹部分的工件外缘质量评定做准备的，内容为求解最小外包容圆锥的一个模型. 若测量所得圆锥柄外缘得到点列$\{P_i\}(i=1,\cdots,n)$，并假定以 z 轴为圆锥柄轴线的方向，而事实上肯定存在一定的偏差，即不可能使最小外包容点列$\{P_i\}$的圆锥轴线恰为 z 轴. 为此将 P_i 投影到 xOz，有$\{P_{1i}\}(x_i,0,z_i)$和$\{P_{2i}\}(0,y_i,z_i)$点列，可取 z 轴作为参考轴线，也可用最小二乘法获取，如

$$\frac{x-x_0}{m}=\frac{y-y_0}{n}=z \tag{6.23}$$

形式的参考轴线. 为不失一般性，这里以式(6.23)作为参考轴线. 下面先给出控制线的定义，对于圆锥面上点列在 zOx 和 yOz 平面投影的两控制线可规定为：①点列 $P_{ji}(j=1,2)$中所有点在两控制线所围角域内或控制线上；②称控制线 L_{j1}、$L_{j2}(j=1,2)$上 $P_{ji}(j=1,2)$中的点为控制点，且$\{P_{ji}\}$中至

少在 $j=1$ 或 2 时有 4 个这样的控制点;③控制线 L_{j1} 和 L_{j2} 上至少各有两个控制点. 显然 L_{11} 和 L_{12} 围成的角域包容了 xOz 平面上的点列 $\{P_{1i}\}$,而 L_{21} 和 L_{22} 围成的角域包容了 yOz 平面上的点列 $\{P_{2i}\}$.

不妨以控制线 L_{11} 为例,在 xOz 平面上,$(x-x_0)/m=z$ 为最小二乘求出的参考轴线,过点 P_{1i} 作直线与直线 $(x-x_0)/m=z$ 成原设计圆锥之半顶角 α,若记其方程为

$$\frac{x-a_i}{A_i}=z, \tag{6.24}$$

则对任一 P_{1i} 就有

$$\begin{cases}(x_i-a_i)/A_i=z_i, \\ \sqrt{A_i^2+1}\sqrt{m+1}\cos\alpha=A_i m+1.\end{cases} \tag{6.25}$$

于是根据上式可求出对应于 $\{P_{1i}\}(x_i,0,z_i)$ 的 (A_i,a_i). 取 $\max\{a_i\}$ 或 $\min\{a_i\}$ 对应点作为控制线 L_{11} 和 L_{12} 上的控制点,并依次记为 $\bar{P}_{11}$ 和 $\bar{P}_{12}$,则过 $\bar{P}_{11}$ 点的直线[与 $(x-x_0)/m=z$ 成 α 角]绕 $\bar{P}_{11}$ 点回转,取遇到的关于转角较小的另一点(顺转或逆转)作为另一控制点,不妨记为 $\bar{P}_{21}$,其步骤参阅利用残差和转角的论述. 不妨记过 $\bar{P}_{11}$,$\bar{P}_{21}$ 的控制线为 $\bar{L}_{11}$ 其方程为

$$\frac{x-a_{11}}{A_{11}}=z. \tag{6.26}$$

且记 $\bar{L}_{11}$ 与 z 轴夹角为 α_{11},同理可得 xOz 平面上包容点列 $\{P_{1i}\}$ 的另一个过 $\bar{P}_{12}$ 的控制线 $\bar{L}_{12}$ 的方程为

$$\frac{x-a_{12}}{A_{12}}=z. \tag{6.27}$$

若记 $\bar{L}_{12}$ 与 z 轴夹角为 α_{12},则到 $\bar{L}_{11}$,$\bar{L}_{12}$ 等距离的直线方程为

$$\frac{x-\dfrac{a_{11}+a_{12}}{2}}{\dfrac{A_{11}+A_{12}}{2}}=z,$$

简化为

$$\frac{x-a}{A}=z. \tag{6.28}$$

同理,可求出 yOz 平面上对应式(6.28)的直线为

$$\frac{y-b}{B}=z. \tag{6.29}$$

对于空间点列 P_i,则直线

$$\frac{x-a}{A}=\frac{y-b}{B}=z, \tag{6.30}$$

可作为此包容点列 $\{P_i\}$ 的圆锥的对称轴线参考方程.

考虑到投影到 xOz, yOz 平面的局限性，即虽然在投影面上，与式(6.30)成 $\alpha_1=\frac{\alpha_{11}+\alpha_{12}}{2}$ 角的控制线及与式(6.29)成相应的 $\alpha_2=\frac{\alpha_{21}+\alpha_{22}}{2}$ 角的控制线外包容了投影点列，但半锥顶角即使为 $\max\{\alpha_1,\alpha 2\}$ 也不能保证外包容点列 $\{P_i\}$，为此过 P_i 作与直线(6.30)成 α 角的直线，其方程为

$$\frac{x-a_i}{A_i}=\frac{y-b_i}{B_i}=z, \tag{6.31}$$

显然，这里的 A_i,B_i,a_i,b_i 满足

$$\begin{cases}(x_i-a_i)/A_i=(y_i-b_i)/B_i=z_i,\\ \sqrt{A_i^2+B_i^2+1}\sqrt{A^2+B^2+1}\cos\alpha=A_iA+B_iB+1,\\ \begin{vmatrix}a_i-a & b_i-b & 0\\ A_i & B_i & 1\\ A & B & 1\end{vmatrix}=0.\end{cases} \tag{6.32}$$

由上式可求(A_i,B_i,a_i,b_i)，将式(6.32)与式(6.33)联立，可求出直线(6.30)与直线(6.31)的交点(x_{0i},y_{0i},z_{0i}). 取 z_{0i} 中最小或最大的 5 个(锥顶方向与 z 轴正向相同取为大，否则取小)，不妨记为 P_K，以修正 a,b,A,B 和 α.

这 5 点满足

$$\hat{\alpha}=\arccos\frac{\hat{A}A_K+\hat{B}B_K+1}{\sqrt{\hat{A}^2+\hat{B}^2+1}\sqrt{A_K^2+B_K^2+1}},K=1,\cdots,5 \tag{6.33}$$

且对应的 A_K,B_K,a_K,b_K 和 $\hat{A},\hat{B},\hat{a},\hat{b}$ 依次取代式(6.33)中的 A_i,B_i,a_i,b_i 和 A,B,a,b. 注意，对每一个 K，代入式(6.33)与式(6.34)，共有不含 $\hat{a}$ 的 8 个独立方程，于是可求出修正后的 $\hat{A},\hat{B},\hat{a},\hat{b}$.

若校验时 P_i 均在圆锥内部或在圆锥表面上，则方程

$$\frac{x-\hat{a}}{\hat{A}}=\frac{Y-\hat{b}}{\hat{B}}=z \tag{6.34}$$

为所求，其校验方程是先据

$$\begin{cases}\frac{(x_i-\bar{a}_i)}{A_i}=\frac{(y_i-b_i)}{B_i}=z_i,\\ \sqrt{\bar{A}_i^2+\bar{B}_i^2+1}\sqrt{\hat{A}^2+\hat{B}^2+1}\cos\hat{\alpha}=\bar{A}_i\hat{A}+\bar{B}_i\hat{B}+1,\\ \begin{vmatrix}\bar{a}_i-\hat{a} & \bar{b}_i-\hat{b} & 0\\ \bar{A}_i & \bar{B}_i & 1\\ \hat{A} & \hat{B} & 1\end{vmatrix}=0,\end{cases} \tag{6.35}$$

求出 $\bar{A}_i,\bar{B}_i,\bar{a}_i,\bar{b}_i$，再据此求出 P_i 且与直线(6.34)成 $\hat{\alpha}$ 角相交的直线方程

$$\frac{x_i-\bar{a}_i}{\hat{A}_i}=\frac{y_i-\bar{b}_i}{\hat{B}_i}=z_i, \tag{6.36}$$

与直线(6.34)联立，得交点$(\bar{x}_{0i},\bar{y}_{0i},\bar{z}_{0i})$. 若$\bar{z}_{0i}$大于(锥顶方向与$z$轴正向相同取为大于，否则取小于)或等于下述两直线交点之z坐标，则式(6.34)所示直线为所求对称轴，且以半锥角为$\hat{\alpha}$的圆锥为最小的外包容点列$\{P_i\}$的圆锥. 否则，重新取z_{0i}中最大的5个，按式(6.33)至式(6.36)求解过程重新运算，直到达到上述要求.

6.4.5.4 最小外包容球面的求解模型

若对已给点列$\{P_i\}(x_i,y_i,z_i)(i=1,\cdots,n)$，存在球面$H$，使得点列中所有点均在其上或在其内部，则自然称球面H外包容了点列$\{P_i\}$，又若球面H为所有外包容点列$\{P_i\}$的球中半径最小者，则称此球面H为点列$\{P_i\}$的最小外包容球面.

由上述定义不能直接求出已给点列的最小外包容球，但可根据上述定义给出求解外包容点列的最小球面的模型及其算法.

运用最小二乘原理求出P_i到待定点$P_0(x_0,y_0,z_0)$距离平方和最小而得到P_0点可作为球心参考点. 再求$\{P_i\}$各点到P_0的距离

$$d_i=[(x_i-x_0)^2+(y_i-y_0)^2+(z_i-z_0)^2]^{\frac{1}{2}}, \tag{6.37}$$

并找到最大者4个，记为$d_j(j=1,2,3,4)$，记对应点列中点为$P_j(j=1,2,3,4)$，若设最小外包容球面方程为

$$(x-x_\Delta)^2+(y-y_\Delta)^2+(z-z_\Delta)^2=R^2, \tag{6.38}$$

则将P_j坐标代入上式则均应满足方程，式中$x_\Delta,y_\Delta,z_\Delta$和$R$的初值自然可取为$x_0,y_0,z_0$和$d_1$，逐步迭代，直至满足方程(6.37). 然后再考察用x_Δ，y_Δ,z_Δ取代式(6.37)中x_0,y_0,z_0，若

$$d_i\leqslant R, \tag{6.39}$$

则式(6.38)为所求，否则再重复上述运算，直到满足式(6.39).

当然，也可以由4点中3点作一个圆，再求另一点与这3点中任一点的中垂面与此圆过圆心且垂直于圆所在平面的直线的交点，从而求出到4点距离相等的球心$(x_\Delta,y_\Delta,z_\Delta)$，显然后一种比前一种更易理解.

总之，通过上述两种方法可求出球心及其半径.

6.4.5.5 带角圆的圆弧铣刀外缘质量评定模型

为了不致与本节前4部分内容上过多重复，这里在叙述上尽量利用前面的已有结果.

已经求出见图6.21装夹部位——圆柱上已给点列$\{P_i\}$的最小外包容圆柱的轴线

$$\frac{x-a}{A}=\frac{y-b}{B}=z, \tag{6.40}$$

则后接圆弧回转面和角圆回转面只能以此轴线作为回转轴.

6.4.5.6 最小外包容圆弧回转面

下面所给模型实际上已不是独立点列的最小外包容圆弧回转面，而是在给定了回转轴(6.40)的前提下求已给点列的最小外包容圆弧回转面的问题了.设已给点列为$\{P_K\}$，见图6.22，记圆弧中心E的轨迹圆中心为(x_0, y_0, z_0)，则根据前段分析，此点在轴线(6.43)上，于是有

$$\frac{x_0-a}{A}=\frac{y_0-b}{B}=z_0. \tag{6.41}$$

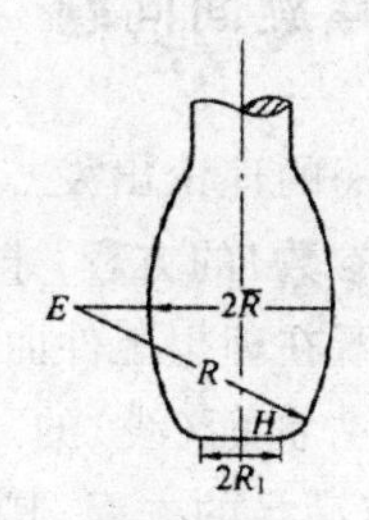

图 6.22

显然，只要给出z_0，圆中心的坐标便可定解，而此z_0可据已给回转面上点列$P_K(K=1,\cdots,m)$求出.

P_K到轴线(6.40)之距离为

$$d_K=\frac{\left\|\begin{matrix} i & j & k \\ x_K-a & y_K-b & z_K \\ A & B & 1 \end{matrix}\right\|}{\sqrt{A^2+B^2+1}}, \tag{6.42}$$

过P_K作直线(6.40)之垂线的垂足$\hat{P}_K(\bar{x}_K, \bar{y}_K, \bar{z}_K)$满足

$$A(x_K-\bar{x}_K)+B(y_K-\bar{y}_K)+(z_K-\bar{z}_K)=0, \tag{6.43}$$

$$\frac{\bar{x}_K-a}{A}=\frac{\bar{y}_K-b}{B}=\bar{z}_K. \tag{6.44}$$

显然，由式(6.43)和式(6.44)可求出$\hat{P}_K(\bar{x}_K, \bar{y}_K, \bar{z}_K)$，以$d_K$为横轴坐标，$\bar{z}_K$为纵轴坐标，可有临时坐标系$\sigma=(\bar{O}; d, \bar{z})$.由此平面上点列出$\bar{P}'_K(d_K, \bar{z}_K)$，过任意3点之两两连线中垂线的交点可作为此点列所确定外包容圆弧之中心参考点.若记为$(\bar{d}_0, \bar{z}_0)$，则$\bar{P}'_K$点到$(\bar{d}_0, \bar{z}_0)$距离为

$$\bar{d}_K=\left[(d_K-\bar{d}_0)^2+(\bar{z}_K-\bar{z}_0)^2\right]^{\frac{1}{2}}, \tag{6.45}$$

取其最大的三个记为$\bar{d}_p(p=1,2,3)$，其对应点记为$\bar{P}_p(p=1,2,3)$，则过3

点的圆弧之心为圆弧中心轨迹上点，当然此圆弧应外包容点列 $\bar{P}'_K$，否则再以此心取代$(\bar{d}_0,\bar{z}_0)$. 重复运算，直至满足条件. 记最终所得中心点为(d_0, z_0)，则 z_0 为式(6.45)中之 z_0，此时圆弧半径为

$$R=((d_P-d_0)^2+(\bar{z}_P-z_0)^2)^{\frac{1}{2}}. \tag{6.46}$$

图 6.22 中 $\bar{R}$ 为

$$\bar{R}=R-d_0. \tag{6.47}$$

很明显，在图 6.22 所示工程背景下，对已给其上的点列 $\{P_q\}(q=1,\cdots,s)$，可仿式(6.41)到式(6.36)求出相应的轴线(6.42)上角圆弧中心点轨迹圆心坐标$(\bar{x}_0,\bar{y}_0,\bar{z}_0)$和角圆之半径.

6.4.6 车削或铲制螺旋面问题

求工具形态的理论中，统一的理论出发点是理想的工件表面(曲线)可表示为一个含两个参数(一个参数)的方程，求工具形态实际是求瞬时既在理想工件表面又在工具表面(既在理想工件曲线上又在工具廓线上)的曲线(点)满足的方程，这样便可消去曲面(线)的一个参数，得到既在理想曲面(线)又在工具廓面(线)上的点满足的方程. 其对应模型可简述为：若记理想曲面(曲线)方程为

$$\boldsymbol{r}=\boldsymbol{r}(u,v)\,(\boldsymbol{r}=\boldsymbol{r}(t)), \tag{6.48}$$

既在理想工件表面(曲线)，又在工具廓面(线)上点满足的条件为

$$F(u,v)=0\,(\boldsymbol{r}_1=\boldsymbol{r}_1(t)). \tag{6.49}$$

事实上式(6.49)对于理想工件表面(6.48)一般表现为与工具廓面公切点处参数 μ,v 的关系；而在理想工件问题是曲线情形时，则是利用理想工件曲线与工具廓线公切点处的相同参数 t 建立工具廓线相关方程的，于是工具廓面上瞬时与理想工件表面的接触线(点)应满足

$$\begin{cases}\boldsymbol{r}=\boldsymbol{r}(u,v),\\ F(u,v)=0.\end{cases} \tag{6.50}$$

对于不同背景，不同类型的求工具形态的几何反算问题，式(6.49)的获取区别十分明显，因而有必要分别介绍，本段先介绍在求解交线法中的具体表现形式.

图 6.23 可以看成车削螺旋面工件，如车削螺纹、车削丝杠，也可以看成车削硬质弹簧；还可以理解为铲制，其结构是一致的. 设根圆半径为 R_0，前刀面由其上的点$(R_0\cos\varphi,-R_0\sin\varphi,0)$和法矢量$(\sin(\varphi+\gamma),\cos(\varphi+\gamma),0)$决定了它的方程，运用解析几何平面点式法方程可得对应式(6.49)的方程为

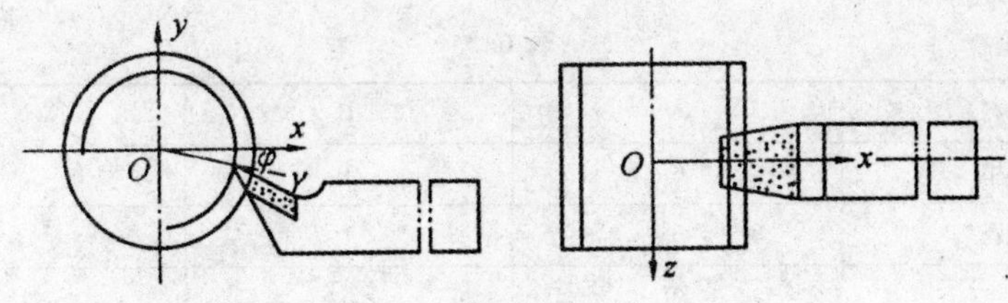

图 6.23

$$(\sin(\varphi+\gamma),\cos(\varphi+\gamma),0)\cdot((x,y,z)-(R_0\cos\varphi,-R_0\sin\varphi,0))=0,$$

即

$$x-R_0\cos\varphi+(y+R_0\sin\varphi)\cot(\varphi+\gamma)=0, \tag{6.51}$$

设螺旋面由平面曲线

$$\boldsymbol{r}=(\bar{x}(\eta),\bar{y}(\eta))(\eta\in[\eta_1,\eta_2]), \tag{6.52}$$

做螺旋运动产生，则螺旋面在图 6.23 所示坐标系下方程为

$$\boldsymbol{r}=(\bar{x}(\eta)\cos\theta-\bar{y}(\eta)\sin\theta,\bar{x}(\eta)\sin\theta+\bar{y}(\eta)\cos\theta,b\theta), \tag{6.53}$$

此方程与式(6.48)相应. 于是，刃口曲线为式(6.51)，(6.53)两式的联立解. 将式(6.53)中 x,y 的分量表达式代入式(6.51)有

$$\bar{x}(\eta)\cos\theta-\bar{y}(\eta)\sin\theta-R_0\cos\varphi+$$
$$(\bar{x}(\eta)\sin\theta+\bar{y}(\eta)\cos\theta+R_0\sin\varphi)\cot(\varphi+\gamma)=0, \tag{6.54}$$

给定 $\eta_i\in[\eta_1,\eta_2]$，代入式(6.54)便可解得 θ_i，再将 (η_i,θ_i) 代入式(6.53)，即可求出刃口曲线.

至于车刀的其他面、线设计，均有推荐值，故在此不再介绍.

由上述应用实例易见，求解交线这类几何反算是通过接触线——既在理想工件表面又在工具廓面上来寻求工具造型的，这一点是符合求工具形态的几何反算问题统一的理论出发点的. 本类问题的特征是接触线恰为工具的一个表面——前刀面与被加工的理想表面(6.48)的交线，于是问题化为先求两面方程

$$\textstyle\sum_1: r_1=r_1(u_1,v_1), \tag{6.55}$$

$$\textstyle\sum_2: r_2=r_2(u_2,v_2), \tag{6.56}$$

再求其交线. 应强调的是，只有式(6.55)和式(6.56)在同一坐标系下，所求结果才是可行可靠的.

6.4.7　简单的线性规划问题

为便于直观分析，先看一个大大简化了的问题.

例 1　经统计分析知道，某公司生产甲、乙两种产品，每件分别消耗材料 6 元和 5 元，设备损耗各 1 元，劳务支出 4 元和 6 元(如表 6.3 所示).

表 6.3

	A	B	C
甲	6	1	4
乙	5	1	6
	29	5	24

公司目前月生产能力是材料消耗不能超过 29 万元,设备损耗不超过 5 万元,劳务支出不超过 24 万元,又甲、乙产品出厂价各为 22 元和 24 元,试问:两种产品各安排生产多少万件可使月产值最高?

解:先将这个实际问题转化为数学问题.

设甲、乙两种产品分别生产 x,y 万件,它们要受下列条件的约束

$$\begin{cases}6x+5y\leqslant 29,\\ x+y\leqslant 5,\\ 4x+6y\leqslant 24,\\ x\geqslant 0,y\geqslant 0.\end{cases} \tag{6.57}$$

在上述约束条件下,求 x,y 的值,使总产值 $f=22x+24y$ 最大.

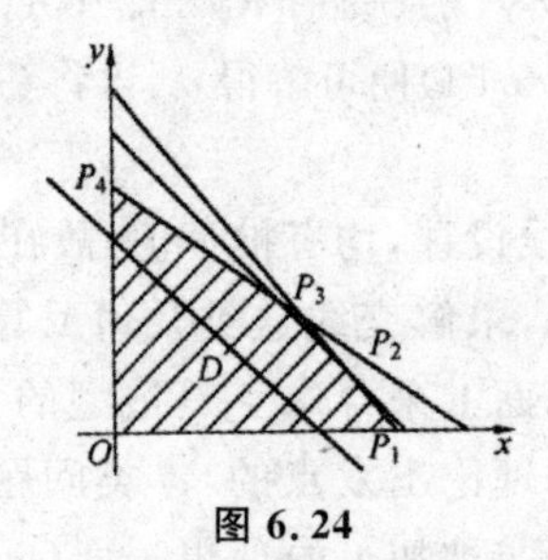

图 6.24

看起来这是一个代数问题,我们借助于几何直观来解决它.

先将 (x,y) 看成平面上点的直角坐标,那么式(6.57)中的每个不等式表示闭半平面,五个半平面的交集 D(图 6.24)是一个凸五边形 $OP_1P_2P_3P_4$(包括内部的点),顶点的坐标为 $O(0,0)$,$P_1(\frac{29}{6},0)$,$P_2(4,1)$,$P_3(3,2)$,$P_4(0,4)$. 问题转化为求定义在 D 上的线性函数 $f=22x+24y$ 何时取最大值.

f 取定一个值 f_0,则 $f_0=22x+24y$ 表示一条直线,它在 x 轴上的截距为$\frac{f_0}{22}$. 随着 f_0 的大小变化,得到一族平行直线. 问题又可转化为在 D 中找一点,使得这族平行直线中通过该点的直线的横截距最大. 从图 6.24 易见,点 $P_3(3,2)$ 正是所要找的点. 故本题的解为 $x=3,y=2$,即安排甲、乙两种

产品各生产 3 万件和 2 万件，可使月产值最高.

现在再看一个根据上表自编的一个问题：

例 2　甲、乙两地分别有存粮 40 万吨和 20 万吨，现要向 A,B,C 三地调运粮食依次为 29 万吨，5 万吨，24 万吨，运费如表 6.3 中所列，甲运到 A 地为 6 元/吨，余类推. 问：采取怎样的调运方案可使总的运费最少？

解：设从甲地运往 A,B,C 三地的粮食分别为 x,y,z(万吨)，则从乙地调去的粮食为 $29-x,5-y,24-z$(万吨)，因此总运费

$$f=6x+y+4z+5(29-x)+5-y+6(24-z)=z-2z+294.$$

其中，x,y,z 要受下列条件的约束

$$k\geqslant 0,y\geqslant 0,z\geqslant 0$$

$$\begin{cases} x\geqslant 0,y\geqslant 0,z\geqslant 0, \\ x\leqslant 29,y\leqslant 5,z\leqslant 24, \\ x+y+z\leqslant 40, \\ 29-x+5-y+24-z\leqslant 20. \end{cases} \tag{6.58}$$

如果将 (x,y,z) 看着空间点的直角坐标，那么式(6.58)中的每个不等式表示闭半空间，这 8 个闭凸集的交集 D 是一个空间凸多面体. 问题转化为求定义在 D 上的线性函数 $f=x-2z+294$ 何时取最小值.

通过画立体直观图可以知道，过点(9,5,24)的平面 $x-2z=f-294$ 在 x 轴上的截距为最小. 因此调运物资的最佳方案是从甲地分别调运粮食 9，5，24 万吨给 A,B,C 三地，再从乙地调运 20 万吨给 A 地.

上面这两个问题具体内容虽然不同，而抽象得到的数学问题则是类似的，一般地讲，就是在 m 个 n 元线性不等式

$$a_{1i}x_1+a_{2i}x_2+\cdots+a_{n-i}x_n\geqslant 0,i=1,2,\cdots,m \tag{6.59}$$

的条件约束下，求函数(称为目标函数)

$$f=l_1x_1+l_2x_2+\cdots+l_nx_n+p \tag{6.60}$$

何时有最大值(若求 f 的最小值可以转化为求一，的最大值).

这样的问题称为线性规划问题. 满足约束条件而使到标函数取最大值的解称为最优解.

找最优解的方法有图上作业法、表上作业法等，现在常用单纯形法，因为已有现成的计算程序，运用计算机可以方便地解决它.

这里从几何的角度证明一个重要结论：

如果将 $X=(x_1,x_2,\cdots,x_n)$ 看成 n 维欧氏空间 E^n 中的点，记 $L=(l_1,l_2,\cdots,l_n)$，那么目标函数式(6.60)可以记作

$$f=L\cdot X+p,$$

在式(6.59)中的每个不等式表示闭半空间，它是凸集. 有限个凸集的交集仍

然是凸集.式(6.59)确定的凸集称为凸多胞形.换句话说,n 维欧氏空间 E^n 中的凸多胞形是有限个闭半空间的交集.

如果凸多胞形是由 E^n 中$(k+1)$个点 P_i 确定约点集

$$\Delta_k = \left\{ X \mid X = \sum_{i=0}^{k} \lambda_i P_i, \sum_{0}^{k} \lambda_i = 1, \lambda_i \geqslant 0 \right\},$$

特别地,当 $k=n$,而且这 $n+1$ 个点 $P_0,P_1,\cdots,P_n$ 是无关的,则称 Δ_n 为单纯形,那么定义在 Δ_k 上的目标函数 $f=L\cdot X+P$ 的最优解一定出现在 Δ_k 的"极点"处,这"极点"是 Δ_k 的某一个顶点 P_j 或者是同在一个与$\overrightarrow{OL}$垂直的超平面内的几个点构成的退化的凸多胞形,而 Δ_k 的其他的顶点都在这个超平面的同侧.

事实上,这时目标函数

$$f = L \cdot X + p = L \cdot \sum_{0}^{k} \lambda_i P_i + p$$

$$= \sum_{0}^{k} \lambda_i (L \cdot P_i) + p$$

在 $k+1$ 个数 $L\cdot P_i$ 中必有一个最大,设为

$$L\cdot P_i = g > 0,$$

则

$$f \leqslant \sum_{0}^{k} \lambda_i g + p = g \sum_{0}^{k} \lambda_i + p = g + p.$$

其中,等号在 $\lambda_j=1,\lambda_i=0(i\neq j)$时成立.

如果在 $k+1$ 个数 $L\cdot P_i$ 中同时有几个数都取最大值 g,即

$$L\cdot P_j = L\cdot P_l = \cdots = L\cdot P_t = g.$$

点 P_j,P_l,P_t 同在与$\overrightarrow{OL}$垂直的一个超平面 $L\cdot X=g$ 内,且 Δ_k 的其他顶点在这个超平面的同侧,满足 $L\cdot X<g$,则结论亦成立.

从应用的角度看,线性规划问题的复杂性并不是因为变量 $x_1,x_2,\cdots,x_n$ 的个数理可能成百上千,主要是约束条件需要运用统计分析才能获得,带有较大的经验成分.决策指挥者若能在生产建设中运用好线性规划方法,确实可以节约十分客观的财富.

6.4.8 推广使用重心坐标

本节介绍的重心坐标系不仅对于研究与三角形有关的问题比较方便,而且可以推广到空间曲面上,用于解决物理、力学和工程技术问题(参见有限元法).

平面上任一点 P 的重心坐标$(\lambda_1,\lambda_2,\lambda_3)$与它的直角坐标$(x,y)$之间的

互化公式是

$$P=\lambda_1 A+\lambda_2 B+\lambda_3 C,\text{且 }\lambda_1+\lambda_2+\lambda_3=1, \tag{6.61}$$

这里 A,B,C 是给定的三角形的三个顶点，$\triangle ABC$ 称为坐标三角形，这里三个数 $\lambda_1,\lambda_2,\lambda_3$ 不独立，其和为 1，所以独立的仍然是两个坐标。重心坐标的几何意义

$$\lambda_1=\frac{\overline{S}_1(PBC)}{\overline{S}(ABC)},\lambda_2=\frac{\overline{S}_2(APC)}{\overline{S}(ABC)},\lambda_3=\frac{\overline{S}_3(ABP)}{\overline{S}(ABC)}.$$

其中，$\overline{S}(PBC)$是有向 ΔPBC 的面积，顶点按逆时针方向排列时为正，按顺时针方向排列时为负.其余类推，习惯上坐标 ΔABC 取正向的三角形.

当坐标 ΔABC 为等腰直角三角形时，设顶点的直角坐标为 $A(1,0)$，$B(0,1)$，$C(0,0)$，则式(6.63)成为

$$\begin{pmatrix}x\\y\end{pmatrix}=\lambda_1\begin{pmatrix}1\\0\end{pmatrix}+\lambda_2\begin{pmatrix}0\\1\end{pmatrix}+\lambda_3\begin{pmatrix}0\\0\end{pmatrix},$$

即

$$\begin{cases}x=\lambda_1\\y=\lambda_2\end{cases},\lambda_3=1-x-y$$

可见直角坐标系是重心坐标系的特殊情形.

在研究几何问题时，常取图形中不共线的三点作为坐标三角形的三个顶点，约定坐标三角形的三个内角记作$\angle A,\angle B,\angle C$，三边长

$$|BC|=a,|CA|=b,|AB|=c,$$

三角形的半勾股差

$$g_1=\frac{1}{2}(b^2+c^2-a^2),g_2=\frac{1}{2}(c^2+a^2-b^2),g_3=\frac{1}{2}(a^2+b^2-c^2),$$

那么三个顶点的重心坐标为

$$A=(1,0,0),B=(0,1,0),C=(0,0,1),$$

边 BC 的中点为

$$D=\left(0,\frac{1}{2},\frac{1}{2}\right),$$

$\triangle ABC$ 的重心为

$$G=\left(\frac{1}{3},\frac{1}{3},\frac{1}{3}\right),$$

内心为

$$I=\frac{(a,b,c)}{(a+b+c)}=\frac{(\sin A,\sin B,\sin C)}{(\sin A+\sin B+\sin C)},$$

外心为

$$Q=\frac{(\sin 2A,\sin 2B,\sin 2C)}{(\sin 2A+\sin 2B+\sin 2C)},$$

垂心为

$$H=\frac{(\tan A,\tan B,\tan C)}{(\tan A+\tan B+\tan C)}=\frac{\left(\frac{1}{g_1},\frac{1}{g_2},\frac{1}{g_3}\right)}{\left(\frac{1}{g_1}+\frac{1}{g_2}+\frac{1}{g_3}\right)}.$$

有时也把点的重心坐标记作$(\lambda_1:\lambda_2:\lambda_3)$,这样写起来方便.

下面由互化公式(6.63)可推出重心坐标系中的若干公式.

(1)已知点$P(\alpha_1,\alpha_2,\alpha_3)$,$Q(\beta_1,\beta_2,\beta_3)$,点$M(\lambda_1,\lambda_2,\lambda_3)$分有向线段$\overrightarrow{PQ}$所成的比为$k=\overrightarrow{PM}:\overrightarrow{MQ}$,则

$$\lambda_1=\frac{\alpha_1+k\beta_1}{1+k},\lambda_2=\frac{\alpha_2+k\beta_2}{1+k},\lambda_3=\frac{\alpha_3+k\beta_3}{1+k}.$$

(2)距离公式

$$|PQ|$$

$$=\sqrt{-c^2(\mu_1-\lambda_1)(\mu_2-\lambda_2)-a^2(\mu_2-\lambda_2)(\mu_3-\lambda_3)-b^2(\mu_3-\lambda_3)(\mu_1-\lambda_1)} \tag{6.62}$$

$$=\sqrt{g_1(\mu_1-\lambda_1)^2-g_2(\mu_2-\lambda_2)^2-g_3(\mu_3-\lambda_3)^2} \tag{6.63}$$

其中,$(\lambda_1,\lambda_2,\lambda_3)$,$(\mu_1,\mu_2,\mu_3)$分别是点$P$,$Q$的重心坐标.

证明:

$$P=\lambda_1 A+\lambda_2 B+\lambda_3 C,\lambda_1+\lambda_2+\lambda_3=1$$

$$Q=\mu_1 A+\mu_2 B+\mu_3 C,\text{且 }\mu_1+\mu_2+\mu_3=1$$

$$\begin{aligned}|PQ|^2=(Q-P)^2=&(\mu_1-\lambda_1)^2A^2+(\mu_2-\lambda_2)^2B^2+\\&(\mu_3-\lambda_3)^2C^2+2(\mu_1-\lambda_1)(\mu_2-\lambda_2)A\cdot B+\\&2(\mu_2-\lambda_2)(\mu_3-\lambda_3)B\cdot C+2(\mu_3-\lambda_3)(\mu_1-\lambda_1)C\cdot A.\end{aligned}$$

因为

$$a^2=|B-C|^2=B^2+C^2-2B\cdot C,$$
$$b^2=|C-A|^2=C^2+A^2-2C\cdot A,$$
$$c^2=|A-B|^2=A^2+B^2-2A\cdot B.$$

将$2A\cdot B=A^2+B^2-C^2$代入化简得式(6.62).

再将

$$\begin{aligned}A^2&=\frac{1}{2}(b^2+c^2-a^2)+A\cdot B+C\cdot A-B\cdot C\\&=g_1+(A\cdot B+B\cdot C+C\cdot A)-2B\cdot C,\\B^2&=g_2+(A\cdot B+B\cdot C+C\cdot A)-2C\cdot A,\\C^2&=g_3+(A\cdot B+B\cdot C+C\cdot A)-2A\cdot B.\end{aligned}$$

代入

$$|PQ|^2=g_1(\mu_1-\lambda_1)^2+g_2(\mu_2-\lambda_2)^2+g_3(\mu_3-\lambda_3)^2+$$
$$(A\cdot B+B\cdot C+C\cdot A)[(\mu_1-\lambda_1)^2+(\mu_2-\lambda_2)^2+(\mu_3-\lambda_3)^2]-$$
$$2B\cdot C[(\mu_1-\lambda_1)^2-(\mu_2-\lambda_2)(\mu_3-\lambda_3)]-$$
$$2C\cdot A[(\mu_2-\lambda_2)^2-(\mu_3-\lambda_3)(\mu_1-\lambda_1)]-$$
$$2A\cdot B[(\mu_3-\lambda_3)^2-(\mu_1-\lambda_1)(\mu_2-\lambda_2)].$$

将$(\mu_1-\lambda_1)+(\mu_2-\lambda_2)+(\mu_3-\lambda_3)=0$代入即得式(6.63).

$$|PQ|^2=g_1(\mu_1-\lambda_1)^2+g_2(\mu_2-\lambda_2)^2+g_3(\mu_3-\lambda_3)^2.$$

(3)有向$\triangle P_1P_2P_3$的面积公式

$$\overline{S}(P_1P_2P_3)=\begin{vmatrix}\lambda_{11} & \lambda_{12} & \lambda_{13}\\ \lambda_{21} & \lambda_{22} & \lambda_{23}\\ \lambda_{31} & \lambda_{32} & \lambda_{33}\end{vmatrix}\overline{S}(ABC).$$

其中,$(\lambda_{i1},\lambda_{i2},\lambda_{i3})$是点$P_i$的重心坐标$(i=1,2,3)$.

证明:$P_i=\lambda_{i1}A+\lambda_{i2}B+\lambda_{i3}C$

$$\overline{S}(P_1P_2P_3)=\frac{1}{2}\det\begin{bmatrix}P_1 & 1\\ P_2 & 1\\ P_3 & 1\end{bmatrix}=\frac{1}{2}\begin{vmatrix}\lambda_{11}A+\lambda_{12}B+\lambda_{13}C & 1\\ \lambda_{21}A+\lambda_{22}B+\lambda_{23}C & 1\\ \lambda_{31}A+\lambda_{32}B+\lambda_{33}C & 1\end{vmatrix}=\overline{S}(ABC)$$

$$=\frac{1}{2}\det\begin{vmatrix}\lambda_{11} & \lambda_{12} & \lambda_{13}\\ \lambda_{21} & \lambda_{22} & \lambda_{23}\\ \lambda_{31} & \lambda_{32} & \lambda_{33}\end{vmatrix}\begin{bmatrix}A & 1\\ B & 1\\ C & 1\end{bmatrix}.$$

推论 6.1　三点$P_i(\lambda_{i1},\lambda_{i2},\lambda_{i3})(i=1,2,3)$共直线的充要条件是

$$\begin{vmatrix}\lambda_{11} & \lambda_{12} & \lambda_{13}\\ \lambda_{21} & \lambda_{22} & \lambda_{23}\\ \lambda_{31} & \lambda_{32} & \lambda_{33}\end{vmatrix}=0.$$

推论 6.2　已知两点$P_i(\lambda_{i1},\lambda_{i2},\lambda_{i3})(i=1,2)$,直线$P_1P_2$上任一点$M$的重心坐标$(\lambda_1,\lambda_2,\lambda_3)$必满足下面的齐次线性方程

$$\begin{vmatrix}\lambda_1 & \lambda_2 & \lambda_3\\ \lambda_{11} & \lambda_{12} & \lambda_{13}\\ \lambda_{21} & \lambda_{22} & \lambda_{23}\end{vmatrix}=0.$$

根据此推论,易知坐标三角形三边的方程为

$$\lambda_1=0,\lambda_2=0,\lambda_3=0.$$

三条中线的方程为

$$\lambda_2=\lambda_3,\lambda_3=\lambda_1,\lambda_1=\lambda_2.$$

三条角平分线的方程为

$$\frac{\lambda_2}{b}=\frac{\lambda_3}{c},\frac{\lambda_3}{c}=\frac{\lambda_1}{a},\frac{\lambda_1}{a}=\frac{\lambda_2}{b}.$$

三条高线的方程为

$$\frac{\lambda_2}{\tan B}=\frac{\lambda_3}{\tan C},\frac{\lambda_3}{\tan C}=\frac{\lambda_1}{\tan A},\frac{\lambda_1}{\tan A}=\frac{\lambda_2}{\tan B}.$$

推论 6.3 若平面上一直线 l 到 ΔABC 三个顶点 A,B,C 的离差(带正负号的距离,异侧异号)分别为 h_1,h_2,h_3,则在 ΔABC 为坐标三角形的重心坐标系中,直线 l 的方程为

$$h_1\lambda_1+h_2\lambda_2+h_3\lambda_3=0$$

与 l 平行的直线方程为

$$(h_1+d)\lambda_1+(h_2+d)\lambda_2+(h_3+d)\lambda_3=0.$$

证明:以直线 l 为 y 轴建立直角坐标系,这时 l 上任一点的横坐标 $x=0$,由互化公式(6.61)知

$$x=\lambda_1 a_1+\lambda_2 b_1+\lambda_3 c_1,$$

又由直角坐标的几何意义知

$$a_1:b_1:c_1=h_1:h_2:h_3,$$

故结论显然成立.

推论 6.4 坐标三角形 $A_1A_2A_3$ 的外接圆方程为

$$\rho_{12}^2\lambda_1\lambda_2+\rho_{23}^2\lambda_2\lambda_3+\rho_{13}^2\lambda_1\lambda_3=0.$$

参考文献

[1]戴建生.机构学与机器人学的几何基础与旋量代数[M].北京:高等教育出版社,2014.

[2]徐阳,杨兴云.空间解析几何及其应用[M].哈尔滨:哈尔滨工业大学出版社,2006.

[3]吕杰,陈奇斌,李健全,等.解析几何[M].北京:科学出版社,2009.

[4]高红铸,王敬庚,傅若男.空间解析几何[M].第4版.北京:北京师范大学出版社,2018.

[5]石勇国,彭家寅.解析几何[M].北京:科学出版社,2014.

[6]丘维声.解析几何[M].第3版.北京:北京大学出版社,2015.

[7]纪永强.空间解析几何[M].北京:高等教育出版社,2013.

[8]郝矿荣,丁永生.机器人几何代数模型与控制[M].北京:科学出版社,2011.

[9]尤承业.解析几何[M].北京:北京大学出版社,2004.

[10]单墫.解析几何的技巧[M].第4版.北京:中国科学技术大学出版社,2015.

[11]高红铸.空间解析几何[M].第4版.北京:北京师范大学出版社,2018.

[12]吴光磊.解析几何[M].修订本.北京:高等教育出版社,2014

[13]沈一兵.解析几何学[M].杭州:浙江大学出版社,2019.

[14]孟道骥.高等代数与解析几何(上下册)[M].第3版.北京:科学出版社,2018.

[15]吕杰.解析几何[M].北京:科学出版社,2018.

[16]刘建成,贺群.空间解析几何[M].北京:科学出版社,2018.

[17]曾令淮,段辉明,李玲.高等代数与解析几何[M].北京:清华大学出版社,2014.

[18]谢冬秀.解析几何[M].北京:科学出版社,2018.

[19]李继成.线性代数与空间解析几何课程全面改革的思考[J].大学数学,2010,26(2):7-10.

[20]韩瑞珠.线性代数与空间解析几何教学中的一点体会[J].大学数学,2002,18(6):52-58.

[21]王道档,陈茜茜,徐杨波,等.基于空间解析几何的锥束CT系统角度偏差测量[J].光电子.激光,2014(10):1955-1962.

[22]张健雄.用空间解析几何法确定合理贯通位置 解决巷道空间几何关系[J].矿山测量,1993(4):10-12.

[23]路懿.用计算机几何技术求解多自由度平面机构的运动[J].中国机械工程,2003,14(16):1360-1364.

[24]张艳华,杜秀菊,陈立辉.用计算机几何技术求解平面机构动力学的方法[J].机械传动,2010,34(4):57-60.

[25]刘兴富.几何量计算机辅助测试的"隐点"解析方法[J].精密制造与自动化,2003(1):35-37.

[26]培杰国际数学文化.几何与计算机以及人工智能——丘成桐教授在第十四届中国计算机大会上的演讲[J].数理天地(初中版),2018(2):1-2.

[27]庄严,徐晓东,王伟.移动机器人几何-拓扑混合地图的构建及自定位研究[J].控制与决策,2005,20(7):815-818.

[28]汲会会.HPM视角下坐标系的教学研究[D].华中师范大学,2014.

[29]张顺燕.数学与文化(续)——在北大数学文化节上的报告[J].数学通报,2001(2):1-3.

[30]苏婷.二次曲线方程的化简[J].当代教师教育,2006,23(s1):247-249.

[31]刘桂香.三维空间中直线的几种对称直线方程的探讨[J].信阳师范学院学报(自然科学版),1995(3).

[32]凌尧官,周道生.关于平移曲面的判别法[J].浙江师大学报(自然科学版),1990(1):39-42.

[33]刘永清.张拉式环形内挑顶蓬结构分析研究[D].昆明理工大学,2003.

[34]车树勤.抛物线在实际生活中的应用[J].中学生数学,2011(23):35-36.

[35]葛运建,张建军,戈瑜.无所不在的传感与机器人感知[J].自动化学报,2002,28(S1):125-133.

[36]蔡国梁,李玉秀,王世环.直纹曲面的性质及其在工程中的应用[J].数学的实践与认识,2008,38(8):98-102.

[37]王军威.汽车灯具设计原理与方法——信号灯篇[J].科技致富向

导,2011(17):219-219.

[38]刁冠勋,田冀焕,袁建生.宽频带圆锥对数螺旋天线仿真计算与性能分析[J].电子技术应用,2005,31(4):55-57.

[39]余晓流,岑豫皖,潘紫微,等.并联机器人的理论及应用研究[J].安徽工业大学学报(自然科学版),2003,20(4):290-294.

[40]丁希仑,刘颖,Selig J M ,et al.李群李代数在机构学中的应用简析[C]//History of Mechanical Technology and Mechanical Design(5)——Proceedings of the Fifth China-Japan International Conference on History of Mechanical Technology and Mechanical Design,2005.

[41]张新.缸体内部微孔非接触测量系统[D].长春理工大学,2009.

[42]宫金良.基于运动基与G_F集的机器人机构构型分析[D].燕山大学,2006.

[43]李东君.基于绿色制造技术的开放式机器人的研发[J].机械研究与应用,2003,16(3):5-6.

[44]钟金明,徐刚,张海波.基于图像的机器人视觉伺服系统仿真[J].机床与液压,2005(6):4-6.